RUEDIGER DAHLKE

Krebs – Wachstum auf Abwegen

arkana

Ruediger Dahlke

KREBS
WACHSTUM AUF ABWEGEN

Mit ganzheitlichem Programm
zur Aktivierung der Selbstheilungskräfte

arkana

Dieses Buch ist auch als E-Book erhältlich.

MIX
Papier aus verantwortungsvollen Quellen
FSC® C014496

Verlagsgruppe Random House FSC® N001967

1. Auflage
Originalausgabe

in der Verlagsgruppe Random House GmbH,
Neumarkter Straße 28, 81673 München
Lektorat: Christine Stecher
Umschlaggestaltung: ki 36 Editorial Design, München, Daniela Hofner
Umschlagillustration: © Ruth Botzenhardt
Satz: Satzwerk Huber, Germering
Druck und Bindung: GGP Media GmbH, Pößneck
Printed in Germany
ISBN 978-3-442-34197-9

www.arkana-verlag.de

Besuchen Sie den Arkana Verlag im Netz

Dank

Lieben Dank an meine Patientinnen und Patienten, die sich meiner Begleitung anvertrauten und sich dem Thema Krebs stellten. Besonderer Dank und Respekt geht an Siegfried Schneeberger, der uns an seinem Kampf ums Leben in einem eigenen Kapitel in diesem Buch teilhaben lässt, und an Karin Hamvai, die ihn – nach eigenem gewonnenem Kampf – auf diesen Weg brachte.

Simone Vetters danke ich für ihre engagierte Korrektur und Johannes Weiß für Durchsicht und Hinweise, und all den Kollegen, die mich zu diesem Buch inspirierten und mir mit Erfahrungen zur Seite standen wie Ingfried Hobert. Für das bewährte Lektorat danke ich Christine Stecher.

Ruediger Dahlke

Vorbemerkung

Die Hinweise und Empfehlungen in diesem Buch beruhen auf persönlichen Erfahrungen und Erkenntnissen des Autors und der genannten Wissenschaftler und Patienten. Die Lektüre des Buchs kann und soll eine eigenverantwortlich eingeholte und durchgeführte schulmedizinische Krebsdiagnose und -behandlung nicht ersetzen, sondern idealerweise eine solche ergänzen und alternative Möglichkeiten aufzeigen.

Autor und Verlag können wegen der immer noch nicht zur Gänze erforschten Ursachen und Auswirkungen von Krebserkrankungen keinen absoluten Heilungserfolg für die nachfolgend aufgezeigten Methoden und Medikamente versprechen. Jegliche Haftung für Gesundheitsschäden ist ausgeschlossen.

Inhalt

Vorwort: der Seele den Vortritt lassen

Wenn sich Krebswachstum ausbreitet, ist das Gleichgewicht zwischen Körper und Seele zugunsten des Ersteren verschoben. Nach meinen Erfahrungen geschieht das jedoch erst, wenn die Seele lange kein Gehör für ihre Belange findet und sich im Bewusstsein keine Klärung abzeichnet. Ist das Gleichgewicht zwischen Körper und Seele gestört, muss der Organismus ausbaden und austragen, was die Seele nicht mehr als ihre Aufgabe wahrnehmen kann. Von ihr gehen offenbar die entscheidenden Signale aus, das Thema dann wenigstens auf der Körperebene deutlich zu machen. Das gilt für Krebs genauso wie für jedes andere Krankheitsbild.

Dieses Verständnis des Zusammenspiels von Körper und Seele bietet ein großes Spektrum an Therapiemöglichkeiten, und auf dem Heilungsweg sind beide Bereiche gleichermaßen zu beachten. Die Seele sollte vorangehen, aber der Körper ihr ebenbürtig folgen.

Krebs können wir generell als ein Problem von Wachstum auf der ungeeigneten Körperebene bezeichnen. Doch anders als etwa bei Übergewicht, bei dem wir ebenfalls Wachstum auf einer unpassenden Ebene antreffen, lässt sich bei Krebs nicht so tolerant darauf reagieren. Krebs verlangt sowohl auf körperlicher als auch auf seelischer Ebene radikale, kompromisslose Kehrtwenden.

Dieses Buch will dafür Mut machen und das nötige theoretische wie praktische Wissen vermitteln.

Im Mittelpunkt steht ein breiteres, ganzheitliches Verständnis des Krankheitsbildes Krebs. Deutlich wird dabei, wie sowohl die Krankheit Krebs als auch das krebsartige Wachstum im globalen kapitalistischen Wirtschaftssystem einem gravierenden und grundsätzlich identischen Irrtum unterliegen. Sobald der Krebs Organe und Gewebe mit seinen unsterblichen Zellen infiltriert und überall nach seinem Vorbild Zellen mit seinem identischen Erbgut zum Wachsen gebracht hat, kann der betroffene Körper, sein Wirt, nicht mehr weiterleben, und beide gehen zusammen zugrunde. Je rascher der Krebs wächst, desto eher muss er sterben.

Nun gilt Krebs überall als bösartig, und er ist das Krankheitsbild, das am meisten erschreckt und damit auch aufschreckt und Menschen potenziell erwach(s)en lässt zu ihrer eigentlichen Aufgabe. Tatsächlich droht Krebs mit dem Tod, und genau das bringt so viel in Gang. Er ist das Krankheitsbild, das einen Menschen wohl am meisten mit seinem seelischen Schatten konfrontiert – und daran wachsen lässt. Deshalb durfte ich mich in mehr als 40 Arztjahren daran gewöhnen, dass PatientInnen ihren Krebs, nachdem er überstanden und als aufrüttelndes Alarmsignal der Seele an- und ernstgenommen worden war, ganz anders sehen, nämlich als einen Lebenshelfer, dem sie dankbar sind.

Krebs geht aufs Ganze, und das um jeden Preis. Ähnliches ist auch von den betroffenen Menschen gefordert im Rahmen erfolgreicher Therapie. Sie müssen alles geben und wahrscheinlich einiges Liebgewonnene dran- und aufgeben, um zu sich selbst zu finden. Das alles lässt sich vom Krebs lernen. Diesbezüglich ist er einer der besten und konsequentesten Entwicklungshelfer.

Mit Krebs ist zudem immer die Aufforderung verbunden, sich mit der eigenen Endlichkeit zu konfrontieren und sich damit auszusöhnen, dass es am Ende immer um das Thema (Er-)Lösung geht. Je früher wir damit ins Reine kommen, desto besser, denn irgendwann wird jedem das letzte Stündlein schlagen. Krebs ist diesbezüglich wirklich ein Weckruf der Seele, aber wir können auch schon vorher aufwachen und freiwillig unsere Schritte tun. Eine Gewebeveränderung (Präkanzerose) kann als Alarmglocke dienen; überhaupt sollte jede Diagnose aufwecken, auch schon das metabolische Syndrom, das eine Stoffwechselentgleisung anzeigt. Ähnlich wichtig könnte sein, sich von einem Film wie *Das Beste kommt zum Schluss* – der Geschichte zweier ungleicher Krebspatienten, die Lebenslust in sich entdecken und damit beginnen, eine Liste unerfüllter Lebenswünsche abzuarbeiten – inspirieren zu lassen und sich sogleich Gedanken zu machen, was einem für ein sinnerfüllteres, geschmackvolleres Leben auf gesünderer Grundlage noch fehlt, und sich dafür zu entscheiden.

Wachsen – das Natürlichste der Welt

Wachstum ist *natür*lich. Es ist existenziell wichtig und unersetzlich. Es ist die Grundlage allen Lebens auf Erden. Wir empfinden es oft als inspirierend und wunderschön – zum Beispiel als Frühlingserwachen in der Natur oder als Entwicklungsschritte eines Kindes oder als Resultat eigenen Lernens und zunehmender persönlicher Reife. Im Laufe unseres eigenen Aufwachsens und Erwachsenwerdens können wir feststellen, dass wir sogar an weniger Angenehmem, sogar an Erschreckendem in Gestalt von Krankheitsbildern, Lebenskrisen und Problemen *wachsen*. Und wenn wir uns auf vielerlei Art dem Leben und seinen Aufgaben ge*wachsen* fühlen, geht es uns gut und wir sind glücklich. Das ist die wünschenswerte Situation, die der Neurobiologe Gerald Hüther immer wieder betont: Herausforderungen, die wir mit Hingabe bestehen, fördern unser Gehirn und halten uns geistig wach. Diese Art von Lernen und innerlichem Wachsen vermittelt uns auch besondere Glücksgefühle, wie die Forschung belegt, und das trägt zu unserer Lebensqualität bei.

Anders gesagt ist beständiges Wachstum unsere zentrale Lebensaufgabe. Die erste Zeit, als Ungeborene, wachsen wir geborgen im körperwarmen Fruchtwasser des Mutterleibs. Hier erkennen wir auch gleich das Modell idealen Wachstums: freie Entfaltung im geschützten Raum, getragen von einem Gefühl der Sicherheit. Von solchen Bedingungen träumen wir später immer wieder, aber auf unserem Weg kommt uns meist rasch der Alltag mit seinen Zwängen und Zumutungen dazwischen. Seelisches Wachstum begleitet uns jedoch möglichst ein ganzes langes Leben lang.

Sobald wir auf der Welt sind, wachsen wir in Richtung Himmel, und das fühlt sich für alle himmlisch an. Als Kinder wollen wir nichts lieber, als groß werden, und wenn wir wachsen, freuen sich Eltern und Familie und markieren unsere Fortschritte auf dem Weg möglichst weit nach oben durch Kerben und Daten auf Türrahmen.

Kinder wachsen gern und würden am liebsten noch rascher er*wachsen*. Nach und nach wachsen wir in die Gefühlswelten der Familie und bald in soziale Felder hinein, etwa in die Gemeinschaft von Kindergarten, Schule, Kirchengemeinde oder heute stattdessen öfter von einem Verein oder einer Internet-Community.

In der Pubertät fordert uns die Beziehungswelt heraus, an der wir dann lebenslang weiter wachsen können, sofern wir uns darauf einlassen. Mädchen wachsen zu Frauen heran und entfalten dabei auch ihren männlichen Seelenanteil, den Animus. Jungen wachsen zu Männern heran und entwickeln im Idealfall ihren weiblichen Seelenteil, die Anima, in sich.

Als Erwachsene wachsen wir von Lebensphase zu Lebensphase, durch Lebensübergänge und -krisen und über*wachsen* sie. Wir dürfen uns ständig neuen Aufgaben ge*wachsen* zeigen, denn das Paradies des Mutterleibs mit dem schwerelosen Schweben in der körperwarmen Fruchtwasserwelt und dem ekstatischen Erleben der Einheit (mit der Mutter) liegt ja längst hinter uns.

Sich dem Fluss des Lebens anvertrauen

Als Ungeborene wiegt uns jeder Atemzug unserer Mutter, vermittelt durch die sanfte Massage ihres Zwerchfells. Jeder ihrer Schritte trägt uns durch die Polarität von links und rechts und bringt uns ebenfalls weiter und voran. Wir gehen und schwingen von Anfang an immer mit und sind uns so *natür*lich gewogen. In jedem Augenblick wachsend, erleben wir im Idealfall ein Gefühl von Resonanz mit allem, von Übereinstimmung und Glück.

Im Mutterleib, wo wir die Erfahrung von Einheit und Grenzenlosigkeit machen können, *wächst* unser Urvertrauen. Es ist die Grundlage, auf der alles spätere Selbstvertrauen *wachsen* und gedeihen kann. Unser wesentlichstes Wachstum während des ganzen Lebens führt tatsächlich zurück zu dieser Erfahrung des Einsseins mit allem am Anfang. Nach den Lehren der großen spirituellen Traditionen und Religionen geht es bei diesem Weg letztlich darum, wieder in ein Bewusstsein der Einheit von allem hineinzuwachsen. Dazu sind lebenslanges persönliches Wachstum und entsprechende Bewusstseinserweiterung notwendig.

Zu Beginn ist dieses erste Paradies des Mutterleibs unsere ganze Welt. Und wenn sie auch noch so wundervoll ist – wir müssen sie verlassen und dürfen über sie hinauswachsen. Wir werden geboren und fallen wie die ersten mythischen Menschen Adam und Eva aus dem Paradies heraus. Die Wellen des Wachstums bringen uns nämlich im Mutterleib bald an Grenzen, die uns herausfordern und unter Druck setzen. Für unsere weitere Entwicklung müssen wir einen großen Schritt beziehungsweise Sprung machen.

Aus innerem Antrieb heraus wollen wir uns weiterentfalten, doch durch unseren Wachstumsimpuls geraten wir auch in eine Enge. Grundsätzlich bringt uns unser eigenes Wachstum immer wieder an neue Grenzen. Konkret heißt das am Lebensanfang, dass wir uns im ausgereiften Stadium aus der bedrängenden Enge des Mutterleibs befreien durch die Geburt, die idealerweise aus eigener Kraft und mithilfe der Wehen unserer Mutter vonstattengeht. Wir wollen und müssen weiter in eine andere neue Welt wachsen und dafür aus dem Wasser- in das Luftreich wechseln.

Im Zuge der Evolution ist alles Leben einst aus der Wasserwelt entstanden und hat sich dann das Luftreich erobert; mit unserer Geburt schaffen wir eben diesen großen Entwicklungsschritt im Kleinen. Unsere Lungenflügel entfalten sich, und wir gelangen in ein ganz neues Lebensstadium und dürfen zu einem geflügelten Wesen heran*wachsen*. Der Kopfsprung in die Welt kann manches Mal auch *eine schwere Geburt* sein, die uns weiterem Wachstum entgegenträgt in der Kindheit. Wachsen ist also von Anfang an unsere Natur, und im Anfang liegt nach dem dritten *Schicksalsgesetz* schon alles.[1]

Durch Wachstum kommt es unweigerlich auch zu Verlust und Zerstörung; so ist Aggression ein Aspekt jeder Geburt. Hier treten schon beide Seiten des Wachstums deutlich hervor, und wir können uns universale Gesetzmäßigkeiten bewusst machen: Wachstum zerstört Altes, wie wir es in jedem Herbst und Winter beobachten können, und lässt Neues heranwachsen wie in jedem Frühling. Wir erleben hier das Gesetz der Polarität, wobei dies weder mit Werturteilen noch Schuldzuweisungen verbunden ist. Niemand ist schuld an der Zerstörung der Paradiese auf verschiedenen Entwicklungsstufen. Wachstum trägt uns unaufhörlich weiter, das ist sein Wesen. Es liegt in unserer Natur, diesem Impuls nachzugeben, und entspricht unserer Bestimmung, lebendig voranzuschreiten, wenn es an der Zeit ist, und Stillstand zu überwinden.

Es ist nicht möglich, diesen natürlichen Entwicklungs- und Wachstumsprozess aufzuhalten. Sobald wir das versuchen, fließt der Lebensstrom gleichsam unterirdisch weiter, das Wachstum sucht sich andere, unbewusstere Ebenen, wo es (uns) auch gefährlich werden kann. Alles fließt, ist Rhythmus, folgt Zyklen – und wir haben nur die Wahl, ob wir bewusst und offenen Herzens mitfließen und wachsen oder ob wir uns zerren lassen und quälen, wenn wir wie unter Zwang Um- und Abwegen folgen.

Dabei ist es geradezu menschlich, den Strom der Entwicklung und des Wachstums aufhalten zu wollen, gerade in Momenten großer Freude und des Erfolgs. Mit Goethes *Faust* würden wir dann am liebsten zum »Augenblicke« sagen wollen: »Verweile doch! du bist so schön!« Aber wir wissen, wer Glücksmomente ausdehnen will, erntet irgendwann Langeweile oder schlimmer noch Unglück. Denn wie Nietzsche sagte: »Schicksal, ich folge dir! Und wollt' ich nicht, müsst' es doch unter Seufzen tun!«

Die Geburt kann schwer und schmerzhaft sein für Mutter und Kind, auch langwierig wie meine eigene. Aber wir haben keine Wahl. Wir helfen besser mit, auf dass es leicht und schnell geht. Wir legen uns besser nicht quer, sondern wagen mutig den Kopfsprung ins Leben. Das ist das Muster, gleichsam der Prototyp für jede Wachstumsaufforderung im Leben. Es hatte schon in der Empfängnis seine Entsprechung und wird sich in Kindheit und Pubertät fortsetzen bis zur (Er-)Lösung im letzten Übergang. Wir haben in jedem Moment die Wahl, es uns schwer zu machen oder leicht und beschwingt den Wachstumsimpulsen zu folgen. Wer die Herausforderungen zu neuen Entwicklungsschritten konsequent annimmt, wird Er*folg* ernten. Sein Wachstum wird allen zu Freude und Glück gereichen. Meine beiden Lieblingsgedichte von Hermann Hesse und Rainer Maria Rilke vermitteln diese Lebensweisheit auf besonders poetische und eindrucksvolle Weise:

Stufen

Wie jede Blüte welkt und jede Jugend
Dem Alter weicht, blüht jede Lebensstufe,
Blüht jede Weisheit auch und jede Tugend
Zu ihrer Zeit und darf nicht ewig dauern.
Es muss das Herz bei jedem Lebensrufe
Bereit zum Abschied sein und Neubeginne,
Um sich in Tapferkeit und ohne Trauern
In andre, neue Bindungen zu geben.
Und jedem Anfang wohnt ein Zauber inne,
Der uns beschützt und der uns hilft, zu leben.

Wir sollen heiter Raum um Raum durchschreiten,
An keinem wie an einer Heimat hängen,
Der Weltgeist will nicht fesseln uns und engen,
Er will uns Stuf' um Stufe heben, weiten.
Kaum sind wir heimisch einem Lebenskreise
Und traulich eingewohnt, so droht Erschlaffen,
Nur wer bereit zu Aufbruch ist und Reise,
Mag lähmender Gewöhnung sich entraffen.

Es wird vielleicht auch noch die Todesstunde
Uns neuen Räumen jung entgegensenden,
Des Lebens Ruf an uns wird niemals enden …
Wohlan denn, Herz, nimm Abschied und gesunde!

HERMANN HESSE

Ich lebe mein Leben
Ich lebe mein Leben in wachsenden Ringen,
die sich über die Dinge ziehn.
Ich werde den letzten vielleicht nicht vollbringen,
aber versuchen will ich ihn.
Ich kreise um Gott, um den uralten Turm,
und ich kreise jahrtausendelang;
und ich weiß noch nicht: bin ich ein Falke, ein Sturm
oder ein großer Gesang.
RAINER MARIA RILKE

Das Leben meistern

Wo viel Licht unsere Welt erhellt, ist nach dem Polaritätsgesetz der Schatten nicht fern. Zu den Schattenseiten des Lebens gehören einschränkende Regeln, mit denen wir uns von Kindesbeinen an auseinandersetzen müssen: angefangen von Verhaltensregeln und Etikette über Schullehrpläne, Normen aller Art, die von Familie, Gesellschaft, Politik und Kirche aufgestellt werden und deren Einhaltung sie kontrollieren. Die Frage ist hier, wo und wann wir dieser Erziehung und Beeinflussung entwachsen können oder uns zum eigenen Wohl anpassen müssen, damit wir individuelle Wachstumschancen wahrnehmen können.

Wohin also mit unseren ureigenen Wachstumsimpulsen? Wie setzen wir sie am besten um? Hier drohen Sackgassen und Abwege, wenn wir nicht verstehen, dass uns während des ganzen Lebens Wachstum auf Bewusstseinsebene abgefordert wird und es im wahrsten Sinne des Wortes *not*wendig ist. Wo keines mehr stattfindet, drohen Stagnation und bald auch Not.

Erschwerend kommt hinzu, dass unsere westliche Gesellschaft nach dem Credo eines unaufhörlichen Wirtschaftswachstums ausgerichtet ist. Diese gesellschaftliche Absage an alles, was nicht wirtschaftlichen Interessen und materiellem Zuwachs dient, greift bei vielen Menschen leider auf alle möglichen anderen Bereiche über, und Wachstum wird missverstanden. Die Kehrseite eines überhitzten Wachstums lässt sich überdeutlich an einer vergifteten Umwelt erkennen. Laut WHO atmen heute weltweit neun von zehn Menschen verschmutzte Luft. Überall auf der Welt sterben Menschen viel früher als notwendig an ungesunden Nahrungsmitteln, denen die Industrie aus Gewinnstreben längst den *Lebens*mittelcharakter genommen hat. Der Wald stirbt heute weit dramatischer als in der 1980er-Jahren. Wer Augen hat und sehen will, kann die Zeichen der (Um-)Weltzerstörung leicht erkennen. Was im Makrokosmos Erde so überdeutlich ist, wird auch unweigerlich im Mikrokosmos Mensch spürbar – gemäß der Gleichung *Mikrokosmos = Makrokosmos*, die von Paracelsus, dem Ahnherrn der modernen Medizin, stammt.

Statt zum Leben atmen viele nur zum Überleben; statt zum Leben essen sie nur zum Überleben. Nicht vordergründig Überlebenswichtiges wie Lachen vergeht den meisten; dabei gehört Humor zum Leben. So bleibt heute und hierzulande vieles auf der Strecke, was ein kreatives, erfülltes Dasein ausmacht. Erhaltenswert erscheint nur, was das materielle Überleben in einer Konsum- und Leistungsgesellschaft sichert. Dabei ist Leben in Wahrheit ein Wachstum über sich selbst hinaus zu immer neuen Ufern und Höherem, letztlich zum höchsten Ziel der Allverbundenheit.

Alle Religionen sind sich zumindest darin einig, dass Leben idealerweise ein ständiges Wachsen der Liebe – zur Einheit, zu Gott, der großen Göttin – meint, bis wir alles lieben. Das heißt, dass wir es integrieren und auch wieder los- und sein lassen können. Als Christen sind wir aufgerufen, unsere Nächsten zu lieben wie uns selbst beziehungsweise unser Selbst. Diese Selbstliebe beginnt beim Körper und umfasst natürlich auch Seele und Geist.

Die Aufforderung, in die Selbstliebe hineinzu*wachsen*, wird oft übersehen, obwohl ohne sie das »Liebe deinen Nächsten wie dich selbst« gar nicht möglich ist. Wenn wir uns selbst lieben und annehmen, wenn wir also in Resonanz mit uns gehen und im Einklang mit all unseren Aspekten schwingen, fühlen wir uns eins und sind eins und einig mit der Schöpfung, das heißt mit allem. Dann ist das große Selbst verwirklicht, das selbstverständlich nicht mehr unseres ist, denn wir sind über uns selbst weit hinausge*wachsen*. Jetzt ist Selbstverwirklichung erwirkt. Der Weg dorthin führt also über das Wachstum der Liebe, der Resonanz, über Mitschwingen und -fühlen. Kongruenz und Empathie würde die Wissenschaft dazu sagen. Beide verlangen Wachstum über uns selbst hinaus zum Selbst.

Wer aber sind eigentlich unsere Nächsten? Tatsächlich sind das wohl alle, auch gerade die Ärmsten und Elendsten nach biblischer Tradition. Christus wird hierzu unmissverständlich deutlich: »Was du dem Geringsten deiner Brüder tust, hast du mir getan.« Die Aufgabe, in diese Liebe zu allen und allem zu wachsen, ist groß, um nicht zu sagen riesig. Wir können ein Leben lang wachsen, bis wir alle(s) vorbehaltlos annehmen und mitfühlend in Resonanz schwingen.

Christus wird aber noch spezieller und konkreter bezüglich unseres Wachstums, wenn er uns aufruft: »Liebt eure Feinde.« Wer sind unsere Feinde? Es sind diejenigen, die Eigenschaften oder Verhaltensmuster zeigen, die wir (noch) nicht akzeptieren können, also etwas, mit dem wir nicht ausgesöhnt sind. Hier macht er die Aufgabe deutlich, uns mit allem auszusöhnen. »Lieben, was ist«, nennt es die amerikanische Therapeutin Byron Katie. Hindus kleiden es in die Worte »*Tat twam asi*« (»Ich bin das und das und alles«) in der Bedeutung: Wo immer ich hinschaue, erkenne ich mich. Anders gesagt: Ich bin in allem, und alles ist in mir und göttlich und eben eins oder Gott.

In der schamanischen Tradition bei Carlos Castaneda heißt es vom verwirklichten Krieger, er sei so stark, dass er sich vor niemandem beuge, und so demütig, dass er niemandem erlaube, sich vor ihm zu beugen. Entsprechend können wir sagen: Wer Gott in sich erkennt, braucht sich vor niemandem zu beugen. Und wer Gott in allem erkennt, braucht es nicht, dass sich irgendwer vor ihm beugt. Daran erinnert auch die Inschrift am antiken griechischen Tempel zu Delphi: »Erkenne dich selbst«, und im Innern soll gestanden haben: »damit du Gott erkennst«.

Es ist das Ende aller Wege und die Erfüllung und Vollendung allen Wachstums, wenn wir eins mit allem geworden sind. Das ist das große eine Ziel, und nur inneres Wachstum kann uns dorthin bringen. Es gibt folglich nichts Wichtigeres, Größeres und Schöneres – aber auch nichts, was uns mehr herausfordern würde, da hier viel an Unbewusstem, an Schatten, verborgen ist.

Auf dem Weg dorthin bietet uns das Leben wundervolle Geschenke, wenn wir uns wachsend dafür öffnen. Wachstum macht uns glücklich wie das so nahverwandte Lernen. Im Osten wusste man das schon lange und riet dem Suchenden, wieder etwas Neues zu beginnen, sobald er in einem Bereich Meisterschaft erreicht habe, um wieder in das sogenannte Schüler-Bewusstsein einzutreten. Nur im Schüler-Bewusstsein lernen wir und fühlen uns glücklich. Wenn wir ausgelernt haben, sind wir noch nicht Meister, sondern erst Geselle – jedenfalls in der Schule der Handwerkskunst. Hier muss noch die Lebenserfahrung hinzukommen, und das bedeutet neuerliches Lernen. In alten Zeiten war das für die Handwerksgesellen so hart und beschwerlich, dass Adolph Kolping sein Unterstützungswerk gründete für Handwerksgesellen auf Wanderschaft. Diese hatten sich für ihre Ausbildung von daheim aufgemacht, um sich in der Fremde lernend zurechtzufinden und weiter über das Fachliche hinauszuwachsen. Meisterschaft kam erst viel später, wenn sie auch das Leben ge*meister*t hatten. Insofern baut dieser Weg vom Lehrling über den Gesellen zum Meister (arche-)typisch und symbolisch auf ständigem Lernen und Wachsen auf. Nicht zufällig hatten zur Zeit der Gotik die Bauhütten der Kathedralen dieses System übernommen und auf spirituelle Ebenen übertragen, wovon bis heute die Idee der Freimaurerei zeugt.

Sich an die Regeln halten

Regeln und Gesetze helfen, das menschliche Zusammenleben zu organisieren, im Großen wie im Kleinen. Der physische Körper kann ebenfalls nur durch ein geordnetes Zusammenspiel existieren. Hier sorgt ein hochaktives Immunsystem dafür, Regelwidrigkeiten im Wachstumsbereich auszuschließen. Wer sich nicht an die Vorgaben hält, wird aufgespürt und ausgeschaltet. Ähnlich strenge Regeln wie in den Zellgemeinschaften der Organe und Gewebe dürften auch in den frühen menschlichen Stammesverbänden gegolten haben. Stammesmitglieder, die aus der Art schlugen, wurden ausgeschlossen, was meist einem Todesurteil gleichkam. Das physische Abwehrsystem kennt kein Pardon – es sei denn, die Psyche muss Raum schaffen für auf anderen Ebenen verweigertes Wachstum und ausgefallene Entwicklungsschritte.

Wachstum folgt bei jungen Organismen strikt dem durch entsprechende Wachstumsfelder vorgegebenen Bauplan. Reproduktion von Zellen ist nur erlaubt, um beschädigte Zellen zu ersetzen. Wo gravierende Fehler bei ihrer Reproduktion auftreten, ist für Zellen Selbstmord, die sogenannte Apoptose, verpflichtend und eigentlich selbstverständlich, so hart das auch klingen mag. Gesunde Zellen halten sich daran. Nur Krebszellen spielen nicht mehr mit, sondern gehen sogar auf den Gegenpol und wachsen ohne Grenzen und Rücksicht. Statt sich der vorgesehenen Apoptose zu unterwerfen, beginnen sie ganz im Gegenteil in entarteter

Verfassung zu wuchern, oft bis zum Tod des Organismus. Das wird von der Medizin als bösartig bezeichnet, aber da es auch eine so *deut*liche Sprache spricht, kann es den betroffenen Menschen auf den Weg gesunden Entwicklungswachstums zurückbringen und damit letztlich heilsam sein. So gesehen haben die Krebszellen mit der Psyche eine Art Deal, der ihnen erlaubt, sich über die normalerweise gültigen Regeln des Körpers hinwegzusetzen.

Wachstum ohne Maß und Ziel ist gefährlich und kann zu Krebs führen. Er entsteht, wenn eine Zelle vom erlernten Altruismus, sich einzufügen und dem Wohl des Ganzen unterzuordnen, abkommt und ursprüngliche primitive (Über-)Lebensinstinkte reaktiviert. Dem gilt es auf allen Ebenen vorzubeugen, und das würde letztlich bedeuten, alle Zellen der menschlichen Gesellschaft zu integrieren, keine auszustoßen, aber andererseits ihnen mit Konsequenz und Strenge den Lebensweg innerhalb archetypischer zeitloser Grenzen aufzuzeigen.

Wir leben in einer Zeit, in der selbstmörderische Terroranschläge und Amokläufe gehäuft auftreten, in der aber auch die Zahl an Krebserkrankungen dramatisch zunimmt. Außerdem haben sich etwa Gehirntumore der Klasse der Glioblastome in den mehr als zwei Jahrzehnten, seit wir Mobiltelefone nutzen, verdoppelt, wie zwei neue englische Studien belegen. Mit solchen Studien ist selbstverständlich keine zwingende Kausalität nachzuweisen, wie auch nicht auszuschließen. Es muss also einiges sowohl im Bewusstseinsbereich geschehen sein als auch auf materieller Ebene, speziell im Ernährungsbereich, dass sich das Wachstum vermehrt in bösartiger Weise zeigt. Zu den Krankheitsbildern entgleisten Wachstums zählen deshalb nicht von ungefähr auch Übergewicht mit seinen Folgen wie metabolisches Syndrom und Diabetes Typ II. Auch Allergien und Unverträglichkeiten wachsen ins Unübersehbare und haben sich auf über die Hälfte der Menschen der Industrieländer ausgebreitet.

Wenn andererseits Wachstum aus welchem Grund auch immer zum Stillstand kommt, ist diese Stagnation auf Dauer ebenfalls keine lebensfördernde oder auch nur (über-)lebbare, geschweige denn lebenspendende Situation. Leben heißt Bewegung. »Alles fließt« (*panta rhei*), so beschrieb es der antike Philosoph Heraklit. Entwicklung und Wachstum sind unabdingbar und eben ein Ur- oder Lebensprinzip; Wachstum kann nicht anders, als sich stets Ausdruck(sformen) zu verschaffen. Wie auch die anderen elf Archetypen oder universale Gesetzmäßigkeiten lässt sich Wachstum als das neunte Lebensprinzip (repräsentiert durch den Planeten Jupiter und das dazugehörige Tierkreiszeichen Schütze) nicht längere Zeit aus dem Leben ausschließen.[2] Es wird sogar besonders unangenehm spürbar, wenn wir es verleugnen. Alles, was nicht bewusst gelebt wird, entwickelt die Tendenz, ins Unbewusste, die Schattenwelt, zu sinken. Krebswachstum kann auch dazugehören und bringt uns mit Schattenseiten des Lebens auf erschreckende Art und Weise in Berührung.

Die Tatsache, dass das Thema Wachstum heute vermehrt auf Abwege gerät oder in die Irre läuft, ver*deut*licht uns generell auch die Schattenthemen unserer Gesellschaft. Während wir aber allgemein gern die Schattenseiten ungezügelten Wachstums verkennen und notwendige Korrekturen als nicht so wichtig erachten, ist das auf individueller Ebene bei Krebswachstum nicht beliebig lange möglich. Dabei liegt im Schatten der eigentliche und größte Schatz unseres Lebens. Ihn zu heben und zu integrieren ist der wichtigste Schritt auf dem Weg zur Selbstverwirklichung und sollte nicht länger aufgeschoben werden. Von unerwarteter Seite bekommen wir dafür Hilfe. Gerade weil wir unseren Schatten aufgrund sogenannter Eigenblindheit nur schwer erkennen, helfen uns unsere Krankheitsbilder und -symptome, ebenso unsere übrigen Probleme.

Wenn PatientInnen klagen, sie fänden keine Lösung für ihre schwierige Situation oder ihr Leiden, kann man sie immer beruhigen, denn sie haben sie bereits gefunden in den Symptomen auf den verschiedenen Ebenen ihres Lebens. Nur sind es im Moment destruktive Versuche. Echte therapeutische Hilfe besteht darin, gemeinsam konstruktive Lösungen zu finden. Hier wird erneut deutlich, dass auf Abwege geratenes Wachstum nicht eigentlich bösartig ist, sondern auch eine Funktion als Weckruf und Wegweiser hat.

Bei der Suche nach konstruktiven Lösungen für Wachstumsprobleme aller Art sind die Ur- oder Lebensprinzipien von unschätzbarer Hilfe. Mit ihrer Unterstützung lässt sich wirklich Heilung finden – im Sinne einer Integration des Fehlenden. Mit rechtzeitigem Integrieren ist auch echte Vorbeugung möglich, die so viel mehr ist als die Früherkennung der Schulmedizin. So handelt dieses Buch vor allem davon, in den Schatten gesunkenes Wachstum bei uns selbst zu erkennen und wieder in konstruktive Bahnen zu lenken. Die Wandlung des Destruktiven und die (Er-)Lösung von Schattenthemen ist eine der größten Herausforderungen auf unserem persönlichen Weg und allgemein auch in der Medizin.

Die Selbstheilungskraft zum Zuge kommen lassen

Auf körperlicher Ebene werden mit dem Begriff Tumor alle Schwellungen und mit Krebs bösartige Neubildungen bezeichnet, die in fast jedem Organ oder Gewebe des Organismus entstehen können, allerdings fast nie im Herz. Tumorzellen wachsen unkontrolliert, infiltrieren benachbarte Gewebe und bilden, über Blut und Lymphe verteilt, in anderen Körperbereichen Tochtergeschwulste (Filiae oder Metastasen).

Krebs ist als klassische Wachstumskrankheit in den Industrienationen die zweithäufigste und am meisten gefürchtete Todesursache. Allerdings zeigt sich bei den Statistiken eine Fülle von Widersprüchen. So heißt es, dass knapp die Hälfte unserer Bevölkerung im Laufe des Lebens an Krebs erkranke. Gleichzeitig wird aber auch gesagt, dass 60 Prozent der 60-jährigen, 70 Prozent der 70-jährigen, 80 Prozent der 80-jährigen und beinahe 100 Prozent der 90-jährigen Männer beginnenden Prostatakrebs hätten. Das würde bedeuten, dass fast alle Männer, die alt genug werden, diesen Krebs bekommen. Dann dürften – der Logik der erwähnten Statistik folgend – Frauen praktisch gar nicht an Krebs erkranken, wenn das mit knapp der Bevölkerungshälfte, die es mit Krebs zu tun bekommt, insgesamt stimmen soll. Nun haben Frauen aber leider nicht nur Brust-, Eierstock- und Gebärmutterhalskrebs, also die typischen gynäkologischen Krebsarten, sondern auch die übrigen wie Bronchialkarzinom als häufigste Krebstodesursache, die zweithäufigste Dickdarmkrebs und so viele andere wie Magenkrebs und Gehirntumore. Irgendetwas kann nicht stimmen an den offiziellen Statistiken. Wenn dahinter Methode stecken sollte, dann wahrscheinlich deshalb, weil Vater Staat seine BürgerInnen nicht zu sehr ängstigen will.

Allerdings ist die Lage recht erschreckend, wenn wir das Krankheitsbild Krebs und dessen schulmedizinische Therapie in seiner ganzen Dimension betrachten. An der gängigen Chemotherapie werden beispielsweise unglaubliche Summen verdient, und der »Krebsmarkt« ist von der Pharmaindustrie sehr umkämpft. Der Jahresumsatz an Chemotherapien, von denen jede zwischen 10 000 bis 30 000 Euro kostet, was bei entsprechenden Wiederholungen bis auf 100 000 Euro steigt, wird auf drei Milliarden Euro geschätzt und ist nach den Immunsuppressiva die zweitbeste Einnahmequelle der Pharmaindustrie (Schweizer Zahlen). Dabei sind nach Aussagen US-amerikanischer Krebsspezialisten von erwachsenen PatientInnen fünf Jahre nach Chemo-Beginn aber nur noch zwei bis vier Prozent am Leben, das heißt höchstens vier von 100. In den letzten Jahren hatte sich daran wenig geändert; Ende der 1990er hieß es schon, dass aktuellen Statistiken zufolge die Überlebenschancen bei Krebserkrankungen in den letzten 20 Jahren außer bei sehr seltenen Arten und bei Kindern nicht wesentlich gestiegen seien.[3] Davor bekannte der Internist Martin F. Shapiro (University of California) im Jahr 1987 in der *Los Angeles Times*, dass es bei vier der häufigsten Krebsarten, nämlich Dickdarm-, Mastdarm-, Lungen- und Pankreaskrebs, keine stichhaltigen Beweise dafür gebe, dass die Chemotherapie überhaupt irgendwelchen Nutzen bringe. Obwohl sich in den letzten Jahrzehnten die Erfolgsrate nicht erhöht hat, werden Chemotherapien trotzdem bis heute in größter Zahl durchgeführt. Demgegenüber ist das Leid während der Chemotherapie jedoch in jedem »Fall« groß und gut belegbar.

Aber es gibt auch sehr gute Nachrichten zur Krebstherapie, denn wir können heute mit einfachen und insgesamt natürlicheren und gesünderen Mitteln, als sie die Chemo bietet, auf allen Ebenen von der Bewusstseins- und Seelen- bis zur Körperebene vieles bewegen und werden uns in diesem Buch einigen vielversprechenden Ansätzen bezüglich Vorbeugung und Therapie konkret widmen. Denn selbst wenn das Kind schon in den Brunnen gefallen ist, lässt sich noch viel erreichen. Ähnliches gilt übrigens für Alzheimer-Demenz. Es lassen sich für die Therapie bedeutsame Synergien nutzen, und sobald wir die Seelen- und die Körperebene zugleich angehen, sind die Chancen noch viel besser, als ihre einfache Addition erahnen lässt.

Krebs ist nicht selten heilbar auf den sanften Wegen der Seele und Naturheilkunde. Selbst wenn Schulmediziner sagen oder denken: »Da ist nichts mehr zu machen!«, ist das noch lange nicht das Ende, sondern nur das Ende der Möglichkeiten der Schulmedizin. Die alten Ärzte erkannten in deutlich demütigerer Haltung: »*Medicus curat, natura sanat*« (»Der Arzt behandelt, die Natur heilt«). Der modernen Macher-Medizin fehlt diese Demut fast völlig, sie will Gesundheit produzieren, *heile machen*. Heilung wird idealerweise am besten aus der Kraft von Mutter Natur geschehen. Als Ärzte können wir aber sehr gut helfen, die Weichen richtig zu stellen und die Selbstheilungskräfte von Mutter Natur zum Besten der PatientInnen zu fördern, was diese allerdings auch fordern wird.

Grundsätzlich haben mich über 40 Arztjahre gelehrt, sowohl dem Körper als auch der Seele, die ihn bewohnt, und Mutter Natur, die für beide gut sorgt, zu vertrauen. Was der Körper ausdrückt, macht Sinn, und das gilt auch und gerade, wenn es uns unangenehm oder sogar gefährlich erscheint. In all den Jahren seit den ersten Deutungen von Krankheitsbildern im Zuge der Arbeit an *Krankheit als Weg* (siehe Literaturverzeichnis im Anhang) gab es in dieser Hinsicht weder Ausnahmen noch Enttäuschung. Der Körper bereitet uns nie von sich aus und ohne Grund Ärger. Das können uns Tausende von Symptomdeutungen bewusst machen, wie sie im Nachschlagewerk *Krankheit als Symbol* zu finden sind. Auch das Buch *Das Alter als Geschenk* über die Therapie und Vorbeugung von Alzheimer präsentiert dafür eindeutige Belege.

Nur wenn wir Probleme in Seele und Bewusstsein nicht verarbeiten, sinken sie in den Körper, und er weist uns mit seinen entsprechenden Symptomen darauf hin. Der Organismus wird so zur Bühne, auf der sich das Problem in einer Art verkörpert, die uns eine zweite Chance gibt, es seinem Wesen nach und im Hinblick auf die darin verborgene Lernaufgabe zu erkennen und zu durchschauen.

Leben wir in einer missgeleiteten Wachstumsgesellschaft?

Nach Angaben der deutschen Krebshilfe erkranken in Deutschland jährlich fast eine halbe Million Menschen neu an Krebs, und über 200 000 sterben daran. Krebs ist damit Ursache jedes vierten Todesfalls in Deutschland. Angesichts dieser Zahlen leben wir offenbar in einer Gesellschaft, in der Wachstum schon fast regelmäßig auf Abwege gerät. Um die Ursachen und damit auch wirksame Therapiemöglichkeiten zu benennen, gilt es deshalb, weiter auszuholen.

Krebsartiges Big Business

Wie schon angedeutet, prägt die Ideologie grenzenlosen Wirtschaftswachstums all unsere Lebensbereiche. So wachsen Städte weltweit enorm; aus der Vogelperspektive betrachtet breiten sie sich krebsartig infiltrierend in ihre Umgebung aus. Wie Metastasen bilden sie sogenannte Schlafstädte um sich herum, die sie sich mit der Zeit gänzlich einverleiben, nur um immer neue Trabantenstädte hervorzubringen. Das Phänomen ist in Metropolen wie Mexico City, Rio, Lima oder Tokio noch viel dramatischer als in Europa, zumal bei Ersteren noch die besonders rabiat wachsende

Randzone der Slums und Favelas sich ins umgebende Bauernland frisst. Auch hierzulande sind ganze Stadtlandschaften entstanden wie das Ruhrgebiet. In meiner Jugend spielte ich Handball in Esslingen, und das war damals eine eigene Stadt. Heute ist sie mit Stuttgart verwachsen, so wie Köln und Düsseldorf zusammenwachsen, obwohl deren Bewohner das gar nicht gern hören. München bildet für sich solch eine Muttergeschwulst, die ein Dorf nach dem anderen infiltrierte und schließlich eingemeindete, wie man diesen Schluckvorgang dezent nennt. Er führt immer dazu, dass die eingemeindete Ortschaft als solche (ver-)endet und allmählich das gewachsene Gemeinschaftsgefühl aus ihr entweicht. Das Wort Gemeinheit liegt da näher als Gemeinschaft und Gemeinde. Gemeinsam ist den Betroffenen nach kurzer Zeit wohl nur noch das Gefühl, des Einverleibt-worden-Seins.

Die entsprechende Doppelstrategie aus keinerlei Grenzen respektierender Infiltration und Bildung bösartiger Töchter in Gestalt der Filiae (Metastasen), lässt Krebs so besonders schnell wachsen. Sie macht es auch schwer, ihn mit den aggressiven Methoden zu bekämpfen, wie es die Schulmedizin nun schon so lange so relativ erfolglos versucht.

Bei meinem Vater, einem Manager, sah ich einmal eine Weltkarte eines Konzerns, die mich fatal an ein Ganzkörperszintigramm eines Krebskranken erinnerte. Das Mutterhaus, die ursprüngliche Fabrik, entsprach der Muttergeschwulst, die, mit der Zeit ebenfalls erheblich wachsend, ihre Umgebung infiltriert hatte. Nach und nach hat sie den Filiae entsprechend überall in Deutschland Filialen gebildet, und es gab auch Fernmetastasen in anderen Ländern und sogar Kontinenten. So wie ein Weltkonzern eben von der ersten Fabrik ausgehend neue Märkte und schon bald die Welt erobern mag, entwickelt sich ganz ähnlich Krebs. Vom Primärtumor geht die Infiltration aus; die Bildung von Metastasen reicht bis in entfernteste Körperregionen. Und jede für sich kann wieder zu einer eigenen Muttergeschwulst heran*wachsen*, sodass operierende Chirurgen oft die Muttergeschwulst gar nicht mehr eindeutig ausmachen können.

Wirtschaftlich angegriffen und von feindlicher Konkurrenz in Bedrängnis gebracht geben Konzerne zuerst ihre Auslandsvertretungen und Filialen wieder auf und ziehen sich in ihre Heimatzentrale zurück, von der aus sie sich manchmal umso schlagkräftiger zurückmelden. Ganz ähnlich lassen sich Krebstumore mit den Zellgiften der Chemotherapie anfangs meist in eine erste sogenannte Remission zurückdrängen. Nach Aussagen einiger US-amerikanischer Forscher erholen sie sich aber wieder aus den ursprünglich entarteten Stammzellen, die die Chemotherapie kaum je erreicht. Einige gehen heute davon aus, dass Bestrahlung und Chemo sogar »normale« Krebszellen in Stammzellen verwandeln und damit noch viel gefährlicher machen.

Bereits 2012 belegte eine Studie der University of California Los Angeles (UCLA), die im medizinischen Journal *Cancer* erschien, dass radioaktive Bestrahlung – zumindest im Fall von Brustkrebs – zwar gut die Hälfte aller Krebszellen tötet, aber die übrigen in Krebsstammzellen verwandelt. Diese sind laut den UCLA-Forschern nicht nur resistent gegen die herkömmlichen Therapien, sondern können auch permanent das Wachstum neuer Tumore auslösen. Tatsächlich zeigte die Studie, dass die neuen Brustkrebsstammzellen sogar mit 30 Prozent höherer Wahrscheinlichkeit einen weiteren Tumor produzieren. Solch eine Gegenwehr des angegriffenen Krebses ist sehr wahrscheinlich, denn zweite und dritte Chemotherapie sind meist deutlich weniger wirksam. Die meisten von mir einmal auf einer Münchner Krebsstation befragten ärztlichen Krebsspezialisten würden sie sich persönlich ersparen. Ganz ähnlich ergab eine Untersuchung des US-amerikanischen Fred Hutchinson Cancer Research Centers aus dem Jahr 2012, dass über 80 Prozent befragter Ärzte sich nicht der Krebsbehandlung unterziehen würden, die sie ihren PatientInnen zumuten.

Bei der schon erwähnten katastrophal schlechten Überlebensrate bei Erwachsenen von nur zwei bis vier Prozent nach fünf Jahren ist von Heilungsrate hier sowieso kaum zu sprechen. In meiner Arztzeit musste ich häufig erleben, wie bei PatientInnen der Krebs auch nach mehr als fünf Jahren noch zurückkam und dann nur noch schlecht, wenn überhaupt, auf Chemotherapie ansprach.

Wir erleben also Krebswachstum im Makrokosmos auf Ebene der Städte und Konzerne recht ähnlich wie im Mikrokosmos Mensch. Zudem ist unser Wirtschaftswachstum ähnlich erfolgreich wie das des Krebses. Die Wirtschaftsform des Kapitalismus, und dieses Wort stammt sprachlich und inhaltlich aus der frühen Rinderzucht, deren Wert nach den *capita*, den Köpfen der Herde, gemessen wurde. Der Industriekapitalismus hat sich bisher – ganz analog zum Krebs – als unsterblich und unbezwingbar erwiesen, was immer er der Erde und ihren Menschen auch antut.

Die neue Geld-Religion

Bei der Begegnung vom Bauchgefühl gelenkter indigener Menschen mit vom ungezähmten Herzen und seiner Gier bestimmten mediterranen Völkern siegten immer Letztere – etwa bei der Konfrontation von Spaniern und Portugiesen mit den Ureinwohnern Südamerikas, wie es sich bis heute im Namen Lateinamerika widerspiegelt. Bei späteren Konfrontationen mit den kopfgesteuerten und von Bilanzen getriebenen *Kapita*listen Nordeuropas gewannen Letztere, und sie gewinnen natürlich erst recht und praktisch immer, wenn sie auf indigene Bevölkerungen stießen wie in Nordamerika und allen anderen Regionen der Welt. Allerdings gibt es auch in Asien handeltreibende Kopfmenschen wie

Japaner und Chinesen, bei denen der – wenn auch imitierte – Industriekapitalismus beste Chancen hat und sich praktisch auch alles nur noch um Kopf (*caput*) und *Capita-l* dreht.

Revolutionen gegen das kapitalistische System, wie die von Sozialisten und Kommunisten, hatten gegen dessen vom Egoismus der Einzelnen gesteuerte Gier (nach immer mehr Besitz) langfristig nie eine Chance. Durch die Siege des Big Business an allen Fronten hat sich die damit verbundene Lebensart zunehmend verbreitet und letztlich schon fast alle Länder der Welt infiltriert, selbst solche mit starker religiöser Tradition wie Indien oder Bali, wo die Religion zwar weiter existiert, aber allmählich auch ins zweite Glied (ab-)rutscht. In den eigenen Ursprungs- und Kernländern der Großkonzerne ist die Religion weitgehend untergegangen oder dämmert in Agonie dahin. Zur neuen Religion wurde dort zuerst die Naturwissenschaft, die durch ihre Fortschritte und deren Ausschlachtung zur Kapitalvermehrung der ideale Treibstoff für weitere Expansion war. Die Naturwissenschaft erlaubte dem Kapitalismus sogar, auch sie selbst, einschließlich der Universitäten, völlig in den Griff zu bekommen. Überspitzt ausgedrückt ergänzen oder gar ersetzen heute Ausdrücke wie Sponsoring alte Begriffe wie Bestechung und hüllen sie in ein neues positives Gewand. Überhaupt ist »Reframing« das Zauberwort für die Methode wirtschaftlicher wie politischer Einflussnahme, die gar nicht wirklich lügen muss, um die Bevölkerung hinters Licht zu führen. Ein Beispiel: Die deutsche Regierung spricht von der Erhöhung des Militäretats auf zwei Prozent des Bruttosozialprodukts statt davon, die Ausgaben von 40 auf über 80 Milliarden aufzustocken.

So wie Öl, das schwarze Gold, Antriebs- und Schmiermittel der neuen Maschinen wurde, wurde es das Geld für die neue »Wirtschaftsreligion«. Sie lässt sich gut als »Geld-Welt-Religion« beschreiben, beherrscht sie doch mittels Geld und Privateigentum die Welt und nimmt für immer mehr Menschen Religionscharakter an. Ihre religiöse Praxis ist der Konsum, und dieser hat den größten Teil der (modernen) Welt erobert. Darauf bereiten wir unsere Kinder vor. Der Religionsunterricht greift bei den meisten schon längst nicht mehr. Jedenfalls kann er Smartphones und durch sie vermittelten App-Shops längst nicht mehr Paroli bieten.

Ungesunder Qualitätsverlust

In unserer materiell geprägten westlichen Lebenskultur hat kaum noch jemand Zeit, aber alle kaufen Zeug, *was das Zeug hält*. Das neue Zeug, das so schnell und bereitwillig konsumiert wird, hält selbstverständlich nicht lange. Das soll es auch gar nicht, denn es muss ja ständig neues Zeug von den *Profit*euren ver- und den Konsumenten gekauft werden. Das ist der einzig wirkliche Schwachpunkt des kapitalistischen Systems. Es bleibt verletzlich, weil es seine Konsumenten braucht, um ständig neue Produkte in großer Zahl auf den Markt zu werfen und loszuwerden. Deshalb ist ihm jedes Mittel recht, um seine Gewinnziele zu erreichen. Selbst unter den Käufern erwartet kaum jemand, dass die großen Werbekampagnen konkrete Aussagen zu den Produkten machen und wahrhaft informieren. Man hat sich an deren verführerischen und beschönigenden Ton gewöhnt. Es geht längst nicht mehr um Nachhaltigkeit, Wahrhaftigkeit, Ehrlichkeit oder überkommene Werte und Tugenden, sondern schon längst nur noch ums Geld und immer mehr Profit.

Damit das alles noch geschmierter abläuft, wird vieles auf seine Quantität reduziert und die Qualität vernachlässigt – etwa in der Nahrungsmittelindustrie mit der Folge, dass den meisten Konsumenten der Wechsel von Lebens- zu Nahrungsmitteln gar nicht auffiel. Zum Glück zeichnet sich hier eine Gegenbewegung ab, zu der ich mit *Peace Food* gern beitrage. Beim Geld ist es aber den Profiteuren des kapitalistischen Wirtschaftssystems sehr weitgehend gelungen, es im Bewusstsein der Bevölkerungsmehrheit von seiner Qualität zu trennen. Das (Um-)Lernprogramm beginnt schon im Kindesalter, denn Kinder haben von (Mutter) Natur aus Werte mitbekommen, die materieller Gier, Konkurrenz und Gewinnstreben entgegenstehen. Kinder sind Menschen, Tieren und Pflanzen liebevoll zugewandt und um deren Wohl besorgt; sie wollen streicheln, füttern. Sie empfinden tief und spüren die Liebe zur Schöpfung. Doch bald lernen sie, quasi wie beim Monopolyspiel, dass man am besten Besitz aufhäuft und zum Schluss der Reichste gewinnt. Ziel ist – *nomen est omen* – das Monopol, zwar offiziell verboten, aber längst von den großen Konzernen angestrebt und verwirklicht.

Die Besessenheit von Besitz und Geld, statt beides für Entwicklung und Wachstum der Seele einzusetzen, widerspricht auch komplett der christlichen Religion und Kultur, die uns eindringlich vor materieller Verblendung warnt. Eher käme ein Kamel durch ein Nadelöhr als ein Reicher in den Himmel, heißt es dort. Christus spricht sich beim Gleichnis vom Weinberg dafür aus, dass alle den gleichen Lohn erhalten, weil alle die gleichen Bedürfnisse hätten. Außerdem wirft er die Geldwechsler, die Vorläufer moderner Bank(st)er aus dem Tempel, der Wesentlicherem vorbehalten sein sollte. An solchen Beispielen mag klar werden, wie weit wir uns von christlich-spirituell geprägter Lebenskultur entfernt haben. Heute sind fast alle im Hamsterrad unterwegs auf der Jagd nach Geld, alles wird dem Wunsch nach materiellem Reichtum untergeordnet, und geistig-philosophische Themen und Werte verlieren an Bedeutung.

Bei so viel Schatten muss es natürlich auch eine Lichtseite geben, und tatsächlich können Wirtschaftsbosse wie auch jeder Einzelne von uns mit Geld viel Gutes in Gang setzen. Persönlich bin ich dankbar, dass mir all das erschriebene und erredete Geld etwas so Inspirierendes wie TamanGa, unser Heilungsbiotop in der Südsteiermark, ermöglicht hat. Hier wird in schönster Natur gesundheitliche und spirituelle Entwicklung gefördert; hier hat ganzheitliches Wachstum Chancen und ist in den Mittelpunkt gerückt; hier bekommt Zeit wieder Qualität und wird zur Chance.

Zum Glück sehen zu Beginn dieses 21. Jahrhunderts viele, dass wir nicht weiter auf ein ausschließlich von Egoismus gesteuertes Wachstum setzen dürfen, wenn wir uns die Erde, unseren einzigen Heimatplaneten, erhalten wollen. Zwar ist allgemein der Widerstand gegen ein Umdenken noch stark – und gerade bei denjenigen, die zu Opfern des Systems geworden sind –, aber wir sollten uns endlich (wieder) davon lösen, Bilanzen und Börsenkurse über Gefühle und Empfindungen zu stellen, wenn wir nicht an den sich deutlich abzeichnenden Wachstumsproblemen zugrunde gehen wollen. Würden wir mehr Wert auf Bewusstseinswachstum als auf wachsende Produktion und Geldmenge legen, stünde es besser um jeden von uns, selbst um diejenigen, die vordergründig vom Wirtschaftswachstum am meisten profitieren. Das Primat des Materiellen gilt es auch gerade im Hinblick auf das zunehmende Krebswachstum als seinem Spiegel auf körperlicher Seite aufzulösen, das immer mehr zur Krankheit unserer Zeit wird. Entscheidende Impulse und praktische Unterstützung für ein Umsteuern bietet die Integrale Medizin.

Integrale Medizin oder die Einheit von Körper und Seele

Die Integrale Medizin geht davon aus, dass alles, was Form und Gestalt annimmt, auch Inhalt und Sinn hat. Das körperliche Geschehen ist folglich immer Ausdruck eines dahinterliegenden seelischen Inhalts. Tatsächlich gibt es nichts auf dieser Erde mit Form und Gestalt, das gar keinen Sinn hätte. Warum sollte dies ausgerechnet in der Medizin anders sein? Natürlich ist es das auch nicht!

Ganzheitliche Ursachenforschung

Der enge Zusammenhang zwischen Form und Inhalt ist so banal wie wichtig. Krebstumore haben zum Beispiel oft die Form von Brokkoli oder dem verwandten Blumenkohl. Einen an Signaturenlehre interessierten Menschen könnte dies auf die Idee bringen, sich diesen Zusammenhang für die Therapie zunutze zu machen. Tatsächlich hat die Wissenschaft Brokkoli wie auch andere Kreuzblütler als Krebsmittel bereits entdeckt. Mit dieser Art Denken ist übrigens der Arzt William Harvey im 17. Jahrhundert auf die Existenz des Blutkreislaufs gestoßen und gilt als sein Entdecker.

Alles Körperliche hat Form und damit Bedeutung, was in der Krankheitsbilder-Deutung heilsame Aufschlüsse gibt. Ein Magengeschwür etwa, das sich kraterförmig in die Tiefe frisst, macht anschaulich, dass sein Besitzer Emotionen in sich hineinfrisst. Ein gebrochener Knochen verrät die Unterbrechung der Kontinuität, und bei näherer Betrachtung offenbaren sich spezifischere Aspekte von Inhalt, Sinn und Bedeutung dieser Verletzung.

Integrale Medizin meint die Integration von Körper, Seele und Geist bis in spirituelle Dimensionen, aber auch die Kombination von Schul- und Komplementärmedizin bis zur Homöopathie. Ziel ist nicht nur wertschätzende Verbindung und methodische Kooperation, sondern auch das Integrieren in ein umfassendes ganzheitliches Weltbild. Integrale Medizin leugnet deshalb nie die Wirkursache (Causa efficiens) der Schulmedizin etwa in Gestalt von Erregern. Sie bringt aber – ebenfalls mit Aristoteles gesprochen – die Sinn- oder Zielursache (Causa finalis) und die Musterursache (Causa formalis) in die Medizin mit ein. Nicht nur im gesundheitlichen Zusammenhang wird die Wichtigkeit Letzterer überdeutlich.

Wer sich beim Finale eines 100-Meter-Laufs fragt, warum zehn Männer plötzlich und wie aus der Pistole geschossen losstürmen, bekommt vom (arche-)typischen Naturwissenschaftler als einzige reproduzierbare, das heißt immer wiederkehrende Ursache den Startschuss genannt. Ein Sportfan bleibt damit jedoch unbefriedigt, weil schwer vorstellbar ist, dass Athleten jahrelang lediglich wegen eines Startschusses trainieren. Der Gewinn der Goldmedaille als Causa finalis oder Zielursache überzeugt sie deutlich mehr. Dass Sprinter keine Motorräder benutzen dürfen, erscheint selbstverständlich, ist aber der Musterursache (Causa formalis) geschuldet, den Spielregeln eines 100-Meter-Laufes. Die vierte Ursache, die Causa materialis, ist und war immer unstrittig, denn natürlich braucht man Muskeln und eine Aschen- beziehungsweise Kunststoffbahn für den Sprint. Dieses auf Aristoteles zurückzuführende Modell von vier Ursachen wird nicht nur der sportlichen, sondern jeder Wirklichkeit besser gerecht, so auch dem Verständnis von Krankheitsbildern.

Entscheidende Frage ist also nicht nur, woher rückblickend das Problem stammt – was uns bei der schulmedizinischen Ursachenforschung, der Causa efficiens, etwa zu Erregern bringt. Mindestens genauso wichtig ist, worauf es hinausläuft und abzielt und worin der Sinn besteht. Die Causa efficiens kommt aus der Vergangenheit, die selbstverständlich nicht mehr veränderbar ist, während die Causa finalis auf die Zukunft zielt, die natürlich noch zu beeinflussen ist. Ein weiterer Vorteil der Integralen Medizin.

Auch wie das Krankheitsgeschehen ins individuelle Lebensmuster passt, sollte uns interessieren. Etwa warum es ausgerechnet mir zu diesem Zeitpunkt meines Lebens widerfährt, woran es mich einerseits hindert, was ich folglich nicht mehr weitermachen soll, und wozu es mich andererseits zwingt, was ich folglich tun oder anstreben sollte.

Integrale Medizin zielt folglich nicht auf schlichte Symptombeseitigung. Sie geht auch gar nicht davon aus, dass eine wirkliche Beseitigung immer möglich ist. Und selbst wenn es gelingt, etwas auf die Seite zu (ver-)drängen, wird es weiter drängen und drücken, und wir sind eben damit nicht fertig. Vielmehr folgt sie den zweitwichtigsten Gesetzen der Physik, den Erhaltungssätzen. Sie besagen, dass Energie verwandelbar ist in verschiedene Aggregatzustände wie fest, flüssig und gasförmig, aber nicht gänzlich vernichtet und aus der Welt geschafft werden kann.

Symptome sind mit ihrer Form von Bedeutung, zudem Energieträger. Ihre Verkörperung entspricht dem festen Aggregatzustand oder Erdelement, der seelische Ausdruck am ehesten dem flüssigen wässrigen Element und die gedankliche Form dem gasförmigen oder Luftelement. Lediglich körperliches Geschehen zu bearbeiten löst demnach seelische Problematiken nicht, sondern verstärkt sie eher, ohne dafür Lösungen anzubieten. Be*seit*igte Symptome geraten, wie schon erwähnt und so ehrlich im Wort ausgedrückt, auf die Seite, ins Unbewusste oder – in den Worten der Jung'schen Psychologie – in den Schatten. Kurz gesagt ist nach C. G. Jung alles, was wir ablehnen, unser Schatten. Um zu uns selbst zu finden, müssen wir Schatten aufspüren. Nach C. G. Jung ergibt sich aus der Integration von Schatten (allem, was wir ablehnen) und Ich (allem, womit wir uns identifizieren) die Selbstverwirklichung. Die einfache Gleichung lautet »Selbstverwirklichung = Ich + Schatten« und bringt es auf den Punkt und kürzesten Nenner. In der östlichen Tradition wird es mit »Der Weg ist das Ziel« beschrieben, denn alles ist schon immer da, wir sind gleichsam die ganze Zeit am Ziel und vollkommen, können das nur (noch) nicht wahr- und wichtig (genug) nehmen.

Es kommt auf die Integration des Unbewussten beziehungsweise unserer Schattenseiten an. Auch deshalb spricht alles dafür, sich bei Krankheitsbildern allen drei Ebenen – Körper, Seele, Geist – zu widmen und sie vom tiefsten bis zum höchsten Sinn verstehen zu lernen. Nur so lässt sich die erfahrungsgemäß darin zum Ausdruck kommende Lern- und vielleicht sogar Lebensaufgabe enthüllen. Die Ziel- und Sinnursache (Causa finalis) gibt uns oft den entscheidenden Schlüssel zu Symptomen und Krankheitsbildern in die Hand und die Möglichkeit, noch Einfluss auf den Ausgang zu nehmen.

Nun hat die Schulmedizin die Krankheitsentstehung (Pathogenese) sehr intensiv und bei vielen Krankheitsbildern erfolgreich erforscht, wenn auch nicht gerade überzeugend bei Krebs. Um Gesundwerdung oder Heilung (Salutogenese) hat sie sich dagegen nie besonders gekümmert. Da sie sich auf die aus der Vergangenheit wirkende Causa efficiens und nie um die aus der Zukunft auf die Gegenwart zurückwirkende Causa finalis kümmerte, wird das verständlich. Der Arzt Aaron Antonovsky dagegen widmete sich schon in der ersten Hälfte des letzten Jahrhunderts vorrangig der Salutogenese. Er fand, echte Heilung verlange als ersten Schritt das Verstehen des Problems, um es im zweiten wandeln und im dritten in den Sinnzusammenhang des Lebens einordnen zu können. Genau das ist der Ansatz der deutenden Medizin von *Krankheit als Symbol*. Zuerst wird das Problem gedeutet, um es anschließend – auf dem Boden der Ur- oder Lebensprinzipien – zu wandeln und schließlich in seiner Sinnhaftigkeit für das Leben Betroffener einordnen zu können.

Konfliktbearbeitung auf der Körperbühne

Über lange Zeit ignorierte, verdrängte und im Schatten(reich) versteckte und (auf-)gestaute Energien bleiben gleichsam auf der Lauer und in der Lage, sich und ihrem Anliegen bei passender Zeit und Gelegenheit auf der Körperbühne Ausdruck zu verschaffen. Eine extreme Schwächung oder erst recht ein weitgehender Zusammenbruch des Immunsystems kann dann der Moment sein, wo sich auf Seelen- und Bewusstseinsebene nicht zum Zuge gekommene Themen in symbolisch *deut*licher Art und Weise im Körper Bahn brechen.

Was Betroffene schon lange an Entwicklung und Wachstum hätten leben wollen und sollen, aber hinter ihrer überangepassten Dulderhaltung verbargen, setzt sich bei Krebs auf Zellniveau gleichsam stellvertretend durch. Eine lange geschundene und von ihrem eigentlichen Sinn und (Lebens-)Ziel inzwischen meilenweit entfernte Zelle macht sich stellvertretend – und auf unpassende Weise – auf den Entwicklungsweg. Im Moment unerträglich gewordener Bedrängnis wirft sie alle Rücksichten über Bord, gibt sogar den unter Zellen üblichen Anstands- beziehungsweise Verhaltenskodex auf – und damit ihre Wachstumshemmung bei Kontakt mit anderen Zellen. Sie beginnt ihren rücksichtslosen Egotrip. Gnadenlos wuchernd und fremde Zellen massakrierend, verletzt sie alle Regeln natürlichen, gesunden Zellzusammenlebens und wird für ihre Umgebung höchst gefährlich.

Das ist aber nur die eine (und damit einseitige) Sicht aus der Perspektive unseres Ego, das weitermachen will wie bisher und den Krebs nicht als Warnung, sondern nur als Bedrohung und geradezu als Unverschämtheit empfindet.

Wir gehen bisher immer davon aus, dass der Krebs ein bösartiges Eigenwesen ist. Und projizieren wir nicht das Bösartige auf den Krebs, um es aus dem Bewusstsein zu bekommen? So muss es dann der Körper übernehmen und damit leben. Ein sich aufblähender Kern, als Kopf der Zelle, macht den Egotrip sehr deutlich. Kopflastig wie die Ursprungszelle schlagen auch all die bösen Zelltöchter über die Stränge, und machen sich auf ihren Weg der Egoverwirklichung, wie es sich ihr menschlicher Besitzer nie trauen und erlauben würde. Ob dieses über jedes Ziel hinausschießende Wachstum wirklich von einer Mutation im Zellkern ausgeht oder eine sekundäre Folge einer Entgleisung auf Ebene der Mitochondrien ist, bleibt dabei gleichgültig. Jedenfalls hat die Stoffwechsellage entscheidend damit zu tun. Wenn alle Krankheitsbilder Sinn machen, dann wohl auch Krebs.

Was aber, wenn der Krebs das Immunsystem nicht trickreich überlistet, sondern von ihm geduldet wird, weil das (ins saure) heruntergekommene Milieu gar kein anderes Wachstum mehr zulässt? Aus Sicht des Organismus spielt sich eine Art Notfallprogramm ab, denn in einem sauren, anaeroben (sauerstofffreien) Milieu können praktisch nur noch Krebszellen überleben und versuchen, durch beschleunigten Stoffwechsel der Lage Herr zu werden. Da Zellen hier üblicherweise keine Chance mehr haben, wählt der Organismus Krebs als einzigen noch möglichen Ausweg.

Solch eine Umschaltung auf Krebswachstum ist jedoch nicht ohne die Seele möglich – wie es sich genauso bei anderen Krankheitsbildern zeigt. Nach meinen Erfahrungen ist die Seele immer mit im Spiel, und zwar federführend. Gleichsam nur mit Zustimmung der Seele kann eine entartete Zelle sich vom Abwehrsystem unbehelligt weiter vervielfältigen und ausbreiten, Tabuzonen wie Basalmembranen und Organgrenzen durchbohren, sich über alle Barrieren hinwegsetzen und ihre bösartigen, todbringenden Töchter über Lymph- und Blutbahnen in den Organismus senden.

Die seelischen Zusammenhänge sowohl bei der fatalen Aufhebung der Wachstumshemmung als auch bei der Tarnung der Krebszellen vor dem Immunsystem sind für Menschen einer materialistisch geprägten Lebenssicht schwer vorstellbar, weshalb sie bei Krebs lieber auf Chemotherapie setzen, selbst wenn die Erfolgsaussichten so deprimierend schlecht sind.

Wir können davon ausgehen, dass die entscheidenden Impulse bei unerklärlichen Wunderheilungen, den sogenannten Spontanremissionen, sowie bei jeder nachhaltig erfolgreichen Therapie ebenfalls von der Seele kommen. Es erscheint uns im Allgemeinen als Wunder, wenn Tumore sich auflösen. Dabei ist es nur logisch, dass Tumore verschwinden, wenn die Notwendigkeit für sie entfällt. Wo die Seele heilt, zieht der Körper nach. Das heißt, die Seele muss das Problem hinter dem Krebswachstum entdecken, dann kann das Immunsystem auch die Krebszellen wieder enttarnen und umwandeln. Oder aus Sicht des Organismus ausgedrückt: Das Immunsystem erkennt, dass die Krebsentwicklung nicht mehr notwendig ist, da sich die Stoffwechselsituation neutralisiert, weil insgesamt Heilung geschieht. Sobald die Seele ihrerseits wieder wächst, kann der Krebs damit aufhören. Natürlich dürfen und sollten wir beide dabei unterstützen, sowohl vonseiten der Psyche und ihrer Therapie als auch mit Immuntherapie und vor allem Stoffwechselsanierung.

Krebs als Wegweiser

Erinnern wir uns stets daran: Krankheitsbilder werden von der Seele jedenfalls geduldet und sogar wirksam gefördert, um die Betroffenen auf- und herauszufordern, wieder auf ihren Weg zurückzufinden. Wir werden bei der Betrachtung der Heilungen, Spontanremissionen und Wunder noch sehen, dass Betroffene praktisch immer entscheidende Wandlungen auf Seelenebene durchlebten, die dem Rückzug des Krebses im Körper vorausgingen.

Kompromisslosigkeit im eigenen Interesse

Krebszellen sind der Gipfel an Kompromisslosigkeit und Eigennutz. Sie haben nur das eine egoistische Ziel, ihr Erbgut überall im Körper auszubreiten – und zwar ohne jede Rücksicht auf Verluste. Im schlimmsten Fall für Betroffene übernehmen sie im Handstreichverfahren die Macht mit dem Ziel, das ganze Körperland unter ihre Kontrolle beziehungsweise die ihres Erbgutes zu bringen. Aus Sicht des Krebses ist er über die Maßen erfolgreich, wie er sich so rasch eine beeindruckende Fülle von Kolonien im ganzen Land verschafft und nicht selten sogar komplett bestimmend wird. Oft wachsen Tumore so rasch, dass die Versorgung nicht nachkommt und sich in ihrem Innern sogenannte Nekrosen, abgestorbene Gewebebereiche, bilden. Das gleicht dem Wachstum moderner Städte, die oft ebenfalls aus ihrem Zentrum, also von innen heraus, sterben und gleichsam zur Nekropolis werden, ähnlich den einst sorgsam errichteten Totenstädten, in denen keine Lebenden mehr wohnen. In heutigen Metropolen ist das verödete Zentrum allerdings der Geldlogik geschuldet, da die Immobilien- und Mietpreise dort für einfache Leute unerschwinglich werden, und wenn dann die Tempel der Moderne die Oberhand gewinnen, die Paläste der Banken und Versicherungen, können sich auch Reiche die Innenstädte kaum noch leisten.

Die toten Zonen in Städten sind aber nicht zufällig entstanden, sondern der kranken Gesamtlogik geschuldet, sie entstehen letztlich nach den Regeln der Geld-Welt-Religion. Und wir alle, die wir uns diese unmenschliche und der Essenz aller Religionen und Lebensphilosophien widersprechende Herrschaft des Geldes gefallen lassen, verantworten sie. Aber so wie es keinen Sinn macht, Baufirmen als böse zu beschuldigen, die Banken- und Versicherungspaläste hochziehen, macht es auch wenig Sinn, auf die Krebszelle, den Tumor und seine Folgen wie jene Todeszonen zu projizieren und damit das Geschehen quasi abzuspalten. Von Krebs ist eben nie nur der Körper, sondern immer der ganze Mensch betroffen. In jedem Fall lässt sich von den Krebszellen und Tumoren im Sinne der Krankheitsbilder-Deutung sehr gut lernen.

Krebszellen zeichnen sich neben der Bereitschaft, für ihre Ausbreitung nötigenfalls sogar zu sterben, auch durch Vitalität aus und dadurch, aus schwierigsten Situationen das Beste zu machen. Genau das können Betroffene von ihnen lernen und an ihrer Stelle leben: sich bis zum Letzten dem eigenen Anliegen hingeben, und sei es bis zum Tod, diesen womöglich als notwendiges Durchgangsstadium erkennend.

Manche Krebspatienten nutzen für ihren Heilungsprozess die Hyperthermie, betrachten sie als Fegefeuer, das es zu durchleben gilt, um die Krebszellen im hohen Fieber zu verbrennen und sich davon zu befreien und zu reinigen. Wie das genau geschieht, können wir nur erahnen. Wir wissen, dass mit jedem Grad Temperaturerhöhung sich die Abwehrkraft des Immunsystems mehr als verdoppelt. Möglicherweise sind Krebszellen hitzeanfälliger als gesunde. Jedenfalls dürfte auch das Ritual dieser freiwilligen Auslieferung an das Fegefeuer der inneren Reinigung eine entscheidende Rolle spielen.

Außerdem gilt es, die eigene Lebenslust zu steigern und aus allen auftauchenden Herausforderungen und Problemen kompromisslos das Beste zu machen. Das wäre hier ebenso zu lernen. Der Krebs respektiert wie die Liebe weder Grenzen noch Barrieren, durchdringt alles und verschafft sich wie die Liebe überall Zugang. Er setzt sich über alle Schranken und selbst den Tod hinweg.

Radikale Wandlungsfähigkeit

Für den radikalen Wandel in ihrer Ernährung stellen Krebszellen ihre ganze Energieversorgung von Grund auf um und vollziehen eine kompromisslose Umstellung von Atmung und Oxidation auf Gärung. Sie tun dies aus Not, weil Atmung in dem durch unpassende Lebensweise entstandenen sauren Milieu gar nicht mehr möglich ist. Versetzen wir uns in die Lage der betroffenen Zellen: Wenn wir die Wahl hätten, zu ersticken oder in einem Zustand von Gärung noch eine Zeit lang zu überdauern, auch wir nähmen wohl diesen Ausweg. Immerhin besteht ja die Chance, dass der betroffene Mensch irgendwann doch noch aufwacht, auf Verwandlung im geistig-seelischen Bereich setzt, um dann lebendiger und erfüllter weiterzuleben. Genau das habe ich bei vielen PatientInnen beobachten dürfen, die auch sagen konnten, wie dankbar sie rückblickend ihrem Krebs waren, der sie aufgeweckt und verwandelt habe. Machen wir uns klar, die Krebszellen werden vom Körper produziert, der nie ein Interesse hat, aufzugeben und uns vorzeitig sterben zu lassen. Im Gegenteil, er setzt, solange es irgend möglich ist, alle Hoffnung darauf zu gesunden.

Durch den Krebs wird von den Betroffenen eine Metamorphose gefordert, das heißt eine radikale, an die Wurzeln gehende (lat.

radix = Wurzel) Umstellung im Hinblick auf zentrale geistig-seelische Lebensthemen, aber auch bezüglich des alltäglichen Lebensstils, was mit einer Umstellung der Ernährung beginnt. Nicht nur Zucker ist kompromisslos wegzulassen, was die Krebszellen hungern und die normalen Zellen im wahrsten Sinne des Wortes auf-*atmen* lässt. Wenn der moderne Überfluss an raffinierten, glukosereichen Kohlenhydraten vom Krebs so bereitwillig genutzt wird und seine Ausbreitung körperlicherseits dermaßen unterstützt, ist sie dem eigenen Überleben zuliebe natürlich besser zu beenden. Die Konsequenz heißt pflanzlich-vollwertige ketogene Kost wie in *Peace Food Keto-Kur* (Literaturverzeichnis) beschrieben, nur noch strenger und radikaler, das heißt mit noch weniger Kohlenhydratanteil, was im Kapitel »Ernährungs- und Komplementärmedizin« noch ausführlich dargestellt wird.

Tatsächlich haben sich Krebszellen als Einzige auf die moderne Zuckerflut eingestellt, sich ihr angepasst und ihr Leben darauf aufgebaut. Gesunde Zellen sind da konservativer und verbarrikadieren sich gegen die Glukoseflut. Sie streiken gleichsam und lassen sie nicht mehr zu sich herein. Die daran schier verzweifelnde Bauchspeicheldrüse, deren Aufgabe es ist, mittels Insulinausschüttung alle Zellen für Glukose und übrigens auch Aminosäuren zu öffnen, produziert nun noch mehr Insulin, jedoch ohne der Zuckerflut dadurch Herr zu werden und sie ins Zellinnere schaffen zu können. Diese Situation ist als Insulinresistenz und Vorstufe von Typ-II-Diabetes bekannt, weil dieser Teufelskreis zur Erschöpfung der Bauchspeicheldrüse führt. Die gesunden Zellen haben auf der ganzen Linie genug von der Verzuckerung und sperren sich dagegen. Sie treten gleichsam in Streik gegen die moderne Kost- und Lebensform und verhungern lieber, als weiter Glukose zu sich (herein) zu nehmen. Insofern könnten die Nebenwirkungen des Diabetes neben der Glykierung auch zum guten Teil vom Verhungern entsprechender Körperzellen herrühren.

Selbst unser Gehirn, anfangs so auf Glukose zu seiner Entwicklung angewiesen, macht irgendwann dicht für sie und entwickelt sozusagen »Typ-III-Diabetes«. Dabei verhungern auch die Gehirnzellen lieber, als noch weiter Glukose aufzunehmen. Damit ist Alzheimer nicht so sehr dem Ausfall an Gehirnzellen geschuldet als dem fehlenden Nachschub neuer mangels Nahrung.[4] Durch eine Versorgung mit guten Fetten (vor allem Kokosöl) lässt sich das Verhungern der Gehirnzellen und besonders des Hippocampus nachhaltig stoppen.

Vor einem ähnlichen Fiasko wie unsere Körperzellen bei Insulinresistenz stehen wir heute fast alle bei der Ernährung: Wir leiden mitten im Überfluss Mangel und lassen unseren Organismus quasi verhungern, während wir uns mit minderwertigen, leeren Kalorien aus raffinierten Kohlenhydraten, ungeeigneten Fetten und gefährlichem Tierprotein vollstopfen. Von der Krebszelle lässt sich hier vieles lernen, wie von Deutungen anderer Krankheitsbilder gewohnt. Wie wäre es, radikal und kompromisslos vorzugehen – wie die Krebszelle – und eine Ernährungsumstellung in Angriff zu nehmen zugunsten pflanzlich-vollwertiger basischer Frischkost, und das ohne Ausnahmen und faule Kompromisse! Dadurch würde es uns allen sehr viel besser gehen, und es wäre vom Ernährungsbereich her wohl die beste Krebsvorbeugung. Bei einer Krebserkrankung ist es eine ausgezeichnete Therapieunterstützung – bezüglich der Versorgungssituation, aber auch von der radikalen, an die Wurzeln gehenden Vorgehensweise her.

Krebszellen setzen angesichts des modernen Frontalangriffs mittels Glukoseflut auf eine radikale Kehrtwende zur frühen primitiveren Energiegewinnung (siehe das Kapitel »Entgleister Stoffwechsel«). Ihre Taktik heißt hier integrieren statt boykottieren. Genau dies sollten auch PatientInnen tun und konsequent vom Krebs lernen, in dem Fall radikale Wandlungsfähigkeit. Neben solch tiefgreifenden Umstellungen im Ernährungsbereich wäre es noch wichtiger, in geistig-seelischer Hinsicht auf echte Selbstverwirklichung zu setzen und in Konsequenz dazu den ganzen Lebensstil umzustellen zugunsten von mehr Einfachheit und ursprünglicher Klarheit und Kargheit im Sinne von Unkompliziertheit.

Manchmal ist ein Schritt zurück, eine Regression, lebensrettend – etwa knapp vor dem Abgrund, wo wir uns kollektiv in unserer Wachstumsgesellschaft in vieler Hinsicht bereits befinden. Mit Raffinierung, Raffinesse und Raffiniertheit haben wir es so übertrieben, dass ein großer Schritt zurück zum Einfachen, Ursprünglichen und gern auch Primitiven, überfällig ist – nicht nur, aber besonders für Betroffene von Wachstumskrankheitsbildern wie vor allem Krebs. Das fängt an bei der Rückkehr zu einfacherer, frischerer und damit energiereicherer Kost, wie sie unsere Vorfahren, teilweise aus Not, nicht anders kannten: ursprüngliche, frische pflanzlich-vollwertige Lebensmittel mit hohem Gen-Alter, das heißt nicht durch moderne Hybridisierung oder gar Gentechnologie in ihrem Erbgut und Wesen verändert und auf unnatürliche Größe und Süße getrimmt. Am besten stammen sie aus dem eigenen Garten oder vom Biobauern und Naturkostladen.

Krebs ist so bei aller Bedrohlichkeit stets ein guter Lehrer und Problemlöser. Er lehrt zum Beispiel, aus der Glukoseschwemme etwas, und zwar das Beste, zu machen. Wir sollten uns wie die Krebszelle dem Zucker und seinem Urprinzip, der Süße des Lebens, integrierend nähern. Das heißt, wir könnten uns der Liebe öffnen, die auch zu diesem Urprinzip gehört, statt uns mit Süßigkeiten zu verkleben. Boykottieren wir also nicht länger die Süße des Lebens, sondern laden wir sie im übertragenen Sinne in unser Leben ein.

Unsterblichkeit der Seele

Ein weiteres wichtiges Thema wird uns ebenfalls durch Krebs auf besondere Art nahegebracht: die Unsterblichkeit. Diesen alten Traum der Menschheit scheint der Krebs für seine Zellen umgesetzt zu haben. So gelingt es Krebszellen offenbar, die natürliche Lebensbeschränkung auszuhebeln, die sich in der Länge der Telomere, der Endstücke der Chromosomen, ausdrückt. Jedenfalls erweisen sich in den 1920er-Jahren zu Forschungszwecken im Labor weitergezüchtete Krebszellen als bisher gänzlich unsterblich. Sie haben sich über die Krebslabore der Welt verbreitet und zeigen keinerlei Alterserscheinungen. Würden wir dem nacheifern und versuchen, dem physischen Alter und Tod zu entrinnen, wäre dies rein theoretisch schon nach wenigen Generationen eine Katastrophe für die Menschheit und realistisch gesehen nichts als Zeit- und Energieverschwendung.

Die Aufforderung bei Krebs lautet also, dem Körper das Thema Unsterblichkeit abzunehmen und es geistig-seelisch zu verwirklichen. Das ist auch das Ziel aller spirituellen Traditionen; insofern kommt deren ganze Fülle von Angeboten an Exerzitien und Meditationen therapeutisch infrage. Die heutige Situation der Globalisierung wird hier zum Vorteil, denn die modernen mehrheitlich religiös entwurzelten Menschen können sich bei jeder anderen Kultur bedienen, um passende Übungen zu finden. Persönlich, obwohl Christ, nutze ich seit über 40 Jahren die Zazen-Meditation, die ich bei Jesuiten lernte, die auch Zen-Meister waren.

Wenn wir uns mit der Unsterblichkeit der Seele beschäftigen, sollte uns das jedoch nicht davon abhalten, gut für den Körper zu sorgen. Schließlich könnte unser Organismus um einiges älter werden, wenn wir uns vernünftiger und gesünder verhielten im Hinblick auf Ernährung, Bewegung, Entspannung, Schlaf, Umweltbewusstsein und Achtsamkeit bezüglich moderner Gefahren wie Elektrosmog. Tatsächlich fanden Forscher der American Cancer Society, dass 42 Prozent der 659 640 neuen jährlichen Krebsfälle in den USA direkt durch ungesunden Lebensstil – Rauchen, Trinken, Übergewicht, schlechte Ernährung und fehlende Bewegung – verursacht werden und sogar die Hälfte der jährlichen Krebstodesfälle darauf zurückgehen.[5]

Selbst die Entstehung von Nekrosen, toten Bezirken innerhalb der Muttergeschwulst und großer Tumorknoten, können wir wie jedes Symptom erneut für uns deuten und uns mit seiner Botschaft auseinandersetzen. In diesem Fall heißt das: Wir müssen – wie der Krebs – keine Angst vor dem Sterben haben, sondern könnten uns ruhig mal sterben lassen, um anschließend richtig zu leben. Wie Goethe sagte: »*Und so lang du das nicht hast, / Dieses: Stirb und Werde! / Bist du nur ein trüber Gast / Auf der dunklen Erde.*« Und Angelus Silesius formulierte: »*Wer nicht stirbt, bevor er stirbt, auf ewiglich verdirbt.*«

Letztlich geht es beim Einbruch von Krebs ins Leben immer auch darum, die Angst vor dem Sterben zu meistern und sich – im übertragenen Sinne – sterben zu lassen, um gleichsam wie Phönix aus der Asche auferstehen zu können. Modern gesprochen verlangt uns Krebs einen echten Relaunch ab.

Anpassungsfähigkeit

Charles Darwins Kernsatz seiner Evolutionstheorie besagt, dass die am besten Angepassten überleben (»*survival of the fittest*«). Krebs spielt hier wieder ganz vorn mit; seine Anpassungsfähigkeit reicht weit. Um genug Futter für ihre Zuckergärung zu bekommen, haben Krebszellen sogar gelernt, gesunde Zellen zu versklaven und für sich arbeiten zu lassen, ohne sie zu infiltrieren und zu zerstören. Auf diese Weise können sie von deren Stoffwechsel profitieren. Wir sprechen in solchen Situationen eigentlich von Schmarotzertum und Ausbeutung.

Wenn wir die Perspektive weiten, lenkt das unsere Aufmerksamkeit wieder auf die »großen« gesellschaftlichen und politischen Zustände als Spiegel der Vorgänge in unserem »kleinen« physischen Organismus. Zu keiner Zeit gab es mehr Sklaven auf der Erde als heute. Wir dürfen hier bedenkenlos die Arbeiter der sogenannten Schwellenländer dazurechnen, die für unsere Konzerne und uns Konsumenten Gebrauchsgüter fertigen, sowie die vielen Kinderarbeiter nicht nur in den Entwicklungsländern, außerdem die als Sexdienerinnen missbrauchten Frauen und Mädchen.

Wieder könnten wir vom Krebs das Thema erfahren, das uns persönlich bedrückt und krank macht – zum Beispiel sich verbiegen und an einer Arbeit oder Beziehung festhalten, die einem schon längst nicht mehr entspricht oder noch nie entsprochen hat – und das wir wie immer »nur« auf die konstruktive, erlöste Ebene heben müssen. Vieles tun wir uns selbst an, indem wir es geschehen lassen. Vom Krebs ist zu lernen, aus der Opferhaltung aus- und in die der Eigenverantwortung umzusteigen, etwas zu unternehmen, obwohl es schwerfällt und als unangenehm empfunden wird. Konsequent mit sich zu sein, (Selbst-)Disziplin aufbringen und möglicherweise auch harte Arbeit dienen dann dazu, sich nehmen zu können, was man braucht, um zu wachsen, ohne anderen dabei zu schaden.

Das Anpassungspotenzial des Krebses und seine Raffinesse reichen aber noch weiter, denn Krebszellen haben gelernt, sich erfolgreich vor dem Immunsystem ihres Wirtes zu verbergen. Sie sind raffiniert genug, die Zellsignale gesunder Zellen beizubehalten, und senden an das Immunsystem die gleiche Botschaft: »Erkenne und ignoriere mich; ich bin in Ordnung!« Das ist nur konsequent, da es bei Krebs nun einmal um offensives, kompromissloses

Wachstum ohne Grenzen und Schranken geht – und er damit auf seine Weise ein für uns persönlich wichtiges Seelenthema ausdrückt und verdeutlicht.

Diese raffinierte – von der Seele gebilligte – Verschleierungstaktik übermitteln die Krebszellen an alle ihrer Artgenossen weiter. Die von ihnen infiltrierten und vergewaltigten Zellen können das nicht und werden eher Opfer des eigenen Immunsystems, als von ihm Hilfe zu bekommen. So gelingt es dem Krebs, von der Abwehr unbelästigt, überall im Körperland Fuß zu fassen und normale »gesunde« Zellen, die ausnahmslos unter der Zuckerflut und generellen Fehlernährung leiden, zu versklaven und durch Infiltration auszulöschen. In der Folge verlieren bis dato funktionierende Gewebe und Organe ihre Fähigkeiten und gehen unter. Aber hier sei nochmals daran erinnert, dass dies aus Not in einer verzweifelten Situation geschieht, nicht aus primärer Bösartigkeit der Krebszelle. Auch sie ist Teil einer entgleisten Situation, die sich in Stoffwechsel, Lebenssituation, in Umwelt und Gesellschaft widerspiegelt.

Wir sollten uns – insbesondere wenn Krebs sich schon ausbreitet oder doch anklopft – besser an unsere wahren Bedürfnisse anpassen und – solange die Kräfte dies noch mitmachen – unseren Lebensstil radikal ändern, und zwar wie der Krebs in Richtung zurück zur Einfachheit. Das geht natürlich weit über die Ernährung hinaus. Gemeint ist auch eine Rückkehr zu unseren Wurzeln. Sie liegen in unserer Herkunftsfamilie, bei unseren Ahnen und den Grundlagen unserer Kultur. Wir sollten zu den Wurzeln unserer Lebensphilosophie vordringen, so wie in diesem Buch eingangs auf Aristoteles zurückgegriffen wurde, um wieder alle Ursachen in den Blick zu bekommen.

Was können PatientInnen von der raffinierten Anpassungsfähigkeit des Krebses lernen? Sie sind aufgerufen, mit den vorhandenen Möglichkeiten zu spielen, vor allem auch mit den widrigen.

Sie sollten überhaupt wieder zu spielen lernen, zum Beispiel indem sie Camouflage üben und Rollen erproben. Sie könnten auch lernen, gesund zu *spielen* wie die Krebszellen; es erhöht die Chancen, es wieder zu werden – möglicherweise sogar gesünder als zuvor, wie ich es schon öfter (mit-)erleben durfte. »*Fake it until you make it*« (»Tu so als ob, bis du es kannst und damit erfolgreich bist«), das kann die Devise sein, um in einen gesunden alltäglichen Lebensstil hineinzuwachsen.

Deutlicher wird dieser Aspekt der Selbstheilung bei den noch notwendigeren Lebensveränderungen in den Bereichen Seele und Bewusstsein. Sich selbst und anderen etwas vorzuspielen mag zwar als unehrlich verurteilt werden, aber es könnte auch die gute Chance sein, der Lebensenergie zu helfen, sich wieder im eigenen Körperland auszubreiten. Nach dem aus der Schattentherapie bekannten Motto »Es ist nie zu spät, eine glückliche Kindheit gehabt zu haben« ist es auch nie zu spät, sich einen neuen wundervollen Einstieg in die Liebe und das Leben zu gönnen. In der Gedanken- und Fantasiewelt ist eine Wiederholung im Sinne eines Rituals jederzeit möglich. Der bezaubernde Film *Alles eine Frage der Zeit* führt uns diese so einfache und wirksame Magie vor Augen.[6] All das stärkt die Fähigkeit in uns, unser Leben zum Besseren zu wandeln im Sinne der Metamorphose, die bei Krebs so entscheidend wichtig ist.

Ausgleich zwischen Männlich und Weiblich

Der größte Trick des Krebses ist, von der Übersäuerung (Azidose), unter der gesunde Zellen leiden, zu profitieren und sich diesen Feind zum Freund zu machen. Krebszellen verhalten sich diesbezüglich völlig antizyklisch, fast wie die ersten Bakterien, die sich zu Anfang der Erdgeschichte ein toxisches Gas, den Sauerstoff, zunutze machten und es zur Entwicklung von Atmung und Oxidation nutzten und damit unsere Form von Leben begründeten.

Die Geschichte der Übersäuerung ist eine archetypisch männliche. Säure zeichnet sich durch das Abschießen von Protonen (H+) aus und kann damit sogar Metalle zersetzen. Aggressives Abstoßen entspricht wie alles Schießen dem männlichen Pol. Die Protonen werden von der Base, dem weiblichen Gegenpol, eingefangen. Aufnehmen entspricht dem weiblichen Prinzip. Beide Seiten sollten im Ausgleich stehen.

Die Folgen eines Ungleichgewichts von Männlich und Weiblich können wir sowohl im eigenen Körper spüren als auch in der Umwelt erleben. Mit zunehmender Industrialisierung haben wir unsere Erde versauern lassen; Regen und Schnee sind längst sauer, seit wir alljährlich Tausende von Tonnen Schwefel- und andere Säuren in die Atmosphäre blasen. Moderne menschliche Körper sind entsprechend übersäuert, auch Geist und Seele versauern buchstäblich. Hier kommt hinzu, dass zum einen das Übermaß an Zucker in der Nahrung die Übersäuerung verstärkt; zum anderen überschwemmt eine Kost aus Milchprodukten, Fleisch und Wurst uns mit tierischen Aminosäuren.

Unser Körperland beruht auf voneinander abhängigen Gleichgewichtssystemen, verbunden durch Rückkoppelungsmechanismen. Diese Regelkreise sind von (unserer) Natur aus sehr stabil, können aber auch zu Teufelskreisen entarten. Das Säure-Basen-Gleichgewicht etwa stürzt durch Zuckerflut und Fehlernährung in Richtung Azidose ab, und vieles spricht dafür, dass die Azidose dem Krebs erst die Basis für seine Existenz schafft. Daraus kann sich eine der grundlegendsten körperlichen Krebstherapien ergeben: Wer den Organismus tiefgehend entsäuert und so auch beim Säure-Basen-Gleichgewicht wieder für Balance sorgt, ist auf gutem Weg Richtung Gesundheit.

Hierbei kann als Brücke zwischen Körper und Seele die Methode des Verbundenen Atems wahre Wunder wirken.[7] Sie bringt die überlegene, entwicklungsgeschichtlich neuere Idee des Atems und Austauschs in den krebskranken Körper zurück, entsäuert den Organismus durch das Abatmen von Kohlensäure beziehungsweise Kohlendioxid in verblüffender Weise und erlaubt der Seele einen Ausflug zu Erfahrungen tiefster Entspannung und manchmal sogar von Einheit und Allverbundenheit. Aus solchen Sitzungen kann sich wieder (Lebens-)Mut entwickeln – die Courage, das Leben zu wagen und in Angriff zu nehmen, sich ihm und seinen Aufgaben zu stellen, wieder an- und zuzupacken. Darin schwingt Aggression mit, und tatsächlich bedeutet die erlöste Ebene, das Aggressionsprinzip zu leben. In der Übersäuerung drückt sich dieses Prinzip unerlöst im Körper aus; ein unerlöster Aspekt auf Seelenebene zeigt sich in beleidigtem Sauersein. Regelmäßige Sitzungen mit dem Verbundenen Atem können deshalb durchschlagende Effekte, nicht nur auf die seelische Entwicklung, sondern auch ganz körperlich haben, wobei sie in eine strikt basische ketogene Kostform (*Peace Food*) eingebettet sein sollten.

In der Medizin ist die Geschichte der Azidose als Krankheitsursache mit der des deutschen Arztes und Chemikers Otto Warburg verbunden. Er war in den 1920er-Jahren von Hitler, der unter heftiger Krebsangst litt, beauftragt, das Krebsgeheimnis zu erforschen. Warburg gelang ein Durchbruch, als er erkannte, dass Krebszellen, selbst wenn Sauerstoff vorhanden ist, sich lieber ohne ihn, in sogenannter Hypoxie, und am besten in saurem Milieu durch Vergärung von Glukose ernähren. Dafür erhielt er 1931 den Nobelpreis für Medizin. Seinen Hinweis, dass Krebs durch Sauerstoffmangel entstehen könnte, unterstützen jüngste Forschungen. Sie zeigten, dass alle möglichen Krankheitsbilder von Hypoxie profitieren. Inzwischen ist auch der hohe Zuckerverbrauch vielfach in Krebstumoren nachgewiesen. Klinisch wird er sogar in der Nuklearmedizin zur Tumorentdeckung bei der auf Fluoreszenz beruhenden Positronen-Emissions-Tomografie (aus-)genutzt.

Übersäuerung bewirkt einen chronischen Energiemangel. Deshalb ist der positive Effekt bei der Krebstherapie durch Verbundenen Atem und vor allem auf Dauer auch durch basische Kost, wie vor allem auch Rohkost, verständlich. In frischer Pflanzennahrung ist viel Sonnenlicht gespeichert, damit ist sie reich an Energie (Biophotonen). Wer über die Ernährung viel von diesem Leuchten des Lebens aufnimmt, erhöht seine Chancen, lehrt der deutsche Physiker Fritz-Albert Popp. Er hatte die Auffassung des Nobelpreisträgers Erwin Schrödinger, der Mensch sei ein »Lichtsäuger«, aufgegriffen und konnte sie belegen.[8]

Otto Warburgs Erkenntnisse wurden damals wissenschaftlich nie weiterverfolgt. Selbst die Auszeichnung mit dem Nobelpreis bewirkte in der Schulmedizin keinerlei Konsequenzen, was damit zu tun haben dürfte, dass über Entsäuerung für die Pharmaindustrie nichts zu verdienen war und ist. So blieb der wahrscheinlich entscheidende Durchbruch der Krebsforschung, was die therapeutische Auswertung anging, Heilpraktikern und wenigen der Naturheilkunde verpflichteten Ärzten vorbehalten, die verschiedene Entsäuerungsmethoden einsetzen. Das ist in der Behandlung von Krebs auch legitim und sehr empfehlenswert. Als Dauertherapie ist allerdings Vorsicht geboten, denn das Magenmilieu ist von Natur aus sauer und sollte es auch bleiben. Wer einfach Basenpulver oder preiswertes Küchennatron schluckt, macht ihn zu einer Säurefabrik. Der Magen muss dann jeden Löffel Basenpulver mit weiterer Säureproduktion neutralisieren. Deshalb ist es ungleich besser, Basenpulver in säurefesten Kapseln einzunehmen (siehe unter: www.heilkundeinstitut.at). Optimal ist zusätzlich eine Ernährung, die den Organismus auf Pflanzenbasis im Gleichgewicht hält, indem sie ihm genug basische beziehungsweise alkalisch wirkende Lebensmittel zuführt oder doch solche, die im Organismus solcherart verstoffwechselt werden. Dazu mehr im Kapitel »Ernährungs- und Komplementärmedizin«.

Halten wir fest, dass die Azidose im weitesten Sinne eine Grundhaltung unserer Zeit verkörpert und symbolisiert, nämlich ein Zuviel an archetypisch Männlichem. Wir können das Säure-Basen-Gleichgewicht und die Problematik der Übersäuerung bei der Entstehung von Krebs somit letztlich auch als Spiegel der Auseinandersetzung zwischen archetypisch männlichen und archetypisch weiblichen Kräften erkennen. Krebs stellt sich auf die Seite der archetypisch männlichen Kräfte im archetypisch überwiegend weiblichen Organismus, der mehr vom Wasser- und Erd-Element bestimmt ist als von den Elementen Feuer und Luft. Unser Erbgut ist zu 75 Prozent weiblich (XX-Chromosomen) und nur zu 25 Prozent männlich (XY-Chromosomen), unser Herz liegt nicht in der Mitte, sondern leicht nach links, zum Weiblichen hin verschoben, wie eben auch der gesunde pH-Wert im leicht Basischen bei 7,4 statt 7,0 liegt.

Azidose begünstigt die Entstehung von Krebs. Wenn wir sein Wesen bis in die Tiefe durchschauen und verstehen, können wir von ihm auch lernen, die zentralen Probleme unserer Zeit zu lösen. Er hat sie nämlich, wenn auch auf destruktive Weise für sich gelöst. Er setzt voll auf den archetypisch männlichen Pol, was seinen Stoffwechsel angeht, und seine Lebensart ist männlich aggressiv infiltrierend, zerstörend und die Umgebung ausbeutend. Darin gleicht er der Industrie des globalen Kapitalismus, die sich ebenfalls in die umgebenden Landschaften hineinfrisst und sie langfristig zerstört, die Ressourcen gnadenlos ausbeutend. Daran können wir das Prinzip erkennen, um das es geht. Und so verstehen wir für unser eigenes Leben besser, die konstruktive Form des Urprinzips Aggression an die Stelle der zerstörerischen zu setzen, also offensiv und mutig, entscheidungsfreundlich und couragiert zu leben.

Das Krebsgeschehen aus ganzheitlicher Sicht

Die Tatsache, dass die verschiedensten Krebsarten fast überall im Körper vorkommen, zeigt, wie universell dieses Krankheitsprinzip verbreitet und wie breit es dementsprechend zu betrachten ist. Hinzu kommt, dass es nicht nur bis auf das Herz jeden Ort im Mikrokosmos des menschlichen Körpers heimsuchen kann, sondern eben auch jeden im Makrokosmos. So finden wir fast überall die »Krebsgeschwüre« globalen Wachstums; die moderne Industriewelt zerstört krebsartig die archaische ursprüngliche Naturwelt. Beim Krankheitsbild Krebs geht es offenbar nicht nur um den ganzen Menschen, sondern auch um die ganze Menschheit und ihren Heimatplaneten.

Die Vorgeschichte einbeziehen

Erheblicher Forschungsaufwand hat einiges über die Krebsentstehung in Erfahrung gebracht. Beim Bronchialkarzinom kennen wir den Zusammenhang zum Rauchen; beim Dickdarmkrebs wissen wir um seine Vorstufe Verstopfung. Beide zählen zu den häufigsten Krebstodesursachen. Aber auch solche eindeutigen Situationen lassen noch Wesentliches offen und wissenschaftlich unerforscht. Warum raucht jemand? Warum klappt es bei einem Menschen nicht mit rechtzeitiger regelmäßiger Stuhlentleerung?

Die entscheidende Frage ist, was der Krebsentstehung vorausgeht. Sind es immer und ausschließlich seelische Schockerfahrungen, die wir häufig im Vorfeld finden? Das meinte etwa der deutsche Internist Ryke Geerd Hamer, der sich damit und mit anderen umstrittenen Äußerungen zu Krebs den geballten Zorn der organisierten Ärzteschaft zuzog. Gäbe es bei solch wichtigen Fragen so etwas wie Sicherheit in der Schulmedizin, hätte man Hamer in aller Ruhe und mit Souveränität widerlegen können. Aber nichts dergleichen geschah. Auch mir sind im Vorfeld häufig schwere seelische Traumata aufgefallen, die für einen zeitweiligen Zusammenbruch des Immunsystems verantwortlich gewesen sein dürften. Der US-Krebsarzt Leonard Coldwell geht sogar davon aus, dass krebsauslösende nicht zu bewältigende Lebenssituationen bis zu 28 Jahre zurückliegen können. Allerdings ist es bei diesen Zeiträumen immer möglich, eine Krise mit Zusammenbruch der Abwehr zu finden.

Traumata wirken nachgewiesenermaßen immunsuppressiv, und die Unterdrückung der Abwehr ist natürlich krebsfördernd. Nach meinen Beobachtungen in Jahrzehnten der Betreuung von Fastenden wirken Traumata obendrein wie Säureschocks, die grundsätzlich Krebs fördern können. Vorstellbar ist jedenfalls, dass die zum Krebs führende Situation sehr weit zurückliegt und es erst durch weitere Anstöße zum eigentlichen Ausbruch kommt. Man weiß, dass Krebsgeschwüre oft schon sehr lange vor ihrer Entdeckung zu wachsen begannen. So lässt sich durch die heute so massenhaft durchgeführten Mammografien der spätere Knoten manchmal schon rückblickend auf einer bis zu elf Jahre älteren Aufnahme erkennen.

Auffällig häufig ging dem Krebs jahre- bis jahrzehntelange Dauerreizung voraus – körperlich, aber auch seelisch. Zusammen mit dem fast immer im Vorfeld auffindbaren immunologischen Zusammenbruch aufgrund eines entsprechenden seelischen Debakels ergibt sich so ein (arche-)typisches Szenario: In unserem Organismus entarten ständig Zellen, werden aber bei intakter Immunlage von der Abwehr erkannt und ausgeschaltet. Erst wenn sie es mit dem schon erwähnten Trick auf Basis einer sich nicht mehr anders zu helfen wissenden Seele schaffen, sich vor der Abwehr zu verbergen, wird es (krebs-)gefährlich. Offensichtlich lässt sich die Körperabwehr nicht nur durch seelische Schockerlebnisse, sondern zum Beispiel auch durch massive Verstrahlung außer Gefecht setzen, die obendrein Mutationen direkt fördert. So dürften sich die zahlreichen Krebsfälle nach der Katastrophe von Tschernobyl erklären.

Alles spricht also dafür, dass die Bereitschaft zur Entartung durch chronische Reizung gefördert wird, und eine sehr frühe erste Reizphase ist nach meiner heutigen Erkenntnis bereits zum sich anbahnenden Krebs zu rechnen. Bronchial- und Dickdarmkarzinome, die in unserer Industriegesellschaft tödlichsten Krebsarten, untermauern diese Sichtweise. Wenn sie entartet, hat die einzelne Bronchial- und Dickdarmepithelzelle meist bereits ein erhebliches und Jahrzehnte währendes Martyrium hinter sich. Von einer immer feuchten Schleimschicht überzogen, ist die Dickdarmzelle durch die drastische Entwässerung des Stuhls bei der Vorstufe Verstopfung extrem ausgedörrt. Der zusätzliche aufgrund der Peristaltik reibende Kontakt mit dem jetzt rauen, harten Stuhlpfropf, der sich im Enddarmbereich bildet, übt pausenlos einen Reiz auf die Schleimhaut aus, als würde sie mit Sandpapier abgeschliffen. Die Kotsäule wird durch die vergeblichen Versuche, den Darminhalt in Richtung Ausgang zu bewegen, fortwährend hin- und hergeschoben. Aus einer wässrigen, durch Schleimproduktion ausreichend geschmierten Normalsituation, die die Gleitfähigkeit des Stuhls sicherstellt, entsteht bei Verstopften eine als archetypisch männlich zu bewertende trockene, oft sogar ausgedörrte Karstlandschaft. Seelisch steckt dahinter die Angst vor dem archetypisch weiblichen Sumpf, der hier radikal trockengelegt wurde. Dass Darmschleimhautzellen solche Torturen überhaupt jahrzehntelang ertragen, grenzt an ein Wunder und zeigt, wie lange und zäh der Organismus sich gegen die Entartung seiner Zellen erfolgreich wehren kann.

Betrachten wir die Lunge, so kommt jeder Zug an einer Zigarette der Entleerung eines Abfallkübels mit Hunderten der gefährlichsten und giftigsten Stoffe auf die Epithelzellen der Bronchialschleimhaut gleich. Diese reagieren – im Sinne des Organismus – bravourös auf die Herausforderung, halten stand und machen wie ihre Kolleginnen im Dickdarm sehr lange gute Miene zu einem sehr bös(artig)en Spiel. Wenn eine Zigarette 20 Züge hat, ergeben sich bei einer Schachtel pro Tag 400 solcher Giftentleerungen, was auf eine Jahrzehnte andauernde tägliche Folter hinausläuft. Die solcherart gequälte Zelle reagiert defensiv und opfert zuerst die Flimmerhärchen am oberen Ende ihrer hochzylindrischen Gestalt. Mit der Zeit weicht sie von dieser feindlichen Oberfläche zurück und wird kubisch, schließlich zu einer Art flacher Panzerepithelzelle. Meilenweit von ihrer angestammten, genetisch festgelegten Form entfernt, fährt sie unter Hintanstellung aller eigenen Interessen ein Notfallprogramm erstaunlichster Art. Erst nach vielen Jahren und manchmal Jahrzehnten bricht sie aus der qualvollen Situation aus und geht eigene Wege. Dann sprechen wir von bösartiger Entartung, vergessen aber, was dieser erbarmungswürdigen Zelle mutwillig über so lange Zeit angetan wurde. War das nicht auch bösartig? Eigentlich nicht, da es nicht absichtlich geschah.

Offenbar ist beides nicht bösartig: Die Krebszelle konnte nicht anders; der betroffene Mensch hat sich das offenbar auch nicht absichtlich angetan. Aber er kann sich besinnen und den Krebs als Korrekturhilfe nutzen. Wir könnten also in dem Maß, wie wir das

Krankheitsgeschehen und seine Entwicklung durchschauen, jegliche Wertungen weglassen. Nichts ist in Wahrheit bösartig, auch wenn alle Welt es so nennt.

Ein Blick auf die typische Krebspersönlichkeit

Viele, die sich intensiv mit KrebspatientInnen beschäftigen, bestätigen, dass es so etwas wie eine Krebspersönlichkeit gibt; die Schulmedizin tut es nicht. Das hat vor allem damit zu tun, dass nicht richtig gesucht wird. Die Schulmedizin verzichtet auch darauf, die ganze lange Vorgeschichte eines Patienten in ihre Analysen und sogar Anamnesen einzubeziehen. Wer PatientInnen ausschließlich nach Diagnosestellung untersucht, findet natürlich im Vordergrund die Angst- und Bedrohungssituation, die alles andere, auch die Lebensgeschichte, überlagert. Dabei ist es die Schulmedizin selbst, die mittels ungezählter Mammografie- und anderer Röntgenbilder belegt, wie weit die Krebsentstehung zurückreicht. Insofern ist es verständlich, wenn Schulmediziner mit ihrem solcherart beschränkten Ansatz zum Thema Krebspersönlichkeit nichts beitragen können.

Wer seine Perspektive weitet, erkennt aber, dass die Seelenlage von KrebspatientInnen im Vorfeld der Erkrankung häufig die Situation ihrer Zellen widerspiegelt, die sich selbst widrigsten Bedingungen anpassen. Ohne sich merkbar aufzulehnen, halten diese Zellen lange an ihrem angestammten Platz durch und opfern sich gleichsam für den Gesamtorganismus. Ihre eigenen legitimen Ansprüche stellen sie hintan. Auf diese Weise leben sie über Jahre ein Leben, das ihnen gar nicht entspricht. Wir sehen verblüffende Übereinstimmungen bei persönlicher Lebensführung und der Situation auf Zellebene.

Tatsächlich sind KrebspatientInnen in aller Regel als sehr angenehme Zeitgenossen im Umfeld bekannt und gern gesehen. Sie lassen sich viel und häufig viel zu viel gefallen und versuchen beinahe um jeden Preis, sich bei allen lieb Kind zu machen. Wer es aber allen recht machen will, wird Schwierigkeiten haben, sich selbst gerecht zu werden und das für sich selbst Wichtige und Richtige zu tun. Was Eltern, Verwandte, Lehrer und der Herr Pfarrer sowie Politiker sagen und vor allem natürlich was *man* sagt, die öffentliche Meinung, all dies ist den Betroffenen oft viel wichtiger als das, was sie selbst fühlen und empfinden. Es kann so weit gehen, dass sie nach Jahrzehnten oft schon selbst gar nicht mehr wirklich wissen, was sie selbst eigentlich woll(t)en. Wer sich so weit von seinem Lebenstraum und -weg entfernt, wird natürlich selbst unsicher und wirkt verunsichert. Ähnlich weit ist eine Dickdarmzelle, die ständig in trockener Umgebung an der Oberfläche abgerieben wird, von ihrer Bestimmung und angestammten Lebensweise entfernt.

Für Menschen, denen gute Stimmung und Zufriedenheit der anderen, denen die Moral und alle möglichen Vorschriften, fremde Vorgaben und selbst noch die »Ideale« der schweigenden Mehrheit wichtiger sind als ihr persönliches Leben und der eigene Lebensweg, hat der Psychoonkologe Wolf Büntig den Ausdruck Normopathie geprägt. Es ist die Bezeichnung für eine Art Erkrankung am Wunsch nach übertriebener Normalität. Doch bei allen lieb *Kind* zu sein, ist nicht nur unerwachsen, sondern lebensgefährlich.

Die Unterdrückung eigener Lebensimpulse kann bei diesem Typ Mensch so weit gehen, dass er sich nicht einmal mehr kleine Erkrankungen leistet, da auch sie noch eine Form von Selbstausdruck sind. Ärzte finden dann nicht selten sogenannte leere Anamnesen bei KrebspatientInnen. Das heißt, diese Menschen waren im Vorfeld über Jahrzehnte nicht mehr krank – aber nicht, weil sie so gesund waren, sondern weil sie alles Persönliche, Individuelle unterdrückten, wozu eben auch Krankheitsbilder gehören. Die auf diese Art ignorierten, verdrängten, be*seit*igten und in den Schatten verschobenen Energien sind offenbar in der Lage, den Zusammenbruch oder auch nur die Schwächung der körpereigenen Abwehrlage zu nutzen, um sich auf der Körperbühne im Krebsgeschehen Ausdruck zu verschaffen.

Was von Krebs Betroffene in ihrem Leben eigentlich ausdrücken und verwirklichen wollen und sollen – im Sinne von Individuation, Selbstausdruck und Selbstverwirklichung –, haben sie hinter ergebener Dulderhaltung versteckt. Irgendwann aber, etwa wenn ein seelischer Schock sie trifft und ihre Abwehr schwächt, bricht das im Seelischen missachtete Thema im Körper durch und verkörpert sich auf Zellniveau. Von nun an kann es immer noch dauern, bis ein Gewebe und schließlich Organ so stark geschädigt sind, um Symptome zu verursachen und aufzufallen. Die lange geschundene und von ihrem eigentlichen Sinn und ihrer angestammten Aufgabe inzwischen weit entfernte Zelle – ob in Dickdarm oder Bronchialbaum – nimmt irgendwann der Seele sozusagen das Thema ab und macht sich schließlich anstelle des Menschen auf den Weg. Tumore wachsen, wenn wir es nicht (mehr) tun.

Eskalation des Destruktiven und Lösungswege

Plötzlich gibt eine lange gereizte und malträtierte Zelle alle Rücksicht auf, als wollte sie in Rekordzeit aufholen, was von ihrem Träger und Wirt so lange versäumt wurde. Sie infiltriert nun fremde Zellterritorien, verletzt alle Grenzen des Zellanstandes wie Basalmembranen und sogar Organgrenzen, wird aggressiv offensiv und für ihre Umgebung äußerst bedrohlich. Ein ungebremster Egotrip – die Schattenvariante des Selbstverwirklichungsweges – beginnt, da die immunologische Reaktion des Organismus, offenbar von der Seele gedeckt, ausbleibt. Die entartete Zelle kann sich nun ungehindert und geradezu rastlos vervielfältigen. Selbst Tabuzonen stellen kein Hindernis mehr für sie dar, sondern werden durchbrochen, und die ebenso aggressiven wie todbringenden Filiae, ihre Töchter, dürfen sich ausbreiten und über Lymph- und Blutbahnen die sogenannten Metastasen im Körper bilden. Filiae oder Metastasen meinen dasselbe und sind in der Schulmedizin jedenfalls noch immer ausschließlich weiblichen Geschlechts, während bös(artig)e Stürme im Makrokosmos inzwischen durch die Meteorologie auch mit männlichen Namen bedacht werden. Nicht nur hier hat die Schulmedizin noch Nachholbedarf.

Die Botschaft ist klar: Überallhin soll sich das eigene Muster der Krebszelle verbreiten, und genau das stünde für die PatientInnen an: das eigene Körperland nach eigenem Muster und das Leben nach eigenen Vorstellungen zu prägen. All das schafft der Krebs gleichsam im Handstreichverfahren und nutzt eine Schwäche(periode) des Organismus, um vollendete Tatsachen zu schaffen. In dieser (Hin-)Sicht ist Krebs bio-*logisch* gesehen unglaublich erfolgreich und geschickt. Keine andere Zellart kann so effizient Ähnliches leisten und sich in so geringer Zeit über solch eine Fülle von Kolonien ausbreiten, um einen ganzen Organismus in ihre Macht zu bringen und zu ihrem Abbild zu machen.

Das Ziel, überall Zellen von eigenem Erbgut anzusiedeln, beherrscht alles andere. Es geht eben so weit, dass sich die einzelne Zelle nicht einmal mehr um die Versorgung ihrer Herkunftszellen, ihrer Familie sozusagen, kümmert. Der betroffene Mensch hätte es wohl nie gewagt, die Wünsche und Bedürfnisse von Familie und Verwandtschaft zu ignorieren, aber die Krebszellen schaffen es jetzt stellvertretend auf ihrer Ebene, und zwar rasch und kompromisslos. Aufgrund übertriebener Größe und auffälliger Unregelmäßigkeit der Kerne diagnostizieren Pathologen Krebs auf Zellebene. Der aufgeblähte Zellkern, dem Kopf der Zelle entsprechend, spiegelt die Maßlosigkeit entarteter Zellen wider: Sie schlagen über alle Stränge, tanzen aus der Reihe und gehen ihren egomanischen Weg aggressiv und kompromisslos, wie ihr menschlicher Wirt es zeitlebens nie gewagt hat.

Der Krebs ähnelt nun einer voranstürmenden Armee. Sie vernachlässigt zwar durchaus den Nachschub, und er stockt in Gestalt der versorgenden Blutgefäße. So kommt es inmitten der Tumorknoten häufig zu den erwähnten absterbenden Bezirken oder Nekrosen. Aber die Krebszellen werden noch radikaler im Umgang mit der Umgebung und fallen sogar auf entwicklungsgeschichtlich primitivere Stufen zurück. Statt hochentwickelter Atmung beziehungsweise Oxidation, die auf (Gas-)Austausch und guter Nachbarschaft beruht, setzen sie auf eine frühe Autarkiestufe und einen vergleichsweise primitiven Gärungsstoffwechsel, wie wir ihn von Pilzen kennen. Allerdings ist das wie schon gesagt auch ihre einzige Chance in einem übersäuerten sauerstoffarmen Milieu.

Was meilenweit von der Einstellung des betroffenen Menschen entfernt ist, nämlich die egoistische Regression auf alte, primitive Muster zum Zweck des Überlebens mittels Durchsetzung eigener Interessen, genau dies leben die Krebszellen nun und nehmen es ihrem Wirt gleichsam ab. In der Normopathiephase geradezu perfekter, manchmal wie hingebungsvoll wirkender Anpassung, wenn Betroffene zu jedem bösen Spiel gute Miene machten, waren sie von ihrer Wesensart in guter Übereinstimmung mit ihren Zellen. Mit Ausbruch des Krebses wechselt die Zelle mit ihrer Entartung in die Kompensationsphase und lebt symbolisch und konkret die totale Metamorphose, die tiefste Wandlung und Umkehr, die ihr Besitzer lange Zeit oder sogar zeitlebens verweigert hatte. Die Krebszelle karikiert gleichsam in ihrer äußerst aggressiven Form von Selbstverwirklichung den menschlichen Entwicklungsweg der Individuation.

Neben solch offensivem Vorwärtsdrang spielt aber auch eine Regressionstendenz entscheidend in das Krebsgeschehen hinein. Sie wird nicht nur im Rückfall auf primitive Stoffwechselwege deutlich, sondern auch in der schon erwähnten einzigartigen Fähigkeit der Krebszelle, sich über die Grenzen des Alter(n)s hinwegzusetzen und physische Unsterblichkeit zu erlangen. Durch die Entdifferenzierung und Regression in Richtung embryonaler Zellen gelangen Krebszellen so auch noch zurück zu uranfänglicher Omnipotenz. Das Krebsgeschehen drückt ihre Allmacht aus. Wie bei Eizellen, denen sich noch alle Differenzierungswege anbieten, eröffnen sich entarteten Krebszellen wieder vielfältigste Wachstumschancen, selbst Möglichkeiten von Ortswechsel tun sich ihr als Metastasen wieder auf. Die Omnipotenz der Krebszelle macht deutlich, was geistig-seelisch anzustreben wäre: eine Situation der Allverbundenheit, in der nichts mehr unmöglich ist.

Hemmungsloses Vorpreschen der Krebszelle einerseits und ihre radikale Rückzugstendenz andererseits widersprechen sich nur scheinbar. Ein Blick auf das Urmuster des menschlichen Entwicklungsweges – das Mandala – löst den Widerspruch.[9] Wir sind entsprechend unserer Religion und Tradition angehalten, sowohl vorwärtszugehen und *uns die Erde untertan zu machen*, als auch zur richtigen Zeit, in der Lebensmitte, umzukehren, um wieder zu *werden wie die Kinder*. Offensives Hinausstürmen findet seinen natürlichen Ausgleich in der Erhaltung der Rückverbindung zum Ursprung im Sinne der Religio(n). Unser Entwicklungsweg fordert neben Mut, auf ganz persönliche Weise in Neuland vorzudringen, auch Anpassung an bestehende grundlegende Normen. Dieser Mut, seinen eigenen Weg zu gehen und das eigene Gesetz zu finden, und zugleich Anpassung an unverrückbare Urmuster sind gleichermaßen zu erfolgreicher Lebensbewältigung notwendig. Krebs tritt erst auf und verdeutlicht diese Aufgaben auf der Körperbühne, wenn das Bewusstsein Entwicklungsziele völlig aus den Augen verloren hat. In diesem Sinne ist Krankheit die Verkörperung verdrängter Aufgaben und folglich eine notwendige (Weg-) Korrektur.

Es geht ums Ganze

Aber schauen wir noch tiefer. Betroffene kümmern sich eben oft nicht um wirkliche Heilung, sondern delegieren ihr Heilwerden an die Schul- oder immer häufiger auch Komplementärmedizin. Mit Chemotherapie und Schwarzwälder Kirschtorte zum Trost, mit seelischer Stagnation aus Angst, mit der schrecklichen Diagnose, dem »Todesurteil« des Mediziners im Ohr ist dieses Muster wohl kaum zu beenden. So erklären sich auch die oft katastrophalen Ergebnisse fünf Jahre nach Diagnose und Chemotherapie. Wo Heilung nicht wirklich effektiv unterstützt und womöglich sogar verhindert wird – auf welchem Abweg auch immer –, geht der Organismus zugrunde. Das ist natürlich die größte Verwandlung oder Metamorphose von allen, aber nicht im Sinne der PatientInnen, und als Arzt bin ich selbstverständlich ausschließlich ihnen verpflichtet.

Um das Krankheitsbild im positiven Sinne loszuwerden und mit ihm fertigzuwerden, müssten wir es überflüssig machen. Das heißt, wir müssten selbst leben, was es im Körper stellvertretend ausdrückt. Damit können wir den Körper von der Darstellungsarbeit entlasten und das Drama Krankheit von der Körperbühne holen. Echte Vorbeugung würde bedeuten, von Anfang an so zu leben, dass es erst gar nicht zur körperlichen Manifestation des Themas kommen muss.

Sobald Selbstentfaltung, Wachstum und Selbstverwirklichung wieder auf geistig-seelische Ebenen zurückkehren, um hier mutig und offensiv, ohne Ausreden und faule Kompromisse gelebt zu werden, können wir von echter Heilung sprechen. Wo es bereits im Vorfeld geschieht, von echter Vorbeugung. Das Wegschneiden gefährdeter Bereiche im Vorfeld, etwa mit der Begründung gefährlicher genetischer Vorbelastung, ist dagegen ein peinlicher Akt einer bezüglich echter Vorbeugung hilflosen Schulmedizin. Vorauseilende Verstümmelung ist meines Erachtens niemals ein funktionierender Ausweg, weil so die wirkliche Problemebene gar nicht erreicht wird. Dahinter steckt die Illusion, das Schicksal betrügen zu können, in dem Irrglauben, wenn wir ihm alle Darstellungsorte entziehen, könne es sich nicht verwirklichen. Die Mythen der Welt sind voll gescheiterter Versuche solch sich für klüger als das Schicksal haltender, tatsächlich nur ungebildeter Menschen(kinder).

Schieben wir Aufgaben, die wir nicht bewältigen können oder wollen, dem Körper zu, wird es immer problematisch. Beim Thema mutiger kompromissloser Selbstverwirklichung wird es sogar lebensgefährlich. Das Auftreten von Krebswachstum zeigt den Ernst der Lage – und dass die vielleicht letzte Chance gekommen ist, das Ruder des Lebensschiffes noch einmal herumzureißen in Richtung Entwicklung, Wachstum und Selbstverwirklichung. Wie gesagt, ausschließlich auf Körperebene besteht keine Chance, die Thematik zu erlösen, obwohl dies als zusätzliche Hilfe unverzichtbar ist und einen wesentlichen Zeitgewinn schenken kann.

Was Krebs auf der Körperbühne inszeniert, gilt es auf die des Lebens zurückzuverlegen und sich auf den Weg der Selbstverwirklichung zu machen. Mit Darstellung der Wachstumsproblematik auf Körperebene wird Betroffenen ihre Situation ja prinzipiell klar und *deut*lich vor Augen geführt, um sie schlussendlich doch noch zu begreifen und zu wandeln. Dabei ist jeweils nur individuell und persönlich zu entscheiden, ob noch Eroberung der (eigenen) Welt oder bereits der Rückweg, die Heimkehr der Seele zum Ursprung, ansteht und damit Bewusstseinsarbeit an der Erkenntnis der Unsterblichkeit der Seele. Mit Sicherheit wird eingefordert, was die

Betroffenen schuldig geblieben sind. Es können – gar nicht so selten – auch beide Phasen angesprochen sein, wobei dann meist die erste der Selbstverwirklichung besonders betont ist.

All das mag verdeutlichen, warum es so entscheidend ist, die Auseinandersetzung mit Krebs immer vor allem auf Bewusstseinsebene zu führen. Es gilt, sich Mut zu machen, die eigene Selbstverwirklichung couragiert in Angriff zu nehmen und sich auch mal zu trauen, auf egozentrische Weise zu regredieren und zeitweilig einfach wie Kinder nur zu tun, wozu man gerade jetzt Lust hat und solch gesunden Egoismus zu leben.

Nun gibt es aber auch Übungen, die Bewusstseinsarbeit mit körperlichen Heilungsimpulsen zu verbinden. So können Betroffene gut aufseiten ihres Immunsystems offensiv Stellung beziehen und das Projekt »Wieder gesund werden« auf der Seelen-Bilder-Ebene *in Angriff nehmen*. Dieser Kampf Seite an Seite mit dem eigenen inneren Arzt oder *Archeus*, wie Paracelsus diese für Heilung unverzichtbare innere Instanz nannte, ist enorm wichtig und hilfreich; *frau* kann sie natürlich ebenso gut innere Heilerin oder Große Mutter nennen. Diese Kooperation wird nun (über-)lebenswichtig, ist es doch immer die innere Heilkraft, die zu Heilung führt.

Der US-Amerikaner O. Carl Simonton, Radiologe und Pionier der Psychoonkologie, den ich öfter treffen durfte, konnte in einer von ihm selbst finanzierten Doppelblindstudie belegen, wie sich die Überlebenszeit von PatientInnen mehr als verdoppeln lässt, wenn sie ihre Behandlung mithilfe innerer Bilder unterstützen.[10] Simonton und seine Frau Stephanie Matthews Simonton zeigten, dass sich durch die Visualisierungsmethode bei nur zwei Behandlungseinheiten pro Woche die Immunfunktion im Kampf gegen Krebs nach Bestrahlung innerhalb von nur drei Wochen um 47 Prozent steigerte. Tatsächlich war diese Verbesserung sogar dosisabhängig wie bei einer physischen Medikation.

Das heißt, je aktiver und couragierter Betroffene mitkämpfen, um ihrem Krebs *Herr zu werden*, desto wahrscheinlicher werden sie wieder *Herr im eigenen* (Körper-)*Haus*. Wer seinen eigenen Lebenskampf und -weg ins Unbewusste, in sein persönliches Schattenreich, abrutschen ließ, dem wird das Mittel des Kampfes zur zentralen homöopathischen Medizin. Jetzt gilt es, nachdem der Krebs akzeptiert und durchschaut ist, mit den besten verfügbaren Mitteln und sogar Waffen gegen ihn zu Feld zu ziehen. Dazu gehört an erster Stelle, dem Körper das Thema wieder abzunehmen, aber auch zu visualisieren, wie das Immunsystem Krebszellen ausschaltet oder sie in der Vorstellung in kooperationswillige Mitarbeiterinnen zurückverwandelt. Geführte Meditationen, Bilder- oder Fantasiereisen spielen für den Heilungsprozess eine entscheidende Rolle, wie ich oft erleben durfte und deshalb noch mehr davon zusammenstellte und aufnahm, als ich Bücher schrieb.[11]

Die zweite Ebene beim Krebsdrama, der Rückweg beziehungsweise die Regression auf einfachere primitivere Ebenen der Existenz, bringt zentrale Fragen des Lebens ins Spiel: Woher komme ich, und wohin gehe ich? Auf beide Fragen gibt es – im Sinne des (Lebens-)Mandala – nur ein und dieselbe Antwort: die in der Mitte des Mandalas perfekt ausgedrückte Einheit. Während offensive Kraft und herzergreifende Courage sowie gut kontrollierte Aggression, außerdem der Verzicht auf Ausreden und faule Kompromisse die Hauptthemen für das anstehende Wachstum und die Annäherung an eigene Lebensziele sind, geht es beim Heimweg im Lebensmuster vor allem um Hingabe, Liebe und Einswerden mit allem.

Im Grunde ist Krebs auch als in den Körper gesunkene Liebe zu verstehen. Wie Liebe setzt er sich über Hindernisse fast beliebig hinweg, ignoriert Tabus, überwindet jede Entfernung und zielt auf Unsterblichkeit und Ewigkeit, wie wir es von der Liebe kennen und hoffen. Liebe und Krebs schrecken – wohl im Gefühl dieser Unsterblichkeit – weder vor dem Sterben zurück, noch scheinen sie den Tod zu fürchten. Beide können Wunder (be-)wirken und uns dazu animieren, Wundervolles im Hinblick auf Heil(werd)ung zu erleben.

Dieses Wissen um die zweite Phase des Krebsgeschehens und des Lebens bringt allerdings auch die Gefahr großer Missverständnisse mit sich. Wenn nämlich der unverbesserliche Normopath, noch bevor er seinen Weg gefunden und begonnen hat, lieber gleich auf »Liebe« setzt und auf seine typische Art versucht, mit allen lieb Kind zu sein, ohne sein inneres Kind ins Spiel des Lebens zu integrieren, und es allen recht zu machen, aber nie sich selbst, hat das nichts mit wirklicher Liebe zu tun. Das ist Feigheit, das eigene Leben zu wagen und sich seinen Herausforderungen zu stellen. Wer sich selbst nicht liebt, hat schon beim Nächsten keine Chance, geschweige denn bei seinen Feinden. In diesem Sinne wird Krebs von den allermeisten als klassischer Feind empfunden. Ihn verstehen, annehmen und lieben zu lernen ist die große und eigentliche Aufgabe Betroffener.

Nach der Bibel können wir unseren Nächsten sowieso immer nur so lieben wie uns selbst. Also sind wir angehalten, das zu tun: (uns) zu lieben, zu wachsen und (uns) zu verwirklichen, um ein erfülltes Leben zu leben und mit unseren Nächsten zu teilen. Die große erlösende Liebe, die alle Religionen kennen und meinen, jene, für die die griechische Antike das Wort *Agape* hatte, ist allumfassend und reicht weit über *Eros*, die sinnliche, und *Philia*, die Freundschaftsliebe, hinaus. *Agape* meint jene Liebe, auf die alle Spiritualität letztlich hinausläuft. Insofern ist Krebs das Krankheitsbild, das uns wie kein anderes unsere beiden Grundaufgaben zeigt: Das eigene Leben mutig zu wagen und dann um- und heimzukehren und in Liebe eins zu werden mit aller Welt, mit der ganzen Schöpfung.

Sich die Lebensbühnen vertraut machen

Entsprechend dem Resonanzgesetz, dem zweitwichtigsten der *Schicksalsgesetze*, gehen wir davon aus, dass körperliches Geschehen der Ausdruck dahinterliegender seelischer Inhalte ist. In diesem Sinne kann Heilung nur Integration von Fehlendem heißen. Nicht von ungefähr pflegen Ärzte ihre PatientInnen auch als Erstes zu fragen: »Was fehlt Ihnen?«

Mit Heil(ung) haben wir Ganzheit und Vollkommenheit oder Vervollständigung im Sinn, die nur durch Hinzufügen von Fehlendem erreichbar ist. Wer dabei lediglich den körperlichen Aspekt des Krankheitsgeschehens behandelt, obendrein durch Zudecken und Unterdrücken, verstärkt folglich noch den Druck auf die seelische Problematik. Be*seit*igung von Symptomen heißt, sie zur Seite zu schieben, und zwar ins Unbewusste, in den Schatten. Allein dies spricht dafür, jedem Krankheitsgeschehen möglichst offen zu begegnen, um es in seiner Be-Deutung, in seinem tieferen seelischen Sinn zu erkennen und zu verstehen.

Wir können nur gewinnen, wenn wir lernen, die in den Symptomen symbolisch zum Ausdruck gebrachten Lebensaufgaben zu entschlüsseln und auf die eigene individuelle Situation zu übertragen. Das gilt insbesondere bei Krebs, der in seinen vielen unterschiedlichen Gestalten eines der mit Abstand gefürchtetsten

Krankheitsbilder ist. Das wiederum hat mit den urprinzipiellen Mustern zu tun, die hinter Krebs stehen. Einfach ausgedrückt brauchen alle Organe für sich und ihre Aufgabe Anerkennung und Aufmerksamkeit. Und da jedes Organ mindestens einem, manche auch mehreren Lebensprinzipien zuzuordnen ist, brauchen auch alle Prinzipien Anerkennung. Vieles deutet darauf hin, dass Organe, die samt ihrer urprinzipiellen, (arche-)typischen Thematik missachtet werden, zu wachsen beginnen, um Aufmerksamkeit zu erregen und sich so die ausgebliebene Anerkennung doch noch zu holen. Wo das bei weiterer Ignorierung misslingt, kann dieses Wachstum entarten und so bösartig werden, dass es sich schlussendlich Beachtung und Anerkennung und gegen Ende sogar alle Aufmerksamkeit erzwingt. Das heißt, eine gesunde und Gesundheit bewahrende Haltung der Vorbeugung wäre, allen Organen und Archetypen rechtzeitig ihr Recht auf Anerkennung einzuräumen, damit sie es sich nicht später erzwingen müssen.[12] Mehr als die meisten ahnen, kommen wir gerade bei Krebs mit der Wucht urmenschlicher Seelenthemen, die unser aller Leben von Grund auf bestimmen, in Berührung.

Die 12 Urprinzipien und der Entwicklungskreis des Lebens

Krebs zu verstehen und zu deuten ist aufgrund seiner überdeutlichen Symbolsprache gar nicht so schwer. Aber erst die Vertiefung durch die Ur- oder Lebensprinzipien, die wir auch als Lebensbühnen bezeichnen können, eröffnet echte Lösungswege. Um nicht auf der Problemebene hängenzubleiben wie generell die Schulmedizin, ist es wichtig, tief genug auf die Ideenebene vorzustoßen, von der Platon sagte, sie existiere hinter jedem Ding. Einstein sprach davon, dass Lösungen nie auf Problemebenen lägen, sondern auf tieferen wie jener der Ideen. Der österreichische Therapeut Paul Watzlawick erkannte, dass *immer mehr vom selben* zu keiner Lösung führe. Christus rät uns, zum inneren Kind zurückzufinden, und legt uns ein erfülltes Leben ans Herz. Zu einem runden, erfüllten Leben gehört, sich all seinen wesentlichen Themen zu stellen und sie und sich von der destruktiv-unerlösten zur konstruktiv-erlösten zu entwickeln. Jedes der 12 Lebensprinzipien weist dieses polare Spektrum an Ausdrucksformen oder Ebenen auf. Haben wir das unserem Problem oder Krankheitsbild zugrundeliegende Prinzip erkannt, ergibt sich auch leicht dessen positive Seite. Sie ist jetzt »nur noch« unserer Persönlichkeit entsprechend in unser Leben zu integrieren.

Die Welt einteilen und verstehen

Menschen wollten wohl immer glücklich sein. Sich in der Welt zurechtfinden und sicher fühlen zu können ist Voraussetzung dafür. Dafür lernten sie seit Jahrhunderttausenden stetig dazu, und wir tun es bis heute – bewusst oder unbewusst – und sind froh über jedes bisschen neu Hinzugelerntes. Schon unsere Vorfahren versuchten, mehr zu verstehen, indem sie das, was sie vorfanden, in Systeme unterteilten und ordneten. Der Vorsokratiker Demokrit hatte die Idee eines unteilbaren Grundbausteines: *Atom(os)* heißt Unteilbares. Obwohl er sich inhaltlich täuschte, schuf er doch damit der Naturwissenschaft eine Basis. Im 19. Jahrhundert teilte der russische Chemiker Dmitri Mendelejew alle Materie, von der Atomidee ausgehend, in etwas über 100 verschiedene Elemente ein, und Naturwissenschaftler folgten ihm darin weltweit und bis heute – und seit Neuestem auch Homöopathen um den Inder Rajan Sankaran und den Holländer Jan Scholten. Insofern ist Mendelejews Periodensystem der Elemente das meistverbreitete Urprinzipiensystem der Welt. Allerdings betrifft es nur die materielle Welt und lässt die ideelle außer Acht.

Der Welt aller Erscheinungsformen einschließlich der Ideen hatten sich seit frühester Zeit die Taoisten Chinas gewidmet. Ihnen erschien »die Welt der zehntausend Dinge«, wie sie die unermessliche Fülle nannten, so unübersehbar, dass sie alles in Yin und Yang, Weiblich und Männlich, untergliederten. Aus diesen beiden Hauptkriterien bildeten sie sogenannte Hexagramme mit je sechs Plätzen. Damit erhielten sie die (2 hoch 6 =) 64 Zeichen des *I Ging*, um der Fülle aller Formen und Ideen gerecht zu werden. Anzumerken ist in diesem Zusammenhang, dass der genetische Code der DNS, der der Vielfalt allen Lebens – vom pflanzlichen über tierisches bis zum menschlichen – zugrunde liegt, sich aus vier Basen aufbaut, die in sogenannten Triplets (Dreierpaketen) zusammenwirken. Mit 4 hoch 3 ergeben sich ebenfalls 64 Möglichkeiten, um alles Eiweiß und damit alle Formen des Lebens zu kodieren.

Die hermetische Philosophie westlicher Spiritualität unterteilte ebenfalls alles in männlich und weiblich. Zwei Kriterien genügten natürlich auch hier nicht, um der Fülle der materiellen und ideellen Erscheinungsformen gerecht zu werden. Also unterteilte man das archetypische Männliche (Yang) in zwei entsprechende Elemente, Feuer und Luft, und das Weibliche (Yin) in die beiden weiblichen, Wasser und Erde. Vier Kriterien genügten aber immer noch nicht. So unterschied man bei jedem Element außerdem drei Entwicklungsstufen, ein Anfangs-, ein mittleres und ein Schlussstadium, was zu (4 x 3 =) 12 Ur- oder Lebensprinzipien führte. Diese 12 Symbole, für die auch die zehn Planeten- oder Götternamen der Antike benutzt werden, wobei die Namen von Venus und Merkur doppelt herhalten mussten, bilden den westlichen Entwicklungskreis.

Das **1.** Ur- oder Lebensprinzip ist das der **Aggression**, in der Antike dem Kriegsgott (griechisch) Ares oder (römisch) Mars zugeordnet und dem Symbol des Widders im Entwicklungskreis. Es ist das erste der Feuerzeichen voll lodernder, wilder, heißer Energie, dem männlichen Prinzip entsprechend. Wie alle 12 Lebensprinzipien oder -bühnen hat auch deren erste eine dunkle und eine helle Seite. Die Schattenseite wird mit Mord- und Totschlag assoziiert, die Lichtseite mit Konfrontationsbereitschaft und Kraft, Entscheidungsfähigkeit und ersten Schritten in Neuland.

Das **2.** Lebensprinzip ist das der **Werte**, dem irdisch weiblichen Aspekt der antiken Liebesgöttin Aphrodite-Venus und dem Symbol des Stieres im Entwicklungskreis zugeordnet. Hier geht es um Besitz von Wertvollem – und auf der destruktiven Schattenseite Besessenheit von Besitz, während auf der lichten Seite erkannt wird, wie sehr Eigentum verpflichtet.

Themen des **3.** Lebensprinzips, dem beweglichsten der archetypisch männlichen Luftzeichen, sind **Kontakt und Kommunikation**, in der Antike dem geflügelten Götterboten Hermes-Merkur zugeordnet und symbolisiert durch das Tierkreiszeichen Zwillinge. Auf der dunklen Seite geschieht Manipulation des Wissens, auf der lichten Kommunikation bis zur Kommunion.

Das **4.** Lebensprinzip entspricht dem **Weiblichen und Kindlichen**, der Mondgöttin des Altertums und dem Wasserprinzip des Anfangs, wie es uns im Fruchtwasser begegnet. Symbol ist das Tierkreiszeichen Krebs. Auf seiner Schattenseite begegnen wir Launen und Beleidigtsein, auf der lichten Gefühl und Familiensinn.

Beim **5.** Ur- oder Lebensprinzip geht es um die Mitte, das **Zentrum**, den Sonnengöttern der Antike, dem strahlenden Feuer und dem Tierkreiszeichen Löwe entsprechend. Der Entwicklungsweg führt hier vom Ego zum Selbst und seiner Verwirklichung.

Das **6.** Lebensprinzip bringt das Thema der **Ernte** und das Tierkreiszeichen Jungfrau ins Spiel. Es ist dem irdischen Aspekt von Hermes-Merkur gewidmet, dessen Entwicklungsaufgabe es ist, von Angst und Kontrolle zu innerer Sicherheit und Dankbarkeit zu finden.

Beim **7.** Lebensprinzip der **Harmonie und Balance** ist wieder die Liebesgöttin Venus-Aphrodite angesprochen, nun in ihrem luftigen Aspekt und im Tierkreiszeichen der Waage. Hier geht es darum, von Eitelkeit (»Wer ist die Schönste im ganzen Land?«) zu innerer Schönheit, Frieden und Liebe zu gelangen.

Das **8.** Urprinzip ist der **Metamorphose** gewidmet, der tiefsten Wandlung des Stirb-und-werde-Prinzips und damit den alten Göttern der Unterwelt Hades-Pluto und Persephone, dem tiefsten Aspekt des Wasserelementes und dem Tierkreiszeichen Skorpion. Die Entwicklungsaufgabe reicht vom Sterben zum Werden.

Das **9.** Lebensprinzip der **Expansion und Sinnfindung** entspricht dem Göttervater des Altertums Zeus-Jupiter, in erlöster Weise dem Feuer der inneren Glut und dem Tierkreiszeichen Schütze. Hier geht es von der Maßlosigkeit, etwa in Gestalt von Übergewicht oder wucherndem Wachstum, hin zu Erfüllung und Sinn.

Das **10.** Urprinzip dreht sich um **Struktur und Wesentliches** wie die Zeit, verkörpert durch den antiken Gott Chronos-Saturn, das ursprüngliche Erdelement und das Tierkreiszeichen Steinbock. Der dazugehörige Entwicklungsweg führt aus Starr- und Sturheit in Klarheit und Konzentration aufs Wesentliche.

Beim **11.** Lebensprinzip ist das Thema **Originalität** angesprochen und der antike Himmelsgott Uranos und sein Tierkreiszeichen Wassermann. Hier geht es darum, Gefühlskälte in luftige Heiterkeit und Humor zu wandeln und Unabhängigkeit zu erreichen.

Das **12.** Urprinzip schließlich steht für **Vollkommenheit und die Vollendung des Entwicklungskreises**. In der Antike ist es dem Meeresgott Neptun-Poseidon gewidmet und dem Tierkreiszeichen Fische. Der Entwicklungsweg führt vom Chaos zur Allverbundenheit.

Archetypisches Krebsgeschehen

Speziell bei Krebs treten vier Urprinzipien in den Vordergrund und verdienen als Lebensbühnen große Aufmerksamkeit: Wachstum und Sinnfindung (9.), Aggression und Aufbruch (1.), radikale Wandlung (8.) sowie Kreativität, Ausstrahlung, Mitte (5.). Deren Schattenseiten oder unerlöste Ebenen, die bei Krebs zutage treten, sind schnell ausgemacht. Maßloses Wachstum (9.) gepaart mit rücksichtsloser Aggression (1.) endet in der Selbstzerstörung (8.). Im Egotrip der Krebszelle lässt sich außerdem die unerlöste Seite des 5. Prinzips ausmachen.

KrebspatientInnen sind grundsätzlich aufgerufen zu wachsen (9. Prinzip). Aber auf welche Art? Als erlöste Ausdrucksformen des 9. Urprinzips erkennbar sind das Suchen und Finden von Lebenssinn, der passenden (Lebens-)Philosophie, geistig-seelische und spirituelle Entwicklung und Religio(n), Weltanschauung durch Anschauen der Welt, weite Reisen nach innen und außen und beides verbunden in Form von Pilger- und Bewusstseinsreisen, Kultivierung von Toleranz und Bewusstseinserweiterung. Das erste 1. Lebensprinzip spricht außerdem für mutiges, offensives, entscheidungsfreudiges, konfrontatives, entschlossenes, durchschlagendes Wachstum. Das dürfte nach allem bisher Gesagten bereits deutlich geworden sein.

Doch was gehört noch alles zu den Licht- und Schattenseiten der 8. Lebensbühne mit ihrem Thema der radikalen Wandlung?

Ab einem bestimmten schwer vorhersagbaren Punkt geht die archetypisch männliche Aggressionsform, gleichsam die des Angriffskrieges, in welcher der Krebspatient sich meist noch relativ kraftvoll fühlt, in die archetypisch weibliche der Selbstzerstörung des 8. Lebensprinzips über. Mediziner sprechen von Kachexie, in der die Lebensenergie des Patienten spürbar nachlässt und seine Kräfte schwinden. Diese letzte Phase des Krebsgeschehens ist (ver- und aus-)zehrend. Durch Bestrahlung und Chemotherapie, die beide für das Immunsystem und die Lebensenergie des Patienten enorm kraftraubend und auf der ganzen Linie schwächend sind, wird die Kachexiephase oft noch beschleunigt. Zusätzlich ist es oft erstaunlich, wie selbst in solchen Situationen noch materielle und familiäre Rücksichten im Vordergrund stehen und Betroffene das hinnehmen. Andererseits ist es berührend mitzuerleben, wie sogar in von der Schulmedizin als aussichtslos gebrandmarkten Lagen sich das Blatt noch wenden lässt, wenn die Hoffnung in Betroffenen durch negative Aussagen nicht gleich restlos zerstört wurde.

Wenn wir uns auf der 8. Lebensbühne in erlöster Weise bewegen, sind wir bereit zur Reue und inneren Umkehr im Sinne der antiken Metanoia und zu bedingungsloser (Ver-)Wandlung bis hin zu echter Metamorphose.

Das 8. Lebensprinzip betont das Radikale, das an die (existenziellen) Wurzeln gehende Wachstum (9.), wobei der Kern beziehungsweise ein zentrales Lebensthema zu treffen ist (5. Lebensprinzip). Es geht um Selbstverwirklichung (5.), und sehen wir die Zellkraftwerke der Mitochondrien als Ausgangspunkt, ist mit der Energie wieder das 1. Lebensprinzip angesprochen.

Nach landläufiger schulmedizinischer Meinung beginnt die Erkrankung im Zellkern, wobei es hier noch zu sichtende ernstzunehmende Hinweise auf eine wesentlichere Beteiligung der Mitochondrien im Zytoplasma gibt. Aber diese werden ignoriert, wohl weil sie die ganze gängige Krebstheorie über den Haufen werfen würden. Pathologen diagnostizieren Krebs aufgrund der großen unregelmäßigen, auf die raschen Teilungen zurückzuführenden Zellkernstrukturen, die den Vervielfältigungen der Zelle jeweils vorausgehen. Der Zellkern ist sozusagen der Kopf der Zelle. Wenn sie nach seinem Vorbild überall genetisches Material deponieren will, ist das als Egotrip der Krebszelle zu deuten. Alle weiteren Krebszellen folgen diesem Programm bis zu ihrem nicht absehbaren Lebensende. Das ist die destruktiv-unerlöste Seite des Phänomens.

Auf die mikroskopische Ebene vorgedrungen und den Egotrip der ersten entartenden Zelle vor Augen, kommt noch das 5. Urprinzip hinzu. Diese Lebensbühne reicht vom egozentrischen Ich als unerlöstem Aspekt bis zum erlösten des Selbst. Dem Egotrip entspricht die Schattenseite; Selbstverwirklichung und Kreativität gehören zur konstruktiven Lichtseite. Für Betroffene geht es folglich darum, im *Ego* dessen Ziel, das Selbst, und im *Trip* den (Lebens-)Weg zu erkennen und seine erlöste konstruktive Variante im Weg der Selbstverwirklichung zu wählen. Im Übrigen ist kreative Selbstverwirklichung von jedem gefordert und so gesehen unser Geburtsrecht. Das ist aber den wenigsten klar, und so merken viele gar nicht, wenn sie die 5. Lebensbühne nicht bespielen, sondern ignorieren und meiden – und sich damit, natürlich unbewusst, selbst sabotieren und in (Krebs-)Gefahr bringen.

Den Schattenseiten dieser hier hervorgehobenen vier im Krebsgeschehen besonders involvierten Ur- oder Lebensprinzipien muss eine erfolgreiche Therapie gerecht werden. Selbst wenn die hier vorgeschlagenen Erkenntnisschritte und Methoden nur unterstützend zur schulmedizinischen Einheitstherapie mit *St(r)ahl und Gift* angewandt werden, sind die Aussichten deutlich besser. Stahl und Strahl stehen für die destruktive Aggression des 1. Lebensprinzips, Gift für die unerlöste des 8. Lebensprinzips. Das 5. und 9. Lebensprinzip mit den Themen Selbstverwirklichung und Lebenssinn kommen im Rahmen der Schulmedizin gar nicht zum Tragen, nicht einmal auf destruktive, unerlöste Weise.

Außerdem wird in der Schulmedizin das Thema der Lokalisation des Krebstumors im Körper, die ihm den Namen gibt – zum Beispiel Brust-, Lungen- oder Magenkrebs –, von seinem Wesen her nur ungenügend oder überhaupt nicht bedacht. Damit werden Heilungschancen vergeben, denn die Ebene des mutigen, entscheidungsfreudigen und kompromisslos radikalen Wachstums und die entsprechende Selbstverwirklichung, die das Krankheitsbild vom Patienten fordert, wird durch die Symbolik des Ortes, an dem der Krebs zuerst entstanden ist, näher bestimmt.

Dennoch gibt es keine zwei gleichen Magen- oder Brustkrebsgeschichten, obwohl das Thema so schon näher eingekreist ist. Immer ist die ganz individuelle, persönliche Ausprägung dabei zu beachten. Dabei helfen sehr gut, wenn nicht am besten, entsprechende geführte Meditationen zum Thema (siehe Literaturverzeichnis). Zu Krebs gibt es von mir eine eigene CD mit zwei geführten Reisen beziehungsweise die entsprechenden Downloads. Die erste Reise widmet sich dem Aggressionsprinzip, dem Kampf mit dem Krebs, die zweite der Sinnfindung. Aber wichtig sind auch Themen wie *Selbstliebe*, *Selbstheilung* und *Innerer Arzt* sowie natürlich auch der Schattenbereich mit dem Programm *Schattenarbeit*. Zusätzlich gibt es ein Set von 12 CDs oder Downloads zu jedem Lebensprinzip, die mit dem Terrain vertraut machen, auf dem sich das Krebswachstum ausgebreitet hat. Um die körperliche Ebene zu entlasten, wäre es ideal, die zugehörige mutige und radikale Wachstumsthematik im übertragenen Sinne auf den geistig-seelischen Ebenen dieses Ur- oder Lebensprinzips zu verwirklichen. Das E-Book *Reisen nach innen* (dotbooks.com) bringt ausführliche Informationen zu diesem ausgesprochen hilfreichen Weg in eigene Seelen-Bilder-Welten.

Fragen zur Selbsteinschätzung

Sich Zeit nehmen und sich selbst die richtigen, wichtigen Fragen stellen – das kann uns wundervoll in Gang und auf den Weg bringen. Hier eine Auswahl von Fragen zu wichtigen Themen der verschiedenen Lebensbühnen:

Lebe ich überhaupt mein Leben, oder lasse ich mich weitgehend von anderen Menschen oder den Umständen meines Lebens bestimmen?

- Wer außer mir darf in meinem Leben sonst noch mitreden?
- Welche Rolle spielen meine Eltern, mein(e) Partner(in), meine Kinder, mein(e) Chef(in), mein ________ bei wesentlichen Entscheidungen?

Lasse ich meinen Lebensenergien ihren Lauf, oder ordne ich sie und mich dauernd vorgegebenen Regeln und Bestimmungen unter? Wo würde es mit mir hingehen, wenn ich ihnen freien Lauf ließe?

- Welche Regeln bestimmen mein Leben? Welche Moral? Ethik? Religion? Tradition?
- Wer hat mich wozu erzogen? Folge ich ihm noch immer?
- Habe ich (schon) Zugang zu den Spielregeln des Lebens, den Schicksalsgesetzen? Wie setze ich sie um?

Erlaube ich mir, meine Aggressionen auszudrücken, oder mache ich alles mit mir selbst ab – und werde immer mehr zum Pulverfass?

- Wo erlebe ich mich mutig?
- Wo entscheidungsfreudig?
- Wo konfrontativ, wo offensiv?
- Traue ich mich, radikale, an die Wurzeln rührende Positionen und Meinungen zu äußern?

Riskiere ich es hin und wieder, meinen Kopf durchzusetzen und meinen Weg zu gehen, oder neige ich ständig zu faulen Kompromissen um des lieben Friedens willen?

Habe ich den Mut zu Veränderungen in meinem Leben?

- Bin ich dabei kreativ und fruchtbar?
- Oder auch manchmal radikal und furchtbar (für andere und mich selbst)?

Ist Wachstum ein Thema für mich, oder stagniere ich schon länger?

- Lerne ich noch dazu? Wie fühle ich mich dabei?
- In welchen Bereichen wachse ich noch?
- In welchen Bereichen würde ich gern noch dazulernen?

Haben Austausch, Kontakt und Kommunikation mit anderen Menschen einen hohen Stellenwert für mich, oder komme ich am besten mit mir selbst klar und beschränke mich auch darauf?

Erlaube ich mir, hin und wieder über die Stränge zu schlagen und aus der Reihe zu tanzen, oder geht mir Anpassung über alles?

- Wo und wann darf ich verrücktspielen, meinen eignen Tanz tanzen, ausbrechen und dabei auch mal einbrechen im Sinne von scheitern, um gescheiter zu werden?
- Gebe ich mir, nehme ich mir, gewähre ich mir Freiräume, mit der Freiheit zu sein, wie nur ich sein kann?

Sind meine seelische und körperliche Immunabwehr in Harmonie? Oder ist meine körperliche geschwächt zugunsten der seelischen?

- Werde ich oft krank?
- Bin ich schon lange nicht mehr krank gewesen?
- Lasse ich seelisch kaum etwas an mich heran und mache rasch dicht?

Welche Rolle spielen die beiden Grundfragen des Lebens für mich: Woher komme ich? Wohin gehe ich?

Habe ich der großen, alles umfassenden Liebe je eine Chance in meinem Leben eingeräumt?

- Bin ich auf erotischer Ebene so befriedigt, wie ich es mir wünsche?
- Habe ich eine beste Freundin? Einen besten Freund?

Welche Rolle spielen in meinem Leben Selbsterkenntnis und Selbstverwirklichung?

- Wie wichtig ist mir die Suche nach Vollkommenheit, nach Einheit, nach Gott?
- Folge ich einem übenden Weg?

Beispiele für Wachstum auf Abwegen

Eines von vielen Beispielen mag grundsätzlich zeigen, dass die heute übliche Überbetonung körperlicher Gründe für Krebs nicht dazu beiträgt, das Krankheitsbild zu erfassen und geeignete Therapien zu entwickeln. So besagen Untersuchungen, dass über 60 Prozent der Menschen, die in der zweiten Lebenshälfte ihren langjährigen Lebenspartner verlieren, ein Jahr später Krebs haben. Dies kann uns einen guten Eindruck von der Macht der Psyche im Zusammenspiel mit dem Körper vermitteln. Diese schon lange bekannten Umstände passen schlecht ins materialistische Weltbild und werden deshalb weitgehend ignoriert und jedenfalls kaum verbreitet. So kommt es, dass bei uns die meisten Menschen gerade bei so erschreckenden Krankheitsbildern wie Krebs den Körper absurd überbetonen und die Seele vernachlässigen. Auch bei diesem Buch muss ich befürchten, dass all die körperlich orientierten Anregungen viel mehr Zuspruch erfahren werden, obwohl die seelischen »Hausaufgaben« so viel wichtiger und wirkmächtiger sind.

Lungenkrebs

Das Bronchialkarzinom ist die hauptsächliche Form des sogenannten Lungenkrebses und die häufigste Krebstodesursache überhaupt. Das Krankheitsbild steht – bekanntermaßen und wissenschaftlich belegt – in engem Zusammenhang mit Rauchen. Nicht zu rauchen ist in jedem Fall eine gute Vorbeugung vor diesem gefährlichen Krebs. So haben von 100 Bronchialkrebspatienten 95 geraucht und zwei täglich viele Stunden passiv (mit-)geraucht.

Wer aber weiß schon, wie viele von 100 Rauchern ein Bronchialkarzinom bekommen? Tatsächlich nur zwei. Also erkranken insgesamt doch nur sehr wenige Raucher an Lungenkrebs. Andererseits bekommen Raucher auch alle anderen Krebsarten wie vor allem Magenkrebs noch deutlich häufiger als Nichtraucher und leiden viel mehr an Gefäßproblemen bis hin zum Herzinfarkt.

Die zwei von 100 Rauchern mit Bronchialkarzinom erscheinen zahlenmäßig eigentlich wenig, gemessen am diesbezüglich geschlagenen Wirbel. All das mag uns erneut demonstrieren, wie wesentlich die seelische Ebene im Verhältnis zur körperlichen ist und wie groß ihr Anteil an der Psychosomatik. Ohne seelische Kommunikationsproblematik, ein Thema der 3. Lebensbühne (Merkur/Zwillinge), ist Bronchialkrebs doch sehr selten.

Beim Bronchialkarzinom mit der Vorstufe Rauchen wenden nicht nur Materialisten gern ein, dass es hier gar keine seelische Erklärung brauche, da die Verursachung durch das Kondensat der Zigaretten völlig reiche. Schauen wir uns das genauer an. Die Lunge steht für (Gas-)Austausch und Kommunikation. Durch Ersteren versorgen wir uns mit Energie und stehen in ständigem Kontakt mit der Vegetation, dem großen Grün. Was die Pflanzen an Sauerstoff ausatmen, atmen wir ein, und was wir an Kohlendioxid (CO_2) ausatmen, atmen sie ein. Unser Bronchialbaum in der Brust entspricht nicht nur von der Funktion, sondern auch von der Form sehr weitgehend den Laubbäumen in der Natur.

Neben dem Austausch ist das Thema Kommunikation von unseren Lungenflügeln abgedeckt. Nur mittels Modulation des Ausatemstromes können wir sprechen und uns mitteilen. Insofern ist die Lunge mehr für unsere indirekte Kommunikation, für Austausch und Kontakt durch Worte und Sprache zuständig, die Haut für die direkte.

Das Thema Kommunikation steht auch beim Raucher im Mittelpunkt, sogar in verschärfter Form. Wer die Pubertät – wie ich – als Nichtraucher bewältigt hat, wird sich öfter gefragt haben, warum es sich so schwer machen bei den ersten Flirts. Jeder Raucher konnte jedes Mädchen einfach ansprechen, mit der Bitte um (ihr) Feuer. Wir Nichtraucher hätten bei diesem Versuch eine Ohrfeige riskiert. Dem Raucher konnte kein(e) potenzielle(r) Partner(in) entkommen. Ihm reichte zu fragen, ob es störe, wenn er rauche. Ob das Gegenüber nun »Ja« oder »Nein« antwortete, er war schon im Gespräch. Beim Ja konnte er sagen: »Gut, dann rauche ich auch nicht.« Beim Nein ließ sich gleich ein Glimmstängel anbieten als Vorstufe zu weiteren Angeboten. Wie beschwerlich dagegen die Versuche von Nichtrauchern ohne die Kommunikationshilfe Zigarette.

Dass Raucher deutlich schwerere Kommunikationsprobleme haben, ist der Bevölkerung, wenn nicht bewusst, so doch halbwegs vertraut. Ein Raucher darf jeden Wildfremden um Feuer oder eine Zigarette bitten, und wird im schlechtesten Fall ein abschlägiges »Nein, tut mir leid« zu hören bekommen. Wie absurd eigentlich, sich zu entschuldigen, nicht an ebenso unangenehmer wie krankmachender Nikotinsucht zu leiden. Aber wehe man antwortet ehrlich, wie ich es als nichtrauchender Arzt früher öfter tat. Entgegne ich einem fragenden Raucher: »Nein, zum Glück kann ich Ihnen da nicht helfen, ich leide nicht an Ihrer Sucht«, ist der verdutzt. Sogar unangenehm berührt ist er, wenn ich versuche, ihm weiterzuhelfen, etwa mit den Worten: »Wenden Sie sich doch an Raucher. Die erkennen Sie an ähnlich vorgealterter Haut wie Ihrer und an der gräulichen Gesichtsfarbe.« So viel Ehrlichkeit kommt nicht gut an, und so antwortet auch niemand, denn fast alle ahnen zumindest die Kontakt- und Kommunikationsprobleme von Rauchern und lassen ihnen deshalb vieles durchgehen. Man stelle sich nur vor, an Süßigkeiten- oder Schokoladensucht leidend, Wildfremde um einen Schokoriegel zu bitten. Das würde viel unangenehmer auffallen, zumal hinter Süßigkeiten das orale oder venusische Lebensprinzip Nummer 7 (Venus/Waage) steckt. Allerdings ist den wenigsten bewusst, dass dadurch jene peinliche Note zustande kommt und es dagegen bei der Bitte um Nikotin urprinzipiell um etwas ganz anderes geht.

Dennoch heißt es nicht, dass ausnahmslos jeder Raucher an Kommunikationsproblemen leidet. Es kann auch sein, dass er diese inzwischen überwunden hat, aber längst süchtig nach Nikotin ist, hat es doch eines der raffiniertesten Suchtpotenziale.

Zigaretten können sowohl anregen, zum Beispiel am Morgen, als auch abregen, wenn der Raucher abends überdreht nach Hause kommt. Der Organismus verwechselt das Nikotinmolekül mit dem des anregenden Neurotransmitters Acetylcholin. Es sieht nicht nur ähnlich aus, sondern wirkt auch ähnlich, nur schwächer. Sind am Morgen alle Rezeptoren noch frei, kann das Nikotin einer Morgenzigarette spürbare Anregung vermitteln. Sind dagegen am Abend nach einem stressigen Alltag alle Rezeptoren von Acetylcholin besetzt und der Raucher überdreht, braucht er nur eine zu rauchen, und sofort wird das schwächer wirkende Nikotin einige Acetylcholinmoleküle verdrängen. Schon fühlt sich der Raucher etwas ruhiger und entspannter. Das ist natürlich sehr relativ, aber doch deutlich spürbar.

Grundsätzlich ist Rauchen bereits Ausdruck desselben Kontakt- und Kommunikationsproblems wie später entsprechende Lungenkrankheiten bis hin zum Bronchialkarzinom deutlich machen. Die sich im morgendlichen Husten bei den meisten Rauchern äußernde Bronchitis dokumentiert den Kommunikationskonflikt, denn die zugrundeliegende Entzündung ist ein Kampf zwischen Lungengewebe und reizenden Bestandteilen des Kondensates.

Beim Lungenkrebs geht es, gerade auch eingedenk der Vorgeschichte, um das Thema mutige, offensive, entscheidungsfreudige Selbstverwirklichung ohne Ausreden und faule Kompromisse im Bereich Kommunikation, Austausch und Kontakt, dem Thema der 3. Lebensbühne (Merkur/Zwillinge). Die Tatsache, dass Lungenkarzinome die häufigsten Krebstodesursachen sind, zeigt, wie verbreitet bei uns Kommunikations- und Kontaktprobleme sind. Als Therapeut fühlt man sich häufig genötigt, gebetsmühlenhaft zu wiederholen: »Reden Sie doch miteinander, sagen Sie es ihm, sagen Sie es ihr.«

▶ *Das Thema Kommunikation steht bei Lungenkrebs im Mittelpunkt, und damit die 3. Lebensbühne (Merkur/Zwillinge). Die notwendige mutige und zugleich radikale Selbstverwirklichung ist die Erlösung des Krebsthemas und der 1. (Mars/Widder), 8. (Pluto/ Skorpion) und 5. (Sonne/Löwe) Lebensbühne.*

Dickdarmkrebs

Die zweithäufigste Krebstodesursache ist in modernen Industriegesellschaften – außer Japan – das Colon- oder Enddarmkarzinom, der Dickdarmkrebs oder einfach Darmkrebs. Beim Darm geht es unübersehbar um die Verdauung der aufgenommenen Nahrung – und im übertragenen Sinne um die Verdauung des Lebens. Buddhisten sprechen von *Bhoga* (»Weltessen«), Hindus davon, die »Karma-Früchte« verzehren und verdauen zu müssen.

Stuhl oder Kot aus dem Dickdarm ist die Basis für Humus auf Erden, außerdem für die Lebensstoffe der Vitamine und damit für eigenes Leben im Körperland. Zugleich ist Kot Symbol für Wertvolles, wie das Märchen vom Goldesel, der Golddukaten *scheißt*, verrät. Der niederbayerische Ausdruck Geld*scheißer* wird für diejenigen verwendet, die nie bei der Arbeit gesehen werden und trotzdem Geld haben. Beim Ausbau des Heilkunde-Zentrums in Johanniskirchen kamen wir häufig in diesen zweifelhaften Ruf, weil wir nie mit Handwerkszeug beim Arbeiten, sondern immer nur beim Lesen und Spielen am Laptop zu sehen waren, und trotzdem bauten. In der Kindheit lässt auch der Ausdruck »großer Wunsch« für den Stuhlgang auf Wunder- und Wertvolles schließen. Psychoanalytiker kennen diesen engen Zusammenhang zwischen Stuhl und dem ersten Geschenk des Kindes, seinem ursprünglich wertvollsten Besitz. Letztlich geht es beim Darm darum, ob wir unser Geld und unseren Besitz wirklich besitzen oder doch eher davon besessen sind.

Darüber hinaus entspricht der Dickdarm auch dem Schattenreich des Körperlandes, was wiederum zum Thema Besitz an Wertvollem passt. Nicht nur im Mikrokosmos Mensch, sondern auch im Makrokosmos Erde kommen die wertvollsten Schätze aus der Unterwelt (des Erd*reich*es). Auch wertvolle Metalle und kostbare Edelsteine stammen sämtlich aus den Tiefen von Mutter Erde, ihrem Erd- und Schattenreich.

Die spezielle Aufgabe des Dickdarms – der Dünndarm ist vergleichsweise sehr selten von Krebs befallen – ist es, das Verdaute, Auszuscheidende und Loszulassende noch etwas aufzubewahren, um ihm einerseits das Seelenelement Wasser zu entziehen und andererseits noch aus dem alten Dreck die neuen Lebenselixiere der Vitamine zu erschaffen. Diesbezüglich können sich Betroffene fragen, ob sie wirklich alles seelisch Notwendige aus dem Er- und Überlebten entnommen und ausreichend Lebenselixiere und Lebensstoffe aus Altem, Verbrauchtem gewonnen haben.

Bei Dickdarmkrebs geht es also – wie bei jedem Krebs – um mutige, offensive, entscheidungsfreudige Selbstverwirklichung ohne faule Kompromisse und Ausreden. Die Ebene ist der Bereich der

Materie, des Geldes und Besitzes. Hier bewegen wir uns in doppeltem Sinne auf der 8. Lebensbühne (Pluto/Skorpion). Zu klären ist unser Verhältnis zur materiellen Fülle, zum Beispiel mit der Frage, ob ich Geld loslassen und ausgeben kann für Themen der seelischen Entwicklung und Selbstverwirklichung.

Darmkrebs kann zusätzlich mutige und entschiedene Selbstverwirklichung durch Integration des psychologischen Schattens bedeuten, betrifft er doch das Schattenreich der Unterwelt, und dies natürlich auch ohne Ausreden und faule Kompromisse wie bei der Schatten-Psychotherapie.

Kein Wunder, dass Dickdarmkrebs die zweithäufigste Krebstodesursache ist, drehen sich in unserem Alltag doch scheinbar fast alle Probleme ums liebe (?) Geld und fällt es uns so schwer, Besitz gerecht zu verteilen. Das Thema der Geld-Welt-Religion macht das sehr schmerzlich deutlich. Unter seiner Herrschaft ist es auch für den Einzelnen nicht leicht, sich dem Diktat des Geldes zu entziehen.

Ähnlich wie Rauchen beim Bronchialkarzinom ist Verstopfung als Vorstufe von Dickdarm- und besonders Enddarmkrebs wissenschaftlich gesichert. Die meisten PatientInnen litten vorher an Verstopfung. Hier mag der enge Zusammenhang zur Besitzthematik sogar noch offensichtlicher werden als beim Rauchen und seiner Entsprechung im Kommunikationsproblem. Auch die Psychoanalyse weiß von der Beziehung von Verstopfung und anankastischer Persönlichkeit mit deren Tendenz zu Geiz und Perfektionismus. Die Weigerung, Geld auszugeben und großzügig mit Besitz umzugehen, spiegelt sich in der Zurückhaltung der symbolischen Schätze in der Unterwelt des Dickdarmes, dem Schattenreich des Körperlandes.

▶ *Ort des Geschehens ist bei Darmkrebs die Lebensbühne 8 (Pluto/Skorpion). Die Wertethematik bringt das 2. Lebensprinzip (Venus/Stier) noch mit herein zur krebstypischen 1. (Mars/Widder), 8. (Pluto/Skorpion) und 9. (Jupiter/Schütze) Lebensbühne.*

Brustkrebs

Als dritthäufigste Krebstodesursache insgesamt ist Brustkrebs (Mammakarzinom) bei Frauen die mit Abstand häufigste. Die Themen der weiblichen Brüste sind eigentlich allen klar, obwohl nicht alle sie sich eingestehen. Dass die *Mamma*, wie die Brust lateinisch heißt, mit Mutterschaft, Stillen und Versorgen zu tun hat, ist offensichtlich. Damit ist die 4. Lebensbühne (Mond/Krebs) angesprochen, zu der das Weibliche im Allgemeinen, die Rhythmik und Mutter Natur, aber auch das Kind und alles Kindliche sowie die Familie gehören.

Aber da ist noch ein weiteres Thema mit im Spiel, das von allen verstanden wird und das Frauen problemlos und ohne Urprinzipienkenntnisse umsetzen, indem sie etwa mit reizvollen Dessous ihr Dekolleté in Szene setzen. Die weibliche Brust dient der Verlockung und Verführung und damit dem venusischen Prinzip der 7. Lebensbühne (Waage/Venus), zu dem neben Partnerschaft auch (erotische) Liebe, Frieden, Versöhnung, Kunst und Kultur gehören.

Die Epidemiologie (von griech. *epi demos* = über das Volk) fand heraus, dass Brustkrebs in allen möglichen Berufsgruppen gleich verteilt ist, mit einer Ausnahme: katholische Nonnen. Bei ihnen tritt er vergleichsweise weit häufiger auf, was nicht verwundert, da sie mit beiden Lebensprinzipien, sowohl der 4. als erst recht der 7. Lebensbühne, üblicherweise wenig Berührungspunkte haben. Nonnen leben ohne Kontakt zu einem (Sexual-)Partner und suchen diesbezüglich keinesfalls andere zu (ver-)locken oder gar zu verführen. Sie sind mit Jesus Christus verheiratet; sein Name ist in ihren Ring eingraviert, und das sollte reichen fürs Leben. Mutterschaft und Stillen kommt für sie gar nicht oder doch nur im sehr übertragenen Sinne infrage. Nonnen haben es also sehr schwer, die beiden hier bestimmenden Lebensbühnen zu bespielen. Im Sinne ausgleichender Gerechtigkeit werden sie aber von Gebärmutterhalskrebs verschont, da sie keinen Geschlechtsverkehr haben. Zu diesem Krankheitsbild später mehr.

Für die Vorbeugung wie auch Therapie von Brustkrebs geht es darum, mutig und offensiv, mit Entscheidungskraft und Courage und ohne Ausreden und faule Kompromisse sich der Selbstverwirklichung im Bereich Partnerschaft und Mutterschaft zu widmen. Wobei die linke Brust mehr für das Mondthema (4. Lebensprinzip) und die rechte für das Venusische (7. Lebensprinzip) steht. Ist die Erkrankung schon eingetreten, lässt sich so leicht erkennen, wo der Therapieschwerpunkt liegen sollte. Für die Vorbeugung sind natürlich beide Themen wichtig.

Zu Brustkrebs gibt es heute eine Reihe erhellender Studien. Das Risiko für Brustkrebs erhöht sich nachweislich, wenn Frauen jahrzehntelang einen hohen Östrogenspiegel haben. Bei Vegetarierinnen geht dieser nach der Menopause messbar zurück, was auf eine geringere Fettzufuhr zurückzuführen sein dürfte. Hohe Fettzufuhr fördert die Bildung körpereigener Östrogene. Zusätzlich schützt reduzierte Fettzufuhr vor Übergewicht und damit vor einem wichtigen Risikofaktor für Brustkrebs und andere Krebsarten. Nach dem deutschen Ernährungsspezialisten Markus Keller erhöht auch Alkoholkonsum das Risiko für Tumorerkrankungen der Brust und des Verdauungstrakts (außer Magen), ohne dass es möglich wäre, eine Mindestmenge anzugeben, unter der kein Anstieg alkoholbedingter Krebserkrankungen messbar ist.

Fast die Hälfte aller Brustkrebspatientinnen wechselt nach der Diagnose zu einem gesünderen Lebensstil – erhöht den Obst- und Gemüseanteil und senkt die Fleisch-, Fett- und Zuckeraufnahme. Wissenschaftliche Studien zeigten, dass eine Ernährungsumstellung die Überlebensrate und die Rate des Wiederauftretens von Brustkrebs bei bereits behandelten Patientinnen extrem beeinflusst. Zuvor hatten die Forscher bereits herausgefunden, dass täglich fünf oder mehr Portionen Obst und Gemüse und ein halbstündiger Spaziergang sechsmal die Woche die Sterblichkeit über einen Zeitraum von neun Jahren um 50 Prozent reduzierten und somit ein hochsignifikanter Beitrag fürs Überleben waren. Besonders beeindruckend ist das Ergebnis für Patientinnen mit Östrogen-Rezeptor-negativen Tumoren, deren Sterblichkeit normalerweise doppelt so hoch ist wie bei Patientinnen mit Östrogen-Rezeptor-positiven. Bei ihnen ist der Effekt der Lebensstiländerung extrem eindrucksvoll mit vervierfachter Überlebensrate.

Das Forscherteam fand aber auch bei mit östrogenabhängigen Rezeptoren (Tamoxifen) behandelten Patientinnen, dass lediglich durch vermehrt pflanzliche Ernährung die Sterblichkeit vermindert war. Gemüse wie Brokkoli, Rosenkohl, Sauerkraut, Pak Choi oder Kohl senken demnach die Wahrscheinlichkeit des Wiederauftretens von Brustkrebs um 50 Prozent. Eine andere Studie ergab, dass Senföl (Sulforaphan), wie es in Brokkoli und anderen Kohlarten vorkommt, sowohl Östrogen-Rezeptor-negative als auch Östrogen-Rezeptor-positive Brustkrebszellen deutlich im Wachstum hemmt und sogar zum Schrumpfen bringt. Bei Brokkoli sollen die Sprossen noch wesentlich wirksamer sein, wie ja bei den meisten Pflanzen.

Stellen wir uns vor, die Pharmaindustrie fände eine neue medizinische Methode, die Überlebensrate bei Brustkrebs zu vervierfachen. Was für ein Medienhype, und welche Reisen würden Patientinnen auf sich nehmen, um an diese Behandlung zu kommen! Dabei wäre es so unglaublich einfach mit nur etwas mehr Obst, Gemüse und Bewegung. Bezüglich Vorbeugung reduziert die pflanzlich-vollwertige Kost die Brustkrebs-Wahrscheinlichkeit um 50 Prozent. Was wäre erst möglich bei radikaler Konsequenz hinsichtlich Ernährung, innerer und äußerer Bewegung sowie Seelentherapie?

Ginge es allein nach den Erkenntnissen der Epidemiologie, besteht die beste Brustkrebsvorsorge für Mädchen darin, gleich nach Einsetzen der Periode viele Kinder zu bekommen und sie übergangslos und lange zu stillen. Selbstverständlich kann und darf das niemand raten. Doch solch eine Statistik lässt erahnen, dass unsere materiellen Entwicklungsfortschritte in den letzten 100 Jahren einfach zu schnell waren, um die Seele nachkommen und -reifen zu lassen. Durch die reichliche Zufuhr von Tierproteinen und speziell Milchprodukten werden Kinder körperlich immer größer und früher geschlechtsreif. Über die Hälfte der US-Mädchen bekommt inzwischen ihre Periode unter zehn Jahren, darf aber bis 18 sexuell praktisch gar nichts erleben.

Die körperliche Reife tritt immer früher ein; die geistig-seelische scheint insgesamt nicht mehr mitzukommen. Offenbar war die Seele über die langen Phasen der Evolution gewohnt, mit dem Organismus Schritt zu halten, und fühlt sich jetzt möglicherweise vom Körper abgehängt, zurückgelassen oder zwischen Körper und seinen uralten Bedürfnissen und den neuen Herausforderungen einfach überfordert. Sie muss sich den gesellschaftlichen Anforderungen anpassen und die Bedürfnisse des Körpers ignorieren, was diesen offensichtlich zu aggressiven Reaktionen animiert. Der Organismus reagiert auf seine frühzeitige Aktivierung, die dann gar nicht abgerufen wird, mit Protest. Die Seele kann offensichtlich zwischen diesem Doublebind des Körpers, dem ein enormer Spagat aufgezwungen wird, und der Gesellschaft nicht ausreichend vermitteln, sodass sich im Körper Energie staut, die sich dann später in demonstrativem und bedrohlichem Wachstum entlädt. Würden wir diese Demonstration von Wachstumsbedürfnissen, die der Körper auf seine (materielle) Art ausdrückt, rechtzeitig deuten, könnten wir die Entgleisung in Richtung Krebs noch aufhalten.

▶ *Es ist in jedem Fall ratsam und vorbeugend, wir würden jedem Organ und jedem Lebensprinzip rechtzeitig gerecht, indem wir es an-*

erkennen und seinen Fähigkeiten entsprechend (be-)nutzen. Die Aufgabe der Brust ist offenbar, erst zu (ver-)locken und anschließend zu stillen, also die Lebensbühnen 4 (Mond/Krebs) und 7 (Venus/Waage) mit der 1. (Mars/Widder), 8. (Pluto/Skorpion), 5. (Sonne/Löwe), und 9. (Jupiter/Schütze) des Krebsgeschehens zu versöhnen.

Prostatakrebs

Die Prostata (Vorsteherdrüse) hat die Größe einer Walnuss und schmiegt sich um die Harnröhre. Sie sollte tunlichst ihre Form bewahren, denn sobald sie wächst, drückt sie den Harnstrahl ab, mit eindeutigen Auswirkungen auf die männliche Ausstrahlung. Das Prostatakarzinom betrifft natürlich nur Männer und ist Statistiken zufolge der häufigste Krebs überhaupt. Wenn tatsächlich fast 100 Prozent der 90-jährigen Männer beginnenden Prostatakrebs haben, ohne allerdings mehrheitlich merklich daran zu leiden, spricht alles für die Einschätzung des deutschen Urologen Julius Hackethal, der zwischen »Haus-« und »Raubtierkrebs« unterschied. Er warnte dringend davor, etwa durch Punktieren einen »Haus-« in einen »Raubtierkrebs« zu verwandeln. Mich dem erfahrenen Urologen anschließend würde ich mir persönlich keine Krebsgeschwulst durch Punktieren, Stanzen oder sonstige diagnostischen »Folteraktionen« reizen lassen. Es bleibt ja meist auch nicht bei einem Stich oder einer Stanze. Da die Diagnostiker sichergehen wollen, stechen sie die kleine Vorsteherdrüse gleich mehrfach an, sicher nicht zu deren Bestem, sondern mindestens eine Entzündung hinterlassend.

Offensichtlich gibt es bei Tumoren Übergangsformen von gutartig zu bösartig, und besonders bei der Prostata liegt diese Annahme nahe. Tatsächlich haben auch fast 100 Prozent der 70-jährigen Männer bereits eine sogenannte Prostatahypertrophie, also einen gutartigen Tumor. Solch ein überschießendes Wachstum der Prostata gehört zum 9. Lebensprinzip (Jupiter/Schütze), während die Prostata insgesamt von ihrem Bezug zu Fortpflanzung und Sexualität zur 8. Lebensbühne (Pluto/Skorpion) gehört. Ihre wesentliche Aufgabe ist, für Flüssigkeit bei Samenerguss und Liebesspiel zu sorgen. Bei Ersterem versorgt und ernährt sie die Spermien auf ihrer – gemessen an ihrer Winzigkeit – langen Reise. Bei Letzterem sorgt sie – neben den Cowper'schen Drüsen – dafür, dass es beim Geschlechtsverkehr rutscht und flutscht.

Nun erfährt das Liebesspiel in unserer Kultur weder wirkliche Kultivierung noch besondere Anerkennung. Wahre Liebeskunst, in der griechischen Antike noch der großen Göttin Aphrodite unterstehend und im tantrischen Buddhismus in Ritualen geehrt, wird kaum praktiziert. So werden die Vorsteherdrüsen seit langem unterfordert und weitgehend ignoriert. Das dürfte ihr Wachstum im Sinne der Hypertrophie auslösen, das in modernen Industrieländern fast alle Männer einholt. Diese Art von wachsender Schwellung wird von Medizinern auch schon als Tumor bezeichnet, allerdings als gutartiger.

Allein das Wort Tumor sorgt für viele extrem beängstigende Missverständnisse. Das Ergebnis dieses Wachstums auf falscher Ebene ist, dass die ehemals stolze Ausstrahlung, mit der kleine Jungen miteinander konkurrieren (»Wer kann weiter? Wer kann höher?«), zu einem kläglichen Rinnsal verkommt. Von dieser kollektiven männlichen Misere zeugt ein Erlebnis beim Abendessen mit einem Freund in einem guten Restaurant. Von der Toilette zurückkommend berichtete er, dort von einem offenbar Irren gefragt worden zu sein, ob er schon operiert sei. Auf meine Gegenfrage, ob der vermeintlich Irre etwa sein Alter von Mitte 60 teile und neben ihm im Pissoir gewerkelt habe, bestätigte er beides. Die Lösung war einfach: Der »Irre« war ein ganz »Normaler« und hatte wohl noch seinen Urologen mit der typischen Uro-logik im

Ohr, der ihm wegen nachlassender oder gar zum Rinnsal verkommener Ausstrahlung zur Prostataoperation geraten hatte. Nun sah er einen Gleichaltrigen neben sich mit starker Ausstrahlung und nahm an, der habe sich bereits operieren lassen. Dass dieser Mann tantrische Sexualität lebte und seine Prostata am Leben beteiligte, sodass sie in Form geblieben war, konnte er bei der Seltenheit des Phänomens natürlich nicht ahnen.

Ähnliches erlebte eine Mitarbeiterin im Heilkunde-Zentrum mit einer Patientin, die Jahre nach ihrer ersten Psychotherapie aus Not nochmals zu einer Therapie zur Bewusstseinserweiterung bei ihr war. Mit ihrem neuen Partner wesentlich glücklicher, sorgte sie sich, weil er ständig Samen verliere. Die Therapeutin dachte an Ejaculatio praecox, aber die Patientin betonte, das Liebesspiel mit ihm gehe im Gegenteil wundervollerweise manchmal über Stunden. Da gratulierte die Mitarbeiterin ihr zu einem der letzten noch *natür*lich funktionierenden Exemplare Mann.

*Natür*lich hat Mutter Natur die nach der Bewahrung des eigenen Lebens zweitwichtigste Angelegenheit, die Erhaltung der Art, nicht an nur ein Geschlecht gekoppelt. Damit es mit Genuss genug Nachkommen geben kann, sind beide Geschlechter bestens ausgerüstet, für reichlich Gleitmittel zu sorgen. Aber wenn die dafür vorgesehenen Drüsen chronisch unterfordert bleiben, sind am Ende fast alle Männer frigide, nur erspart ihnen das Patriarchat diese Diagnose und erklärt das lustfeindliche Symptom für normal.

Das überschießende Wachstum der Vorsteherdrüse (Prostatahypertrophie) ist also als direkte symbolische Aufforderung zu verstehen, diesem Thema mehr Raum zu geben, seine Bedeutung im eigenen Leben wachsen zu lassen und dafür zu sorgen, seinen Beitrag bezüglich Fortpflanzung und zu einem gut geschmierten Liebesleben zu leisten, bei dem es nur so *rutscht und flutscht*.

Da es meist schon spät im Leben ist, wenn sich diese Symptome melden, gilt es der Metamorphose (tiefster Wandlung) und Metanoia (tiefster Reue und Umkehr) auch auf anderen Ebenen gerecht zu werden. Was das im individuellen Fall bedeutet, ergibt sich am besten auf einer »Reise nach Innen« wie mit dem Programm der CD *Selbstheilung* oder entsprechenden Downloads (siehe Literaturverzeichnis). Außerdem ist es kaum je zu spät für ein entsprechendes Liebesleben.

Wie jeder Muskel verbessert auch jedes Organ durch Übung seine Funktion. Fordern wir etwa die innerzellulären Kraftwerke der Mitochondrien, wachsen sie an Zahl und Kapazität. Ein gut geübtes Herz wird kräftiger und leistungsfähiger; ein geübtes Hirn kann besser und tiefer denken und abstrahieren, und es gibt dergleichen Beispiele viele. Insofern ist auch eine Prostata durch idealerweise rechtzeitige Übung in Form zu halten, und selbst später ist ihr noch auf die Sprünge zu helfen. Wo das nicht geschieht und das Thema sinnlich-erotischer Genuss in Routine, Tristesse und Langeweile untergeht, kann aus dem deutlichen und beim Wasserlassen auch spürbaren Hinweis der Prostatahypertrophie offenbar ein »Haustierkrebs« werden, der bei völliger Aussichtslosigkeit zum »Raubtierkrebs« mutieren und sogar das Leben beenden kann.

Schon bei der Prostatavergrößerung wäre als Vorbeugung von Schlimmerem zu einer mutigen, offensiven und couragierten Selbstverwirklichung im Bereich Sexualität und Liebesleben zu raten, ohne allfällige Ausreden und faule Kompromisse. Hier gilt eindeutig, je früher desto besser, denn offensichtlich ist das sexuelle Liebesleben Mitte 40 noch leichter zu entwickeln als Mitte 60, aber es ist auch nie zu spät. Andererseits wie wundervoll wäre es, wenn die Jungen nicht nur den Straßen- sondern auch den Geschlechtsverkehr grundsätzlich lernen würden. Das dämmerte wohl auch schon zu meiner (Schul-)Zeit fortschrittlichen Pädagogen. Deshalb bekamen wir im Gymnasium eine Doppelstunde Sexualkundeunterricht verordnet. In der Praxis bekamen wir dann von einem Medizinalrat die gängigsten Geschlechtskrankheiten in abschreckender Weise vorgetragen. Das *Schattenprinzip* ließ so schon früh grüßen.

Da mich die meisten Patienten mit dem Thema Prostatakrebs allerdings erst mit Mitte 60 oder in höherem Alter aufsuchten, wenn eine Umstellung der Sexualität von der Schnellschussmethode auf lange Liebesfeste nicht mehr so leicht fällt, ergaben sich weitere spannende Erfahrungen im somatischen Bereich: Der typische Mittsechziger mit steigendem PSA-Wert (Tumormarker für Prostatakrebs) Richtung 10 muss sich von Urologen sagen lassen, es sei an der Zeit, die Prostata zu operieren. Dabei erfährt er aber mit Sicherheit noch zwei weitere, ihn insgesamt noch mehr erschütternde Dinge. Eine Operation ist für die archetypisch männliche Logik nicht das größte Problem, im Gegenteil, denn eine Vollnarkose und erst aufwachen, wenn alles schon vorbei und wieder gut ist, entspräche ihr sogar. Auch die erste Enthüllung, dass in der Hälfte der Fälle mit Impotenz zu rechnen sei, wird die meisten gar nicht so schrecken, da es wenig am Leben ändern würde. Aber die gar nicht so selten ebenfalls ausgelöste Inkontinenz wird, sobald das Wort »Windeln« einmal gefallen ist, dann doch zu viel. Symbolverständnis ist nicht gerade eine (arche-)typisch männliche Stärke, aber jedem dürfte doch klar werden, mit Windeln hat es begonnen, und so soll es jetzt nicht enden. Insofern sind Betroffene nun zu vielem, vorher Undenkbarem bereit, um diesem Schicksal zu entgehen. Sogar eine Ernährungsumstellung erscheint jetzt plötzlich machbar.

Meist hat die Frau ihren Mann schon zur Beratung bei mir angemeldet, nicht ohne ihm zuvor – häufig mit erhobenem Zeigefinger und der Drohung »Habe ich es nicht schon immer gesagt!« aus dem Handbuch *Krankheit als Symbol* das einschlägige Kapitel über Prostatakrebs vorzulesen. Solchermaßen von der Aussicht auf ein neues Sexualleben verschreckt und vom Wort Windeln bis ins Mark erschüttert, ist er mit meiner moderaten Ankündigung sehr zufrieden, wenn ich sage: »Ihre Frau hat es sicher gut gemeint mit der Psychosomatik, aber wir beschränken uns erst einmal auf eine Kostumstellung.« Dass es sich bei der Psychosomatik um eine Umstellung des Liebeslebens und letztlich meist um eine völlige Neueinführung handeln müsse, bleibt in aller Regel dezent unerwähnt. Damit das Ganze Hand und Fuß bekommt, rufe ich die Frau an und schalte das Telefon laut. Auch Frauen, die kaum noch etwas von ihrem Mann haben, lieben ihn doch und wollen ihn behalten und sind dafür auch zu einigem bereit. Die meisten bieten ihrem Adam an, zusammen mit ihm auf pflanzlich-vollwertige basische Kost zu setzen und noch einen ketogenen Gang zuzuschalten. Ähnliches habe ich von Männern, ihren an Brustkrebs erkrankten Frauen zuliebe, noch kaum je gehört – aber die Hoffnung stirbt zuletzt.

Die Ergebnisse sind phänomenal, obwohl eine alleinige Ernährungsumstellung sicher eine funktionale Maßnahme bleibt und das Grundproblem nicht löst. Nach einem halben Jahr konsequenter Kost nach der verschärften Form der *Peace Food Keto-Kur* (siehe Literaturverzeichnis) ist der PSA-Wert meist schon so gesunken, dass der Urologe die Operation zumindest verschiebt und erstaunt fragt: »Wie haben Sie denn das geschafft?« Auf die Antwort, seine Frau bereite ihm eine neue Kost, antworten dann leider die meisten Urologen, mit Ernährung habe das überhaupt nichts zu tun. Das ist unverantwortlich, aber wohl darauf zurückzuführen, dass wir Ärzte kaum etwas über Ernährung im Studium gelernt haben, und das Wenige erweist sich jetzt rückblickend auch noch als falsch.

Das Gute vom Schlechten ist dabei, dass zwei meiner Patienten gleich anschließend wieder mit Tierprotein begannen. Die Kurve der PSA-Werte, die kontinuierlich gesunken war, fing dann genauso so konsequent an, neuerlich zu steigen. Der eine hat, als der

Urologe wieder zur Operation riet, doch lieber wieder die Kost geändert und so eine Art Sägezahnmuster seiner PSA-Werte produziert. Das ist zwar kein wissenschaftlicher Beweis, aber für mich doch ein deutliches Zeichen, wie direkt die Krebsentwicklung der Prostata mit falscher Ernährung korreliert. Insofern gehört parallel zu jeder psychosomatischen Beratung bei Krebs auch eine bezüglich Ernährung mit dem Ergebnis der ketogenen *Peace Food*-Kost. Bezüglich Vorbeugung reduziert pflanzlich-vollwertige Nahrung die Prostatakrebs-Wahrscheinlichkeit um 50 Prozent. Die zweithäufigste Krebs-Todes-Ursache, der (Dick-)Darmkrebs, ist mit dieser Kost geradezu zum Aussterben verurteilt, reduziert sie seine Wahrscheinlichkeit doch sogar um 90 Prozent.

▶ *Mit der Prostata ist die Lebensbühne 8 (Pluto/Skorpion) angesprochen, und diese ist damit bei Prostatakrebs wie bei Dickdarmkrebs doppelt im Spiel.*

Magenkrebs

Der Magen ist das erste Auffangbecken für den Speisebrei. Idealerweise haben wir den mittels unseres Gebisses auf das Niveau des ersten Breis des Babyalters gebracht. Der Magen wiegt ihn sanft durch – mit peristaltischen Wellen, die über den ganzen Verdauungstrakt laufen. Diese Wiegebewegungen im Magen erinnern an den wiegenden Rhythmus im Mutterleib durch die Zwerchfellatmung der Mutter und erst recht durch ihre wiegenden Schritte, wenn sie mit uns spazieren ging. Wir waren uns schon damals gewogen, wenn sie uns wiegte; es hat uns beruhigt und in vertrautem Rhythmus in Sicherheit gewiegt, weshalb es auch später in der Wiege, auf Schaukeln und schließlich denen im Hollywood-Stil nachgeahmt wird – bis hin zu den Schwebewiegen in TamanGa, wo es uns einerseits darum geht, uns wiegend gewogen zu werden und andererseits um Aus*gewogen*heit zwischen Mensch und Mutter Natur. So gehört der Magen zur 4. Lebensbühne des Mondprinzips, wo das Weiblich-Mütterliche und Kindliche, der Rhythmus und Mutter Natur, die Familie und alles Gemütliche zu Hause sind.

Haben wir unser Essen gekaut und geschluckt, wird anschließend der Speisebrei zur Desinfektion mit ziemlich scharfer Salzsäure aus den Belegzellen des Magens durchsetzt. Das ist wichtig und sollte nicht – auch nicht zum Zweck der Entsäuerung – ständig und über längere Zeit von Basenpulver konterkariert werden. Das zwingt den Magen nur zur Nachproduktion von Säure, um das Basenpulver zu neutralisieren, und erschöpft die Belegzellen auf Dauer. Ein Magen, dem die Säureproduktion völlig fehlt, wird besonders krankheitsanfällig. Entsäuerung ist andererseits in diesen sauren Zeiten wichtig und im akuten Notfall bei Krebs auch auf diesem Weg verzeihlich, aber grundsätzlich sollte sie andere Wege nehmen wie über basische Pflanzenkost, die Technik des Verbundenen Atems, Bewegung im Sauerstoffgleichgewicht oder säurefeste Kapseln (www.heilkundeinstitut.at), um die wichtigsten Möglichkeiten zu nennen.

Die Tatsache, dass Magenkrebs so häufig ist, lässt erkennen, dass wir mit dem Mondprinzip unsere Probleme haben und viele ihm heute nicht mehr entsprechen. Das spiegelt sich in zunehmendem Stress und dem daraus folgenden Mangel an Zeit. Sie reicht nicht einmal mehr zu richtigem Kauen, um aus aller Nahrung (Speise-)Brei zu machen. Wer rasch und unbewusst alles in sich hineinschaufelt, erntet oft Magenweh, besonders wenn er noch dazu neigt, seine Emotionen zu unterdrücken und zu stauen, wozu das moderne Leben ebenfalls verführt.

▶ *Bei Magenkrebs geht es darum, sich mutig und entschieden und ohne Ausreden und faule Kompromisse mit seiner Selbstverwirklichung im Bereich Weiblichkeit, mit dem Kinder- und Familienthema oder dem Lebensrhythmus zu beschäftigen und den entsprechenden Themen der 4. Lebensbühne (Mond/Krebs) gerecht zu werden.*

Hautkrebs

Die Haut ist unser größtes Organ, umhüllt sie uns doch nicht nur außen, sondern als Schleimhaut ebenso innen. Unsere Außenhaut ist mehrschichtig und eher dick, dabei aber höchst elastisch und ein ziemlich sicherer Schutz (10. Lebensbühne: Saturn/Steinbock). Zugleich dient sie uns als Kontaktorgan, und zwar in direkterer Weise als die Lungen. Auf ihr und besonders an ihren Übergangszonen von äußerer Leder- zu innerer Schleimhaut spielt sich unsere Sinnlichkeit ab (7. Lebensbühne: Venus/Waage). Bei der Haut gilt es also immer, zwischen diesen beiden sehr unterschiedlichen und fast gegensätzlichen Themenbereichen zu unterscheiden. Geht es für uns etwa darum, mutig und offensiv, ohne Ausreden und faule Kompromisse die Selbstverwirklichung im Bereich Abgrenzung und Grenzsicherung sicherzustellen? Oder haben wir die Aufgabe, mutig und couragiert, ohne Ausreden und faule Kompromisse Selbstverwirklichung im Bereich Sinnlichkeit und Erotik anzustreben? Oder als dritte Variante: Sollten wir vielleicht doch lieber über unsere Grenzen hinauswachsen und uns im Außen verwirklichen, ausgehend von einer sicheren Basis in uns? All das ist jederzeit sowohl zur Vorbeugung als auch zur Therapie zu empfehlen, wenn der schwarze Hautkrebs, das Melanom, bereits entstanden ist, der schon von seiner dunklen Farbe den Schatten verkörpert.

Die schulmedizinische Therapie besteht in möglichst umfassendem, großflächigem und tiefem Herausschneiden des Melanoms. Aus meiner Sicht ist das unbedingt durch weitere ganzheitliche Methoden zu flankieren, denn die Situation, die zur Entstehung des Krankheitsbildes geführt hat, besteht ja uneingeschränkt weiter, wenn außer der Operation nichts weiter auf seelischer wie körperlicher Ebene geschieht.

Bei der Haut aber gibt es nicht nur mindestens zwei Ur- oder Lebensprinzipien, sondern auch zwei völlig unterschiedliche Krebsarten: das erwähnte, äußerst gefährliche Melanom, den schwarzen Hautkrebs, und das verglichen damit relativ harmlose Basaliom, jedenfalls sofern man entsprechende Maßnahmen ergreift. Die Schulmedizin und leider auch ihre Dermatologen, die es besser wissen müssten, warnen völlig undifferenziert bezüglich Hautkrebs vor Sonnenbestrahlung. Damit werden sie Opfer des Schattenprinzips und bereiten damit leider sogar dem Krebs die Bahn. Tatsächlich hat der gefährliche schwarze Hautkrebs nur insofern mit Sonnenbestrahlung zu tun, als fehlende Sonne – und damit meist auch fehlendes Vitamin D beziehungsweise Hormon D – seine Entstehung wie auch die anderer Krebsarten fördert. Das beste Vitamin D hinsichtlich Bioverfügbarkeit und nachhaltiger Wirkung ist das durch Sonnenbestrahlung (in) der Haut entstehende und das vom Organismus selbst gebildete *Hormon* D. Da Melanome überall vorkommen und überhaupt nicht bevorzugt an Stellen, die der Sonnenbestrahlung ausgesetzt sind wie Hände und Gesicht, macht die Argumentation vieler Mediziner, die Sonne sei schuld, hier auch überhaupt keinen Sinn, im Gegenteil.

Was die wissenschaftliche Bestätigung der Wichtigkeit der Sonne angeht, haben wir heute eine sogenannte evidenzbasierte wissenschaftliche Studie von Joan Lappe und ihrem Team aus dem Jahr 2017.[13] Sie zeigt über einen Zeitraum von vier Jahren für alle Krebsarten, wie das Krebsrisiko bei ausreichender Zufuhr von Vitamin D signifikant sinkt. Die Onkologin Pamela Goodwin aus Toronto konnte (für Brustkrebspatientinnen) unter Vitamin-D-Behandlung eine bessere Überlebensrate und eine Reduzierung der Wahrscheinlichkeit, dass es zu Metastasen kommt, belegen.[14]

Oder umgekehrt: Nach einer Krebsoperation erhöht ein zu geringer Vitamin-D-Spiegel die Wahrscheinlichkeit einer Metastasierung um 94 Prozent. Insofern verstehe ich heute die Heilungsgeschichte eines meiner Patienten besser, der die Strahlentherapie abbrach und stattdessen lieber in der Sonne spazieren ging. Die Mediziner waren bestürzt und setzten ihn massiv unter Druck, was ihn schließlich aus der Klinik trieb. Er lebt immer noch. Heute aber kann ich auch »wissenschaftlich verstehen«, wie weit er seinen Behandlern voraus war.

Wir brauchen die Sonne für unsere Gesunderhaltung, und ich empfehle, sie spätestens alle drei Tage eine halbe Stunde mit mindestens nacktem oder weitgehend nacktem Oberkörper zu genießen. Wo das klimatisch nicht möglich ist, rate ich zur Vitamin-D-Einnahme, und zwar nicht in den von der Schulmedizin vorgeschlagenen Minimal-Dosen, sondern eher nach den alten Regeln der Medizin meiner Kindheit. Mittels Lebertran bekamen wir vergleichsweise Riesengaben, die uns offensichtlich nicht geschadet, sondern eher genützt haben. Bei Krebs rate ich zu 10 000 IE pro Tag, der maximalen Dosierung gemäß US-Leitlinie für Vitamin D-Zufuhr, und zusätzlich Sonne bei entsprechender Gelegenheit.

Leider sind sich die Wissenschaftler uneinig bezüglich der Supplementierung von Co-Faktoren wie zum Beispiel K2, Magnesium, Calcium, Bor, denn im seltenen Fall kann allein in hohen Dosen eingenommenes Vitamin D auch Probleme verursachen. Experten in diesem Bereich sind Bernd-Michael Löffler, Raimund von Helden und Jörg Spitz.[15]

Beim Melanom ist auffällig – und selbst der Schulmedizin vertraut –, dass es bei aller Bösartigkeit verglichen mit anderen Krebsarten relativ häufig Spontanremissionen gibt, wie Schulmediziner schamhaft Wunderheilungen nennen. Das sollten Ärzte wie auch Betroffene wissen, schon um die Hoffnung zu nähren.

Der sogenannte weiße Hautkrebs, das Basaliom, ist eigentlich keiner, wird aber nach meinen Erfahrungen immer häufiger. Zum wirklichen Krebs gehört neben infiltrierendem Wachstum auch Metastasierung, und Letztere kommt beim Basaliom nicht vor. Dafür ist seine körperliche Ursache tatsächlich extreme Sonnenbestrahlung über lange Zeit und deshalb seine hauptsächliche Lokalisation das Gesicht. Bei Menschen, die viel im Freien gearbeitet haben oder draußen unterwegs waren, etwa als Landwirte, Bergführer, Ski- oder Tennislehrer, ist es daher häufiger.

Mein Basaliom aber war in der Kniekehle entstanden, deren Sonnenschutz ich bei ausgiebigem »Spazierenschwimmen« in den verschiedensten Korallenrevieren sträflich vernachlässigt hatte. Knapp unter der Wasseroberfläche waren beide Kniekehlen tropischer Sonne schutzlos täglich stundenlang ausgesetzt, trotzdem war nur die eine Kniekehle befallen, und das trotz vegetarischer Kost seit 50 Jahren und konsequent veganer Kost seit zehn Jahren und mehreren Fastenwochen pro Jahr über mehr als vier Jahrzehnte. Die seelische Ebene ist, wie ich bei mir selbst sehen konnte, durch nichts zu ersetzen, und so musste ich mich auch den in dieser Situation wichtigen Fragen stellen: In welcher Hinsicht gilt es, mich mutiger und offensiver meiner Haut zu wehren, Grenzen zu setzen und meine Innenwelt vor äußeren An- und Übergriffen zu schützen, abzuschirmen und darin auch ein Stück Selbstverwirklichung zu sehen? Das hat etwa dazu geführt, TamanGa, das Heilungsbiotop, für das ich in der Steiermark einst den Ort gefunden und die Idee über Jahre und Jahrzehnte entwickelt hatte, auch von der konzeptionellen Verwirklichung wieder selbst in die Hand zu nehmen.

Die zweite Frage lautete, inwieweit ich mutiger und couragierter als bisher meine Selbstverwirklichung in sinnlich-erotischer Hinsicht verwirklichen kann. Aber auch, was aus mir noch heraus(wachsen) will, was ich noch nicht adäquat ausdrücken kann, sodass die Körperbühne einspringen musste. Das führte zu Psychotherapie und der neuerlichen Erkenntnis, dass ungeachtet meines Alters mein Traum und meine große Vision des Feldes ansteckender Gesundheit noch nicht ausgewachsen, sondern ein gutes Stück von der Vollendung entfernt sind. Auch hatte ich die möglicherweise etwas größenwahnsinnig anmutende Vision, das Feld der christlichen Fastenzeit wieder zum Leben zu erwecken und Millionen zum Fasten und in ihr Idealgewicht zu (ver-)führen. All das wartet noch, das wurde mir klar, und dass ich das angehen und dranbleiben will.

Das plutonische Element der 8. Lebensbühne mit faulen Ausreden und entsprechenden Kompromissen steht beim Basaliom wegen fehlender Selbstzerstörung und Bedrohlichkeit nicht im Vordergrund. Der Dermatologieprofessor, dem ich mein Basaliom zeigte, sagte: »Also wenn schon Krebs, dann sicher diesen, obwohl ich ihn an dieser Stelle noch nie gesehen habe.« Er riet zu sofortiger Operation. Mir aber hatte mein Freund und Kollege Ingfried Hobert schon viele Jahre zuvor von einer Creme mit dem Wirkstoff Imiquimod (Handelsname »Aldara 5%«), also reine Schulmedizin, erzählt. In seiner Allgemeinmedizinpraxis hatte diese Salbe noch alle Basaliome durch banales tägliches Eincremen innerhalb von drei bis fünf Zyklen à fünf Tagen in den Griff bekommen. Inzwischen habe ich noch mit der Weihrauchcreme der kleinen österreichischen Firma Evolution positive Erfahrungen gemacht, die das oft auch auf naturheilkundlicher Ebene schaffte.[16] Letztere besserte mein Basaliom deutlich, reduzierte es spürbar, aber es ging nicht ganz weg. Das schaffte dann die Aldara-Creme, und zwar spurlos – unterstützt von entsprechenden Gedanken- und Meditationsausflügen und einer Psychotherapie zu Schattenthemen. Auch mein Lebensstil, der schon sehr weitgehend den hier angegebenen Empfehlungen entspricht, trug sicher zur Lösung bei.

Inzwischen durfte ich erleben, wie Basaliome, die als solche von Hautärzten diagnostiziert wurden, was ich immer empfehle, der schwefelhaltigen Flüssigkeit DMSO (Dimethyl-Sulfoxid) wichen. Da Naturheilkunde in Eigenregie mir immer besser erscheint, würde ich heute körperlich nach dem Einsatz von Weihrauchcreme und noch vor der Aldara-Creme darauf setzen. Wobei die Beschäftigung mit den Fragen zur Lebenssituation selbstverständlich dazukommt.

Tatsächlich erlebte ich noch ein weiteres Basaliom, das mir die oben erwähnten Themen neuerlich ins Bewusstsein (d)rückte und den angegebenen Methoden trotzte.

In solch besonders hartnäckigen Fällen ist auch an die Kanadische Blutwurz, zu denken. Als Teil der sogenannten Schwarzen Salbe hat sie in der Naturheilkunde Tradition, obwohl von der Schulmedizin nicht geprüft, aber umso mehr befehdet, wie so vieles Ungeprüftes. Das Nichtprüfen ist es aber gerade, was sie der Schulmedizin inakzeptabel macht, der bekannte Teufelskreis, der wirkliche Fortschritte verhindert. Die Salbe ist nur schwer und über das Internet aus Tschechien oder Australien zu bekommen. Sie attackierte auch bei mir, wie in vielen Krankengeschichten im Internet beschrieben, die Basaliomzellen innerhalb von 24 Stunden so, dass sie abstarben und den kleinen Tumor verschorfen und schließlich abfallen ließen. Selbst bei bösartigen Melanomen und anderen äußerlich zugänglichen Krebsen soll sie geholfen haben. Persönlich habe ich sie erst entdeckt, als ich schon keine Praxis mehr hatte, und so fehlen mir Erfahrungen mit PatientInnen. Wegen der überzeugenden Wirkung bei mir selbst möchte ich sie hier aber doch nicht unerwähnt lassen.

Das Wundervolle an den empfohlenen alternativen Methoden ist obendrein, dass wir bisher keine Rückkehr der Basaliome erlebten, während das bei der Operation häufig und fast die Regel ist, was auf diese Weise langfristig nicht selten zu regelrechten Verstümmelungen des Gesichts führt, wodurch das 8. Urprinzip

(Pluto/Skorpion) dann doch noch durch diese Hintertür ins Leben der Betroffenen einbricht. Meine eigene Geschichte hingegen, die ich keineswegs auf die gleiche Ebene mit echten Karzinomen stellen will, kann doch zeigen, wie dieses Thema dazu herausfordert, alle Register der Medizin zu ziehen, das heißt die ganze Bandbreite der Psychosomatik von der Seele bis zum Körper, von der Schulmedizin in Gestalt von Operation über Naturheil- und Ernährungsheilkunde bis hin zum Lebensstil.

▶ *Beim Thema Haut sind die Lebensbühnen 7 (Venus/Waage) und 10 (Saturn/Steinbock) angesprochen. Das Basaliom berührt die Lebensbühnen 1 (Mars/Widder), 5 (Sonne/Löwe) und 9 (Jupiter/Schütze), während beim Melanom das 8. Urprinzip (Pluto/Skorpion) zu einer tiefgreifenden Wandlung herausfordert.*

Leberkrebs

Die Leber ist unser größtes Kompaktorgan. Sie liegt unter den Rippen der rechten Brustkorbseite und reicht im gesunden Fall nicht über den Rippenbogen hinunter, ist also dort zu finden, wo der Laie die rechte Lunge erwartet. Mit ihr teilt sie sich den Platz. Die Leber ist das Labor des Körpers und für Entgiftung zuständig, weshalb sie auch an zu viel Gift, aber letztlich an zu viel von allem, und besonders unserer modernen Maßlosigkeit, erkrankt. Als Organ der 9. Lebensbühne (Jupiter/Schütze) sind der Leber auch deren archetypische Qualitäten der Toleranz und Wachstumsfähigkeit eigen. Muss wegen Leberkrebs oder Metastasen die Hälfte der Leber entfernt werden, ist diese schon ein Jahr später komplett und besser als der Schwanz der Eidechse nachgewachsen. Ähnlich tolerant reagiert sie auf Alkoholmissbrauch. Schon zwei Tage konsequente Enthaltsamkeit zum Beispiel am Wochenende, wo der Partner darüber wacht, kann eine Leberzirrhose Jahrzehnte hinauszögern.

Die Leber leidet sehr unter moderner Maßlosigkeit, wie sie sich oft durch Süchte und die entsprechend typische Dosissteigerung ergibt. In einigen Ländern ist die Leberzirrhose nach Herz-Kreislauf-Problemen, Krebs und den Kunstfehlern der Mediziner und den Nebenwirkungen von ihnen verschriebener Pharmaka auf den vierten Platz der Todesursachen aus dem Medizinbereich aufgestiegen. In dem Ausdruck »Sucht und Suche« verbinden sich ihre beiden großen Themen: Die Sucht lässt oft das rechte Maß verlieren, und die Suche nach dem Lebenssinn ist die Lösung.

Das Motto des Benediktinerordens »*Ora et labora*« (»Bete und arbeite«) charakterisiert die Bandbreite ihrer Aufgaben. Über die Rückverbindung (lat. *religio*) zu unserem Urgrund, auf Körperebene durch die Eiweißanalyse und anschließende Synthese, reduziert die Leber zuerst aufgenommenes Protein auf seine Bausteine, die Aminosäuren, und baut aus diesen unser Körpereiweiß und damit alle Grenzflächen auf, das heißt unsere ganze Individualität. Kohlenhydrate und Fette sind bei (uns) allen identisch, nur unser Eiweiß ist ganz persönlich und einzigartig. Es bildet unsere inneren und äußeren Grenzflächen, also unsere (Schleim-) Haut und damit auch unser vollkommen individuelles Gesicht aus.

▶ *Leberkrebs und in geringerem Ausmaß auch die viel häufigeren Lebermetastasen (primärer Leberkrebs ist eher selten) werfen also die Fragen auf, die mit der 9. Lebensbühne (Jupiter/Schütze) verbunden sind: Wie könnte ich mutiger und couragierter, ohne faule Kompromisse und Ausreden meine Selbstverwirklichung im Hinblick auf Sinnfindung und Lebensphilosophie angehen? Wie eingetretene Maßlosigkeit in einen gesunden und moderaten Lebensstil wandeln, dem rechtes Maß und entsprechende Einfachheit zentrale Anliegen sind?*

Nierenkrebs

Aufgabe der Nieren ist, für Gleichgewicht zu sorgen zwischen archetypisch weiblich basischen und archetypisch männlich sauren Ström(ung)en im Organismus. Da die Einseitigkeit der Übersäuerung Krebs so sehr fördert, ist einwandfreies Funktionieren der Nieren bei unserem Thema besonders wichtig.

Ähnlich ist es Aufgabe der Partnerschaft, beide (Gegenpole) aneinander wachsen zu lassen und den jeweiligen gegengeschlechtlichen Partner ins eigene Leben einzuladen und zu integrieren. So kann *sie* an *ihm* Animus, das Männliche, lernen und *er* an *ihr* Anima, das Weibliche.

▶ *Die Aufgabe liegt bei Nierenkrebs darin, mutig und couragiert und ohne Ausreden und faule Kompromisse Selbstverwirklichung im Bereich des Ausgleichs der Kräfte zu leben, für Balance im Leben zu sorgen und Partnerschaft auf ihren verschiedenen Ebenen wichtig zu nehmen und zur Entwicklung des geschlechtlichen Gegenpols zu nützen: Lebensbühne 7 (Venus/Waage).*

Eierstockkrebs

Das Ovarialkarzinom bleibt das Sorgenkind der schulmedizinischen Gynäkologie, da es meist zu spät für rettende Maßnahmen entdeckt wird. Nach meinem Eindruck tritt es häufiger auf, entsprechend dem Trend moderner Frauen, ohne Kinder auf ein archetypisch männliches (Karriere-)Leben mit dem entsprechenden Lebensstil zu setzen. Das ist natürlich lediglich meine Interpretation, die auf dem Thema Eierstöcke als urweibliche Organe der Fortpflanzung beruht, und der Beobachtung, dass moderne Frauen zunehmend dazu neigen, Emanzipation dahingehend zu interpretieren, dass sie mit archetypisch männlichen Methoden wie

Konkurrenz und Rivalität gegen die männliche Vorherrschaft ankämpfen und dabei selbst zunehmend in archetypische männliche Lebensformen geraten.

Wenn die für die Fortpflanzung zuständigen Eierstöcke eigenständiges Wachstum entwickeln, spricht das für ein Fehlen dieser Wachstumsimpulse im übertragenen Sinn. Kinder der Liebe zu bekommen wäre natürlich die »einfachste« Lösung. Sie liegt aber nicht im gesellschaftlichen Trend. Der Weg von der Großfamilie über die Kleinfamilie zur Ein-Kind-Familie und sogar Kein-Kind-Familie (DINK = *Double Income no Kids*: doppeltes Einkommen, keine Kinder) ist unübersehbar.

Auf einem Gynäkologenkongress im Frühjahr 2019 auf Zypern wurde Eierstockkrebs ebenfalls als Sorgenkind gedeutet aufgrund der meist späten Diagnose in einem auch für die sogenannte adjuvante Chemotherapie schon aussichtslosen Grad von Ausbreitung. Sogar diese verfeinerte Form von Chemotherapie, die sich bei Brustkrebs sehr bewährt, hat hier also geringere Chancen. Wenn selbst die schulmedizinische Gynäkologie hier noch vor unlösbaren Problemen steht, die andere Krebsarten durchaus mit Optimismus angeht, verdeutlicht das ein gesellschaftlich ungelöstes Dilemma.

Von der Symbolik her geht es bei Eierstockkrebs darum, mutig und couragiert und ohne faule Kompromisse und Ausreden das Thema der Fortpflanzung anzupacken. Natürlich könnte dies auch im übertragenen Sinne geschehen, was allerdings nicht einfach ist. Außerdem beginnt die konkrete Form der Fortpflanzung über Kinder unserer modernen Gesellschaft bereits zu fehlen. Nach meinen Erfahrungen fehlen diese Kinder auch nicht wenigen Karrierefrauen in den Wechseljahren, nach meinem Eindruck deutlich stärker als Männern.

Natürlich kann *frau* auch »Buch-Kinder« auf die Welt bringen – wie ich das etwa tue. Aber im Vergleich zwischen der Publikation meiner über 70 Buch-Kinder und der Geburt meiner Tochter Naomi muss ich doch sagen, dass Welten dazwischenliegen. Obwohl Schreiben und *Herausbringen* eines Buches manchmal eine schwere Geburt darstellen kann – etwa bei einem Buch wie *Peace Food* über veganes Leben, das in einem Verlag mit lauter Grillbüchern von Fleischessern produziert wurde. Bei aller künstlich inszenierten Dramatik war es dennoch kein Kampf ums Leben wie eine echte Geburt.

Selbstverständlich gibt es auch andere Formen schwerer Geburten, etwa wenn neue Ideen oder Sichtweisen auf die Welt gebracht werden müssen wie im Film von Margarethe von Trotta über Hildegard von Bingen oder – noch deutlich aktueller – von Doris Dörrie über Männer. Ein weiteres Beispiel ist die Initiative des Unternehmers Götz Werner für ein bedingungsloses Grundeinkommen.

▶ *Für die betroffene Frau liegt die Herausforderung archetypisch gesehen auf den Lebensbühnen 4 (Mond/Krebs) und 8 (Pluto/Skorpion).*

Gebärmutterhalskrebs

Dieser Krebs (Zervixkarzinom) hat insofern eine Sonderstellung, weil inzwischen schulmedizinisch bewiesen ist, dass er von einem Virus, nämlich dem Papillomavirus (HPV = Humane Papillomaviren) »verursacht« wird. Für Behauptungen wie chronische Entzündungen könnten auch Krebs auslösen, erlebte Josef Issels, Chefarzt und Inhaber der Ringberg-Klinik in Rottach-Egern, Anfang der 1960er-Jahre noch heftige Beschimpfungen und Vorverurteilungen als geldgieriger Scharlatan. Er wurde 1961 sogar neun Monate in Untersuchungshaft genommen und schließlich zu einem Jahr Gefängnis wegen fahrlässiger Tötung verurteilt. Dabei bestand sein »Verbrechen« darin, entgegen der Schulmeinung Krebs als ein chronisches Leiden des gesamten Organismus anzusehen und dementsprechend Patienten ganzheitlich zu behandeln. Er vermochte mit seinem Ansatz selbstverständlich nicht allen, aber doch vielen KrebspatientInnen wesentlich zu helfen. Und weil das Unrecht doch zu sehr zum Himmel stank, kassierte das Landgericht München schließlich das Urteil; Issels wurde in allen Anklagepunkten freigesprochen. Aber vor allem in der Boulevardpresse wurde er nie angemessen rehabilitiert, seine Arztlaufbahn und sein Ruf blieben zerstört. Obwohl ein mutiges Münchner Gericht die juristische Gerechtigkeit wiederherstellte, hatten Issels' Gegner doch erreicht, was sie offenbar wollten. Heute allerdings sind seine Thesen Stand des Wissens.

Neben den Papillomaviren lassen sich als Ursache aber noch andere »Schuldige« beziehungsweise Unbewusste finden, denn wir wissen dank schulmedizinischer und speziell epidemiologischer Forschung einiges über den Gebärmutterhalskrebs. Nonnen bekommen ihn überhaupt nie und jüdische und palästinensische Frauen extrem selten. Das erklärt sich wiederum einfach, denn wir wissen, dass Papillomaviren auf dem Gebärmuttermund nur aktiv werden können, wenn dort Smegma (Sekret der Talgdrüsen unter der männlichen Vorhaut) für geeignetes Terrain sorgt. Anders gesagt gedeihen Papillomaviren nur auf einem in ungewaschener, anrüchiger Weise vorbereiteten Boden. Aufklärung und Waschkampagnen wären (über-)fällig zugunsten mehr männlicher Hygiene. Demgegenüber ist die Pharmaindustrie höchst interessiert, den passenden Impfstoff zu liefern.

Ich rate jungen Mädchen und Frauen statt zur Impfung immer zur Aufklärung und gleich von Anfang an zur Frage an ihren Partner: »Wollen wir Liebe machen oder Krebs?« Darauf antwortet wohl jeder ganz entsetzt: »Natürlich Liebe!« Dann sollte sie weiter fragen: »Hast du dich heute schon gewaschen?« Worauf sie meist hört: »Ich dusche jeden Morgen.« Sie aber muss beharrlich nachhaken: »Wasser von obendrüber reicht leider nicht. Hast du heute schon – und mit Seife – gemacht, was du lange genug geübt hast?«, und dabei sollte sie die eindeutige Auf-und-ab-Bewegung der Hand ausführen und ihm in die Augen schauen. Liest sie darin Zweifel an seiner Antwort, oder ist diese gar ehrlich verneinend, empfehle ich modernen Frauen, das Corpus Delicti selbst in die Hand zu nehmen beziehungsweise seinen Zauberstab eigenhändig einzuseifen. Die Rückmeldungen sind durchaus ermutigend nach dem Motto: »Wir sind dann gleich im Bad geblieben.«

Allerdings ist nicht zu übersehen, dass immer mehr Frauen eine Impfung bevorzugen, da diese auch entsprechend von der Schulmedizin empfohlen wird. So hörte ich erst kürzlich auf einem gynäkologischen Kongress die stolze Nachricht, Gebärmutterhalskrebs sei in Australien, wo er bis dahin Volksseuche war, durch konsequente Durchimpfung der weiblichen Bevölkerung praktisch verschwunden. Sind solche schulmedizinischen Maßnahmen tatsächlich notwendig, auch wenn immer mal wieder eine Frau an der Papillomaimpfung stirbt, damit männliche Schmutzfinken weiter ungewaschen davonkommen? Australien ist damit einerseits ein unübersehbares Symbol für den Bewusstseinszustand der dortigen männlichen Bevölkerung, andererseits aber auch ein Beispiel, was diese Impfung positiv bewirken kann.

Die einfachste und sicherste Vorbeugung bezüglich Gebärmutterhalskrebs ist generell, bei seinem und jedem Sexualpartner für Sauberkeit unter der Gürtellinie zu sorgen. Ganz klar, wer *Dreck am Stecken* hat, ist gefährlich und kann lebensgefährlich werden. Ihn aber komplett einzuseifen ist andererseits zum (Liebes-)Glück ein Heimspiel für moderne Mädchen.

▶ *Abgesehen von Hygieneempfehlungen gilt natürlich auch hier für Vorbeugung und Therapie von Gebärmutterhalskrebs, sich mutig und offensiv und ohne Ausreden und faule Kompromisse zur Selbstver-*

wirklichung Zugang zum Bereich Nestbau und Familie zu verschaffen und für saubere Verhältnisse beim Zutritt zu intimsten Bereichen zu sorgen. Angesprochen sind die Lebensbühnen 4 (Mond/Krebs) und 8 (Pluto/Skorpion).

Knochenkrebs

Knochen geben uns Halt und Struktur, ermöglichen den aufrechten Stand und Gang und damit Aufrichtigkeit und Geradlinigkeit. Werden Menschen bis ins (Knochen-)Mark getroffen, sind sie in ihrem tiefsten Innern verunsichert und ihrer Struktur beraubt.

Wenn in den Knochen Krebs zu wachsen beginnt und damit droht, die inneren Strukturen, das Gerüst unseres Lebens, zu zerstören, lautet die Aufgabe, in diesen Bereichen mit Mut und Courage und frei von Ausreden und faulen Kompromissen Selbstverwirklichung anzustreben. Es gilt, vorhandene Strukturen aufzulösen, um stattdessen ein neues klares und ehrliches Lebensgerüst zu entwickeln und wachsen zu lassen.

▶ *Die Auseinandersetzung mit dem 10. Lebensprinzip (Saturn/Steinbock) hilft, verlässlichen Halt in sich zu finden und zu sich und zum eigenen Leben stehen zu können. Nun geht es darum, mit eigener Entwicklung und eigenem innerem Wachstum voranzukommen.*

Blutkrebs

Bei der Therapie der verschiedenen Arten von Leukämie hat die Schulmedizin insgesamt große Fortschritte gemacht. Während bei kindlicher Leukämie früher kaum Heilungschancen bestanden, werden die heute eingesetzten Formen der Chemotherapie meist überlebt, und die Kinder gesunden wieder völlig. Das dürfte sowohl der enormen Regenerationsfähigkeit des kindlichen Organismus als auch verbesserten Chemotherapeutika und ihrer sensibleren Dosierung geschuldet sein. Zum Glück gilt die bedenkliche (Miss-)Erfolgsrate der Chemotherapie bei erwachsenen KrebspatientInnen nicht für Kinder.

Werden wir uns bewusst, wodurch die Schulmedizin diese großen Erfolge bei Blutkrebs erzielt, finden wir die weitgehende chemotherapeutische Zerstörung des eigenen entgleisten beziehungsweise amoklaufenden Immunsystems und seinen anschließenden Neuaufbau, oft mit Knochenmarkspenden. Bei diesem Thema ist sofort auch an den Zellbiologen und Gerontologen Valter Longo zu denken, der eindrucksvolle Ergebnisse mit Fasten erzielte (siehe auch das Kapitel »Atemtherapie, Keto-Kur und Fasten«). Wenn schon vier Fastentage zu einer Regeneration von 40 Prozent des Immunsystems auf Stammzellniveau führen, ist Fasten zumindest bei Erwachsenen eine wundervolle Therapie(-Ergänzung). Gut vorstellbar ist natürlich auch, dass es prophylaktisch zweimal im Jahr durchgeführt, beim Frühjahrs- und Herbstfasten, das Immunsystem in idealem Zustand hält. Der Organismus ist so intelligent, dass er sicher denjenigen Teil der Abwehrzellen recycelt, der es am nötigsten hat. Wie wir die Intelligenz dahinter nennen, ist jedem überlassen. Paracelsus spricht vom Archeus oder inneren Arzt, heute ist innere Heilerin oder Große Göttin mindestens ebenso populär.

▶ *Leukämien betreffen das Blut, unseren Lebenssaft, der für Lebensenergie und Abwehrstärke sorgt. Es gilt also, sich mutig und couragiert und ohne Ausreden und faule Kompromisse um Selbstverwirklichung im Bereich der Lebensenergie und der Abwehr von Gefahren zu widmen. Das heißt, die Lebensbühnen 1 (Mars/Widder) und 5 (Sonne/Löwe) zu bespielen.*

Gehirntumore

Eingeschlossen von der Schädelschale können auch sogenannte gutartige Tumore allein durch ihre Raumforderung in eingeschlossener Lage gefährlich und in den Konsequenzen doch bösartig werden, obwohl sie es vom Gewebe her nicht sind. Der Psychotherapeut Sheldon B. Kopp lebte mit dieser Situation und schrieb beeindruckende Bücher darüber wie *Triffst du Buddha unterwegs*.[17] Auch die berührende Geschichte des französischen Psychiaters und Neurowissenschaftlers David Servan-Schreiber offenbart ein fast 20 Jahre währendes, bewundernswert mutiges und tapferes Leben mit einem bösartigen Gehirntumor. Servan-Schreiber war in der Forschung tätig, und man brauchte MRT-Bilder (Magnetresonanztomografie) eines Gehirns. Nachdem niemand dazu bereit war, ließ er sie schließlich von seinem eigenen Gehirn machen. So wurde »zufällig« der Befund erhoben, und dass er mit dieser Thematik noch so lange und so produktiv leben und arbeiten konnte, war sicher seinem couragierten Engagement und einer radikalen Umstellung des Lebensstils zu verdanken, wie er sie in seinem *Antikrebs-Buch* darstellt.[18] Wie das Wort Courage ausdrückt, lebte er aus wildem Herzen und schenkte uns auch die bahnbrechende Herzfrequenzvariabilitäts-Messung, die das Geheimnis des Rhythmus in die Medizin einbrachte und gleich auch (be-)nutzbar machte, wie auch viele Erkenntnisse zum Thema Krebs aus seiner eigenen Erfahrung. Von ihm stammt der Satz: »Zu lernen, wie wir gegen den Krebs kämpfen, heißt zu lernen, wie wir das Leben in uns nähren!« Bei seinen Kollegen fiel er schon bald in Ungnade wegen der Erkenntnis, dass es nicht Gene seien, die den Nährboden für schwere Erkrankung lieferten, sondern der Lebensstil. Er selbst lebte es vor und widmete sich mutigem Wachstum im Bereich der Entwicklung sowie Wachstum auf Gedankenebene, was ihm noch 18 Lebensjahre mit Krebs schenkte, von denen er sagte, sie seien »die schönsten und wichtigsten« seines Lebens gewesen. Da heute für jeden von uns der erste Tag vom Ende unseres Lebens ist, könnten wir alle sofort damit anfangen, das Beste daraus zu machen.

Unübersehbar ist inzwischen der enge Zusammenhang von vermehrtem Auftreten von Gehirntumoren und der Verbreitung von gepulsten Mikrowellen von Mobiltelefonen und ihren Masten, aber auch von WLAN-Smog. Im Oktober 2018 erschien in *Microwave News* ein Bericht über die Ergebnisse von Forschergruppen, die von 1995 bis 2014, also seitdem wir Handys nutzen, eine Verdoppelung von Glioblastomen, den aggressivsten unter den Gehirntumoren, fanden. Speziell stellten die Forscher einen Anstieg tödlicher Gehirntumore dieses Typs im Bereich Frontal- und Temporallappen fest, was den Verdacht nährt, dass dafür der immer intensivere Gebrauch von Mobiltelefonen verantwortlich ist. Die österreichische Ärztekammer warnt seit vielen Jahren davor.

Sind also die Strahlen hauptverantwortlich und demnach schuld? Genau wie Rauchen und Verstopfung entscheidenden Anteil am Entstehen von Lungen- und Darmkrebs haben, bleiben Betroffene doch auch beim mobilen Telefonieren und Internetsurfen in der (Eigen-)Verantwortung. Smartphones oder Tablets im Dauerbetrieb, unter anderem zum Googeln statt zum (Selbst-)Erinnern und Denken, zeugen auch von der Vernachlässigung des eigenen Hirns. Alles, was wir uns früher merken und wo wir selbst kombinieren mussten, wird inzwischen an Rechner delegiert. »*Use it or lose it*«, gilt aber auch für unser Hirn.

Wer ein Smartphone hat, braucht nicht mehr nach dem Weg zu fragen. Aber der entscheidende (Lebens-)Weg lässt sich selbst vom smartesten Phone nicht finden. Man braucht auch kaum mehr aus dem Fenster nach dem Wetter zu schauen, um sich entsprechend zu kleiden; die Wetter-App weiß Bescheid. Nur weiß man auf Dauer gar nicht mehr Bescheid, weil das Smartphone alles weiß, und man wird immer unwissender und weniger smart und dafür abhängig.

Ich habe das an mir selbst sehr deutlich erlebt. Früher saß ich auf der Fahrt zu meinen Vorträgen selbst am Steuer und kannte mich – unter Zuhilfenahme einer großen Sammlung von Landkarten und Stadtplänen – geographisch ganz gut aus in den deutschsprachigen Ländern. Dann kaufte ich eines der ersten Navigationsgeräte und bin anschließend geographisch rapide verblödet. Als Googeln losging, überlegte ich mir, ob ich die Verblödung auf mein ganzes Leben ausdehnen wolle, und entschied mich dagegen. Das heißt, ich muss mir die wichtig(st)en Dinge weiterhin merken und auch noch viel selbst überlegen und kombinieren. Ich habe den Eindruck, dass das meinem Gehirn guttut. So bin ich auch kaum online, oder nur, wenn ich meinen Laptop »an die Leine legen« kann: Ich schreibe natürlich auf dem Laptop, aber entweder offline, oder er hängt am Kabel. Auf diese Weise schütze ich auch gleich mein Gehirn vor dem modernen WLAN-Wellensalat und damit wahrscheinlich – hoffentlich – vor Gehirntumoren. Denn wer sich völlig von der IT-Welt abhängig macht, ignoriert nicht nur sein eigenes Gehirn, sondern setzt sich zusätzlich oft entsprechender Strahlung aus.

▶ *Prinzipiell gilt auch bei Gehirntumoren: Die Psyche geht voran. Wie wäre es deshalb, sich mutig und couragiert und ohne Ausreden und faule Kompromisse Selbstverwirklichung im Bereich der eigenen Gedankenwelt zu gönnen, was der Lebensbühne 3 (Merkur/Zwillinge) entspricht. Im Hinduismus gibt es eigene Wege über den Geist wie Jnana-Yoga oder im Zen-Buddhismus die Koan-Methode der Rinzai-Schule.*

Bei Glioblastomen wäre zusätzlich zur seelischen Umstellung und den komplementären Behandlungsformen auch an den Einsatz der neuen schulmedizinischen Methoden zu denken wie die Ergänzung herkömmlicher Therapien mit Methadon.

Hinweis: Weitere Deutungen verschiedener Krebsarten und ihrer Lokalisation finden sich im Nachschlagewerk der Krankheitsbilder *Krankheit als Symbol*.

Zusammenfassend – und auch schon vorausschauend auf weitere generelle Kapitel zu Vorsorge, Früherkennung und Therapie – ist zu sagen, dass die Orte oder Lebensbühnen, wo das Krankheitsbild auftritt und (s)eine Rolle zu spielen beginnt, sehr weitgehend bestimmend sind. Jede Lebensbühne kann in den Vordergrund rücken, indem sie ein ihr zugeordnetes Organ oder Gewebe das Thema der Vernachlässigung oder Missachtung kompensatorisch in Krebsgestalt darstellen lässt. Deshalb kann umfassende echte Krebsvorsorge konsequenterweise nur heißen, für Wachstum und Selbstverwirklichung auf allen wesentlichen Ebenen des Lebens zu sorgen.

Was für eine gewaltige Aufgabe, Krebswachstum überall im Körperland überflüssig zu machen! Immerhin gibt es mehr als 200 verschiedene Krebsarten und entsprechend viele Regionen, wo sie sich ausbreiten können. Aber das Leben ist nun einmal eine Schule, in der es zu lernen und zu wachsen gilt und wir uns um Selbstverwirklichung und Entwicklung kümmern dürfen. Vor diesem Hintergrund haben wir jeder Lebensbühne gerecht zu werden und in allen Bereichen des menschlichen Seins zu wachsen – und können uns dafür vielfältige Hilfe holen. Positiv ausgedrückt ist die beste Vorbeugung, die nebenbei auch noch so sehr glücklich macht, nichts anderes, als auf allen Bühnen des Lebens ausgelassen und freudig zu tanzen und auf jeder Bühne von der destruktiv-unerlösten zur konstruktiv-erlösten Ebene zu gelangen.

Krebsursachen in der Diskussion

Eine Liste von Risikofaktoren für Krebswachstum ist heute schnell zusammengestellt, aber in der Gewichtung abhängig von den jeweiligen Theorien zur Krebsentstehung und generellen medizinischen Sichtweisen, wie Befunde einzuordnen sind.

In den Abschnitten zur Integralen Medizin dürfte bereits die entscheidende Bedeutung der geistig-seelischen Ebene klar geworden sein. Demnach besteht das größte Risiko darin, den eigenen Weg, den Lebenssinn, die Selbstverwirklichung, das spirituelle Wachstum aus dem Auge zu verlieren. Das heißt, Gefühle und Emotionen verdrängen, nicht mehr lernen, nicht mehr innerlich wachsen, den (Lebens-)Mut verlieren, nicht mehr aufs Ganze gehen; resignieren, aufgeben. Dies alles ist in jeder Hinsicht höchst risikoreich.

Materielle Risikofaktoren

In der Regel finden materielle Faktoren mehr Aufmerksamkeit, und so wird über krebserregende Stoffe (Kanzerogene) auch in der breiten Öffentlichkeit diskutiert. Alles Tierische ist dabei, aber nichts Pflanzliches außer Tabak und Alkohol. Tabak ist allerdings in seiner dem Menschen vorbehaltenen Art der Konsumation in Form des Rauchens einer der stärksten der Schulmedizin bekannten Risikofaktoren. Alkohol folgt weit dahinter. In beiden Fällen sind es hier aber nicht die Pflanzen an sich, sondern es ist deren Verarbeitung, die die Krebsgefahr heraufbeschwört.

Weitere gefährliche Kanzerogene sind Schwermetalle, Polyzyklische Aromatische Kohlenwasserstoffe, Feinstaub, Pestizide, chemische Arbeitsstoffe und anderes mehr. Strahlung ist ebenfalls krebsauslösend, etwa extreme UV-Strahlung über lange Zeit, vor allem aber ionisierende und radioaktive Strahlung, Röntgenstrahlung, außerdem gepulste Mikrowellen der Handys und der WLAN-Strahlensalat.

Ernährungsbedingte Risikofaktoren für Krebs sind vor allem ballaststoffarme Kost (besonders für die zweithäufigste Krebstodesursache Dickdarmkrebs), geringer Verzehr von pflanzlicher Nahrung, hoher Fettverzehr, häufiger Verzehr von Gegrilltem, Gepökeltem, Geräuchertem, und nach Colin Campbell (früher Cornell-University) sind Milchprodukte wegen des reichlich enthaltenen IGF-1 (ein dem Insulin ähnlicher Wachstumsfaktor) das gefährlichste Kanzerogen auf diesem Planeten.[19] Der Konsum von Tierprotein ist wie gesagt insgesamt ein großes Risiko, da wir – wissenschaftlich belegt – 93 Prozent der mit der Nahrung aufgenommenen Gifte aus Tierprotein beziehen. Inzwischen hat selbst die WHO auf die Fülle und Eindeutigkeit entsprechender Studien reagiert und Fleisch, insbesondere rotes und verarbeitetes, als krebsauslösend eingestuft.

Verschiedene Krankheitsbilder bergen ebenfalls Krebsrisiken. Vor allem gilt das für Entzündungen. So ist von einer Studie zu berichten, nach der Frauen mit Zahnfleischentzündung ein um 14 Prozent erhöhtes Risiko haben, Krebs zu entwickeln.[20] Am deutlichsten war dies im Hinblick auf Speiseröhrenkrebs, aber schlechte Mundgesundheit förderte auch Lungen-, Gallenblasen-,

Haut- und Brustkrebs (Risikoerhöhung 31 Prozent, 23 Prozent bzw. 13 Prozent). Die Studie verfolgte fast 66 000 Frauen nach der Menopause zwischen 54 und 86 Jahren über acht Jahre.

Auch Viren sind hier zu nennen, wie schon im Kapitel zum Gebärmutterhalskrebs (Zervixkarzinom) beschrieben. Der deutsche Nobelpreisträger für Medizin Harald zur Hausen erforschte die Entstehung von Krebs durch Viren und äußerte bereits 1976 den Verdacht, dass Humane Papilloma- oder Warzenviren entscheidend bei der Entstehung von Gebärmutterhalskrebs sind. Seit den 1980er-Jahren sind diese als Auslöser der bei Frauen dritthäufigsten Krebserkrankung wissenschaftlich anerkannt. Zur Hausen äußerte 2014 auch erstmals den Verdacht, dass Rindfleisch- und Kuhmilchverzehr bei Menschen Krebs verursache. Er spricht von sogenannten *Bovine Meat and Milk Factors*. Zusammen mit Ethel-Michele de Villiers kam er aufgrund von epidemiologischen und Antikörperbestimmungen im Blut zu diesem Schluss.[21]

Weiterhin sind Diabetes Typ II und Übergewicht als Risikofaktoren einzustufen und damit alles, was dazu führt wie raffinierte Kohlenhydrate in jeder Form, aber besonders als Süßigkeiten und Weißmehl, außerdem Bewegungsmangel.

Zu den medizinischen Risikofaktoren zählt im Übrigen die Hormontherapie in der Menopause mit synthetischen Hormonen; hier besteht erhöhte Gefahr, Brustkrebs zu entwickeln.

Letztlich ist Altern ein Risiko, genauer gesagt das Altern der Zellen, bei dem die Endstücke der DNS in den Chromosomen (Telomere) eine entscheidende Rolle spielen. Ihre Länge zeigt die Teilungsfähigkeit der Körperzellen an. Es handelt sich dabei um eine Art Schutzvorrichtung, die sich bei jeder Zellteilung verkürzt. Je kürzer die Telomere, desto größer das Sterberisiko der Zelle. So wird die Telomerlänge zum entscheidenden Marker für das biologische Alter – im Gegensatz zum Lebensalter, das sich am Geburtstag, wie er im Pass steht, festmacht. Das Enzym Telomerase wirkt der (vorzeitigen) Verkürzung der Telomere entgegen. Alles spricht dafür, dass pflanzlich-vollwertige Nahrung und speziell die jetzt als Superfood wiederentdeckten Beeren und Gemüse uns besser mit diesem chromosomen- und damit lebensverlängernden Enzym versorgen. Und auch hierzu liefert die moderne Wissenschaft entscheidende Erkenntnisse. Dean Ornish konnte 2008 in einer Studie über den Einfluss des Lebensstils aufzeigen, dass jene Faktoren, die Herz-Kreislauf-Probleme und Krebs fördern, auch die Telomerasefunktion beeinträchtigen. Und umgekehrt demonstrierte er, wie durch Lebensstilveränderungen bei Prostatakrebspatienten sich nicht nur deren Befinden verbessern, sondern auch die Telomerase-Aktivität steigern ließ. In einer Anschlussstudie 2013 bewies er, dass sich die Telomere fünf Jahre später sogar wieder verlängert hatten.[22] So lässt sich nicht mehr länger leugnen, dass Ernährungs- und Lebensumstellung den Alterungsprozess von Zellen aufhalten und die Situation von Krebspatienten bessern kann. Ihr krebsverhindernder Einfluss im Vorfeld und damit im Sinne von Vorbeugung ist ebenfalls bewiesen.

Der Mythos vom Brustkrebsgen

Krebs ließe sich auch als ein lebensbegleitendes chronisches Phänomen definieren. Zumindest fanden Pathologen bei Menschen, die an ganz anderen Ursachen als Krebs gestorben waren, bei 98 Prozent, also bei fast allen, kleine Tumore der Schilddrüse. 40 Prozent zeigten Prostata- und 33 Prozent Brusttumore. Also haben praktisch alle alten Menschen bei uns Krebs, aber sterben gar nicht daran. Das müsste auch Fragen im Zusammenhang mit den sogenannten Vorsorgeuntersuchungen aufwerfen. Abgesehen davon, dass es sich nur um schulmedizinische Früherkennung und nie um echte Vorbeugung, Prävention oder Prophylaxe handelt, werden dabei offenbar viel zu häufig solche vom Körper selbst noch in den Griff zu bekommenden Mini-Tumore gefunden. Lässt man dann das ganze Arsenal der Schulmedizin darauf los mit all den erwähnten teilweise schrecklichen Konsequenzen, erscheint dieses Szenario nicht verantwortbar. In diesem Licht werden dann provokative Äußerungen wie die vom US-Krebsarzt Leonard Coldwell nachvollziehbar, der sagt. »Wer Vorsorgeuntersuchungen meidet, lebt länger.«[23] Das ist so pauschal formuliert sicher falsch, denn gegen eine verantwortliche Früherkennung spricht grundsätzlich nichts.

Nebenbei erhöht man aber mit der Methode, jeden harmlosen »Haustierkrebs« (Julius Hackethal) mit allen zur Verfügung stehenden Waffen zu attackieren, natürlich auch die schulmedizinische Erfolgsquote, denn selbst überflüssige Behandlungen werden ganz selbstverständlich als Erfolge verbucht. Patienten überleben dann einen Krebs, an dem sie vielleicht gar nicht gestorben wären, nicht wegen, sondern trotz des schulmedizinischen Therapieaufwandes. Und erst recht stellt sich wieder die Frage nach dem Sinn von Biopsien: Man sticht dabei ziemlich blind in Organe hinein oder stochert auf gut Glück herum, etwa in der winzigen Prostata, und macht womöglich einen »Raubtierkrebs« daraus, wovor Hackethal ja schon vor Jahrzehnten warnte. Auch wenn einige Schulmediziner diese Gefahr dementieren, würde ich mir das nicht antun lassen und rate auch niemandem dazu.

Bis vor kurzem ging die Genetik davon aus, menschliches Erbgut sei mit der Zeugung festgelegt, bis auf zufällige Mutationen unveränderlich und jedenfalls unbeeinflussbar. Inzwischen wissen wir es besser. Unser Genom lässt sich durch Veränderungen im Lebensstil beeinflussen – in negativer wie positiver Richtung. Damit beschäftigt sich die moderne Epigenetik, die Lehre des Einflusses von Verhalten und Umwelt auf die Verbreitung von Krankheiten.

Die tatsächliche Bedeutung der sogenannten Brustkrebsgene BRCA1 und BRCA2 – durch die in meinen Augen tragische Behandlung der Schauspielerin Angelina Jolie weithin bekannt geworden – scheint noch geringer zu sein als bisher angenommen. Die Theorie der Schulmediziner lautet in etwa, dass der Einfluss dieser beiden Gene auf die Entwicklung von Brustkrebs in der Familie Generation für Generation seinen Schrecken verbreiten würde. Eine neue Untersuchung stellt diese Theorie völlig infrage und deckt auf, wie statt der Krebsneigung vielmehr Verhaltens- und Ernährungsweisen vererbt werden, die schließlich zu Krebs führen können.

Robert Gramling, Professor für Familienmedizin am medizinischen Zentrum der Universität von Rochester (URMC) und Autor einer in der Fachzeitung *Breast Cancer Research* veröffentlichten Studie,[24] erforschte, dass unabhängig davon, ob Frauen eine Familiengeschichte mit Brustkrebs vorweisen oder nicht, gesunde Ernährung, ausreichend Bewegung und die Vermeidung übermäßigen Alkoholkonsums ihr Risiko, an Brustkrebs zu erkranken, beträchtlich senken könne. Das Brustkrebsrisiko kann also reduziert werden – unabhängig von den Genen –, denn Professor Gramling zufolge ist es nicht so, dass Frauen ein und derselben Familie ein und dasselbe Brustkrebsgen besitzen, sondern eher so, dass Frauen ein und derselben Familie die gleichen Brustkrebs verursachenden ungesunden Verhaltensweisen pflegen und diese immer und immer wieder an nachfolgende Generationen weitergeben.

Mangels fehlender Philosophie und mangelndem Interesse am Wesen von Krankheitsbildern ignoriert die Schulmedizin die Möglichkeiten, die sich durch die Epigenetik bieten. Dabei wäre es so viel klüger, sich vor etwas freiwillig zu beugen und eine heilsame Veränderung anzusteuern. Statt auf echte Vorbeugung setzt die Schulmedizin folglich in einer Art nicht ungefährlichen Etikettenschwindels auf Früherkennung. Gefährlich wird das bei unserem Beispiel Brustkrebs, weil Frauen durch solch vorsätzliche Verwechslung von Vorbeugung und Früherkennung mittels sogenannter Präventionsmethoden wie der routinemäßigen Mammografie zustimmen und sich sogar aus Angst zu – in meinen Augen – unverantwortlichen verstümmelnden Operationen überreden lassen. Allerdings nur von Medizinern, Ärzte würden sich solcher Übergriffe nicht schuldig machen und auf echte Vorbeugung setzen.

Auch Angelina Jolie war verständlicherweise verängstigt, weil ihre Mutter mit 51 Jahren starb und wie auch Jolies Großmutter und Tante an Brust- und Eierstockkrebs litt. Ihr wurde zum Gentest geraten. Das Ergebnis war BRCA1 und -2 positiv. Das erhöht die Wahrscheinlichkeit, an Brustkrebs zu erkranken, wenn auch längst nicht so dramatisch wie oft behauptet. So folgte sie dem Rat der Mediziner zu beidseitiger Brustamputation und später auch Eierstockentfernung.

Was hätte eine zur Vorbeugung befähigte Ärztin Angelina Jolie raten können, statt sich derart verstümmeln zu lassen? Mutige, offensive Selbstverwirklichung ohne Ausreden und faule Kompromisse in Bezug auf Partnerschaft und Mutterschaft sowie eine Umstellung der Ernährung auf ketogene basische Kost im Sinne von *Peace Food Keto-Kur*. All das wäre für Angelina Jolie sicher ein Heimspiel gewesen, lebte sie doch bereits mit Brad Pitt eine offene Liebesbeziehung und ging in ihrer Mutterrolle bei eigenen und adoptierten Kindern auf.

Wer dieses gynäkologische Elend mit Distanz betrachtet, fragt sich, warum die Schulmedizin dann nicht weiter operiert, um »ganz sicher zu gehen« und alles wegschneidet, bis am Ende ein Gehirn in Nährlösung übrig bleibt, mit Angst vor Gehirntumoren? Diese Angst ist zum Glück überflüssig, weil sich solche Übergriffe – schon gar in diesem Ausmaß – bisher nur Gynäkologen leisten. So bereitwillig werden offenbar nur Organe geopfert, die bei Männern nicht vorkommen. Und das empfinde ich als ungeheuerlichen Skandal in der Schulmedizin.

Die grundsätzliche Lösung wäre, den Etikettenschwindel bezüglich Prophylaxe, Prävention, Vorsorge und Vorbeugung zu durchschauen und aufzugeben und wieder ehrlich zwischen Früherkennung und Vorbeugung zu unterscheiden. Früherkennung ist, wenn sie nicht übertrieben wird, durchaus besser als Späterkennung, nur mit wirklicher Vorbeugung hat sie grundsätzlich nichts zu tun.

Vorsorge und Früherkennung am Beispiel Mammografie

Wie schon mehrfach beklagt, geht es über Jahrzehnte nicht recht vorwärts in der Schulmedizin bezüglich Krebs, da von Beginn an ihre Vorsorge keine ist und diesen Namen nicht verdient, was in der Öffentlichkeit noch zu wenig bekannt ist. Nun gibt es Studien, die zum Beispiel beim Thema Brustkrebs längst ein Umdenken erfordert hätten, aber eben kaum Beachtung fanden. In ihrem Buch *Das Medizinkartell* zitieren die Autoren schon vor langer Zeit eine Studie bezüglich der Prophylaxe an 2000 brustkrebsgefährdeten Frauen, die über zwölf Jahre untersucht und beobachtet wurden.[25] In einer Gruppe wurde zweimal pro Jahr mammografiert, in der anderen manuell untersucht. Das Ergebnis: Möglicherweise wurde einer Frau das Leben durch Früherkennung gerettet, sicher bekamen vier Frauen durch die vielen Mammografien Brustkrebs. Danach hätte eigentlich Schluss sein müssen mit dem straßenweisen Einladen von Frauen zu dieser wegen der verwendeten weichen Strahlung gefährlichen Früherkennungsmethode, die eher auf eine Arbeitsbeschaffungsmaßnahme für Mediziner und ein Amortisationsprogramm ihrer Geräte hinausläuft. Die zitierten Ergebnisse sind zugegebenermaßen alt, aber es häufen sich auch immer mehr neue Daten, und Chirurgen geben zu, dass Mammografie überholt und gefährlich für Frauen ist.[26]

In einer Zusammenschau von acht Studien mit mehr als 600 000 Teilnehmerinnen im Alter von 39 bis 74 Jahren, die sich der Prozedur routinemäßig unterzogen, zeigte sich, wie unglaublich viele Frauen bei der Mammografie fehldiagnostiziert wurden.[27] Viele werden in der Konsequenz mit Chemotherapie be- und in Wirklichkeit misshandelt. Wenn sie daran starben, wurde das in Kauf genommen; wenn sie es überlebten, gingen sie in die schulmedizinische Erfolgsstatistik ein. Jedenfalls kam die Zusammenschau der acht Studien zu dem Ergebnis, dass Mammografien mehr schaden als nutzen, weil mehr Frauen fehldiagnostiziert und fehlbehandelt werden, als dadurch wirklich tödlicher Brustkrebs verhindert wird. Ginge man davon aus, so die Review-Autoren, das Screening reduziere die Brustkrebssterblichkeit um 15 Prozent und Überdiagnosen und Überbehandlung lägen bei 30 Prozent, würde es bedeuten, dass von jeweils 2000 Frauen, die über zehn Jahre zum Screening eingeladen werden, bei einer Frau die Eskalation von Brustkrebs und ihr möglicher Tod verhindert wird. Aber zehn gesunde Frauen, die ohne das Screening niemals fehldiagnostiziert worden wären, werden unnötigerweise behandelt. Die Forscher kamen daraufhin zu dem Urteil, dass Mammografien veraltet seien und in die Geschichtsbücher der Medizin in die Abteilung Fehlbehandlungen gehörten.

Ein Jahr nach dieser Zusammenschau kommt eine zweite Studie, im *The New England Journal of Medicine* (NEJM) publiziert, zum selben Schluss. Ein Team von Medizinspezialisten – ein Medizinethiker, ein klinischer Epidemiologe, ein Pharmakologe, ein Krebschirurg, ein Pflegewissenschaftler, ein Jurist und ein Gesundheitsökonom – erklärte, dass die These, Mammografien seien sinnvoll, unhaltbar sei. Die Studie ergab, dass pro 1000 der über 50-jährigen in den USA über zehn Jahre mammografierten Frauen ein Brustkrebstod verhindert würde, während eine schockierende Zahl von 490 bis 670 Frauen eine falsche Diagnose erhielten, wobei 70 bis 100 eine überflüssige Biopsie bekämen. Es stellte sich heraus, dass zwischen 3 und 14 dieser Frauen mit einem Krebs diagnostiziert würden, der gar nicht bösartig war, sondern so harmlos, dass er ohne das Screening nie bemerkt worden wäre.

Eine Studie aus der Schweiz fand gemeinsam mit der *Canadian National Breast Screening Study* von 2014, dass Brustkrebs-Screening die Krebssterblichkeit nicht besser reduziere als eine einfache körperliche Untersuchung. Mit anderen Worten, die sogenannte »Vorsorge« erwies sich als komplett überflüssig und in vielen Fällen extrem verletzend.

Und so geht es weiter: Eine Studie aus Norwegen bestätigt die Ergebnisse jener früheren Untersuchungen. Die Daten aus den USA für die letzten 40 Jahre zeigen, dass mehr Frauen über- und fehldiagnostiziert als erfolgreich frühdiagnostiziert werden, sodass frühe Behandlungen etwa Metastasierung verhindern könnten. Das ist ein so miserables Ergebnis, dass man sich fragt, warum Mammografien weiter durchgeführt werden, wenn sie so offensichtlich nicht funktionieren. Und die Allgemeinärztin Dr. Sarah Mybill sagt in dem Dokumentarfilm *The Promise:* »Ich glaube, wenn du einen Tumor hast, ist es das Letzte, was du tun würdest, diesen Tumor zwischen zwei Platten zu zerquetschen, denn das würde ihn verbreiten.«[28]

Trotzdem ändert sich nichts daran, dass die Öffentlichkeit in dem Wahn gehalten wird, Mammografien seien die einzig sichere Methode der Brustkrebsvorsorge. Dabei dürfte jedem denkenden Menschen klar sein, dass sie keinerlei Vorbeugungscharakter haben, sondern Früherkennung sind, die wegen ihrer Strahlenbelastung Brustkrebs sogar eher auslösen als verhindern kann.

Auch wenn man bedenkt, dass Volker Zahn, damals Professor an der TU München und Gynäkologie-Chefarzt von Straubing, zusammen mit meiner ersten Frau Margit und mir diesen Irrweg schon vor über 20 Jahren in dem gemeinsamen und weitverbreiteten Buch *Frauen-Heil-Kunde* beschrieben hat, fragt man sich, wie es möglich ist, diese Art von gefährlicher Fehlbehandlung bis heute durchzuhalten. Die Antwort ist immer die gleiche. In unserem System gilt schon längst: Geld vor Gesundheit! Das nicht selten Patienten und Gesundheit verachtende Komplott aus Pharmaindustrie und Schulmedizin schließt auch die Medizingeräteindustrie ein. Damals wurden wir für diese und ähnliche Äußerungen nicht nur kritisiert, sondern regelrecht beschimpft und diskriminiert. Heute ist die Wissenschaft mit den erwähnten Studien auf unserer Seite, und das Elend geht trotzdem weiter. Hier werden Mediziner zu furchtbaren Gehilfen einer rücksichtslos geldorientierten und frauenverachtenden Industrie.

Entgleister Stoffwechsel

Die meiner Meinung nach logischste und wissenschaftlich gut belegte Begründung zur Krebsentstehung stammt von dem Genetiker und Biochemiker Thomas Seyfried, Professor am Boston College.[29] All meine bisherigen guten Erfahrungen mit Fasten und Ernährungsumstellung beim Krankheitsbild Krebs kann der Ansatz von Thomas Seyfried als einziger wissenschaftlich fundiert erklären. In knapper Form lautet das Resultat seiner langjährigen Grundlagenforschungen: Krebs ist eine Stoffwechselkrankheit und deshalb nur über die Beeinflussung des Stoffwechsels zu heilen, wobei eine kohlenhydratarme, also ketogene Ernährung die Schlüsselrolle spielt.

Wie schon erwähnt neigt nach den Erkenntnissen der Epidemiologie die Hälfte der Bevölkerung in der westlichen Welt zur Entwicklung von Krebswachstum, und 50 Prozent der Bevölkerung westlicher Industrienationen sind auf dem Weg zum metabolischen Syndrom – einer Stoffwechselentgleisung mit gefährlichen Auswirkungen wie Übergewicht und Bluthochdruck bis zu Diabetes, Herzinfarkt und Schlaganfall. Es könnte sich tatsächlich um dieselbe oder doch sehr ähnliche Hälfte handeln, denn Patienten mit metabolischem Syndrom leiden und sterben jedenfalls auch deutlich eher an Krebs. Darüber hinaus ist das metabolische Syndrom Vorstufe von chronischen Entzündungen und allen möglichen Allergien, Autoimmunproblemen wie Rheuma sowie von neurodegenerativen Erkrankungen wie Alzheimer-Demenz oder Parkinson.

Geschuldet ist es der enormen Zunahme des Verzehrs an raffinierten Kohlenhydraten wie Zucker und Weißmehl, industriell produzierten Säften und Softdrinks und insgesamt einer Flut von Fertigprodukten. Der Mediziner und Molekularbiologe Richard Béliveau, der die engen Zusammenhänge zwischen Ernährung und Krebs mehr als drei Jahrzehnte erforscht hat, antwortet denn auch auf die Frage, ob er eine Ernährungsweise nennen könne, die die Krebsentwicklung maximal begünstige: unsere gegenwärtige.[30]

Erster Hinweis auf die Entwicklung des metabolischen Syndroms ist die Zunahme des viszeralen Fettes (Eingeweidefett) im Innern des Bauchraumes. Dieses innere Bauchfettgewebe funktioniert wie eine Hormondrüse und produziert Zytokine, die überall im Körper Entzündungen fördern. Medizinisch lässt sich nach einiger Zeit erhöhter Blutdruck messen, und bei den Blutfettwerten steigen Triglyceride und LDL-Cholesterin, während HDL-Cholesterin sinkt. Anschließend steigt der Blutzucker auf dauerhaft erhöhte Werte, und es entwickelt sich die berüchtigte Insulinresistenz. Nun bleibt der Insulinspiegel dauernd erhöht und regt nachweislich Krebswachstum an. David Servan-Schreiber (*Das Antikrebs-Buch*) spricht vom »Wachstumsbeschleuniger für Tumore«. In einer Studie an 100 000 Frauen in der Menopause hatten diejenigen mit dauerhaft erhöhtem Insulin ein doppelt so hohes Brustkrebsrisiko. Aber auch die Entwicklung von Übergewicht und weiterem Wachstum des Bauches wird gefördert. Die chronischen Entzündungen, Servan-Schreiber nennt sie »Dünger« für Krebs, verschlechtern obendrein die Aussichten.

Professor Seyfried kam diesem eindeutigen Zusammenhang von Stoffwechsel und Ernährung durch Forschungen zur Epilepsie auf die Spur. Bei Studien an speziell dafür gezüchteten Mäusen fiel ihm auf, wie bei kohlenhydratarmer (ketogener) Kost als einziger Behandlungsform zugleich auch die Gehirntumore seiner Mäuse verschwanden. Auf Grundlage weiterer Forschungen zog er, der Genetiker, den Schluss, Krebs sei nicht durch genetische Mutationen verursacht, sondern als eine Erkrankung der Mitochondrien zu begreifen. Als Therapie sei deshalb eine ketogene Diät angezeigt.

Mit über 1700 Studien belegt er seine revolutionären Thesen in für mich beeindruckender Weise und erklärt nebenbei vieles, das bisher unklar und nicht einzuordnen war. Da sein hoch spezialisiertes Fachbuch so wichtige Informationen enthält, es aber für Laien schwer lesbar ist, möchte ich hier auf entscheidende Aussagen ausführlicher eingehen.

Bisher gelang es Seyfrieds wissenschaftlichen Kollegen nicht, seine bemerkenswerten Aussagen zu widerlegen, obwohl er ausdrücklich dazu einlädt. Stattdessen gab es größten Widerstand seitens der Mehrheit der Krebsforscher, die darauf fixiert ist, Genmutationen als Krebsursache zu sehen. Die gängige Theorie lautet, gesunde Zellen werden durch Chemikalien oder Strahlung in bösartige verwandelt, indem ihre Gene auf den Chromosomen im Zellkern verändert werden. Anschließend bringen diese Zellen das Drama Krebs zur Aufführung.

Jedoch sind nach Seyfried die Unterschiede zwischen gesunden und Krebszellen viel gravierender. Letztere ignorieren alle Signale, die Zellwachstum bei Kontakt stoppen, und schalten die Apoptose ab, den Zellselbstmord bei Beschädigungen. Seyfried zufolge sind sie kleiner, formloser, verschmelzen manchmal mit benachbarten Zellen und bilden ansonsten unbekannte Hybride. Vor allem aber fänden sich in Krebszellen oft Tausende von Mutationen, in gesunden Zellen trete dagegen kaum eine einzige auf. Gesunde Zellen halten offensichtlich ihre DNS in Ordnung. Die von Krebszellen sei dagegen instabil und ständigen Änderungen unterworfen. Das erkläre die vielen Genmutationen, die andere Wissenschaftler verleiteten, diese als Grund für die Krebsentstehung zu sehen.

Tumorzellen seien auch nicht robuster, sondern genau genommen sogar empfindlicher als gesunde Zellen, weswegen Chemo- und Strahlentherapie überhaupt wirken könnten. So reagierten Tumorzellen auch empfindlicher auf Hitze und Aushungern als gesunde Zellen. Dafür sprechen die Erfahrungen mit Hyperthermie, mit Fasten und pflanzlich-vollwertiger ketogener Kost.

Neben vielen anderen seiner Belege erscheint mir Seyfrieds Transplantationsexperiment in seiner Argumentationskette besonders schlüssig und überzeugend: Wird die mutierte Zellkern-DNS einer Krebszelle auf eine gesunde Zelle übertragen, entwickelt sich diese nur selten zu einer Krebszelle. Lediglich in zwei von 24 Experimenten ließ sich das Krebsgeschehen mit dem Zellkern als Träger der DNS übertragen. Bringt man aber das Zytoplasma einer Krebszelle mit den darin enthaltenen Mitochondrien in eine gesunde Zelle ein und injiziert diese hybridisierten Zellen in Testtiere, entwickelt sich bei den Tieren zu 97 Prozent der entsprechende Krebs.

Ein weiterer Versuch unterstreicht Seyfrieds Theorien: Wird gesundes Zytoplasma mit gesunden Mitochondrien in eine Krebszelle gespritzt, deren Kern-DNS schon mutiert ist, verhält sich diese Zelle zunehmend weniger als Krebszelle. Wird jedoch das gesunde Zytoplasma vor der Injektion in die Krebszelle wie bei einer Strahlentherapie behandelt, verliert sich dieser krebshemmende Effekt. Der Grund liegt offenbar in der Schädigung der Mitochondrien durch die Bestrahlung.

In seinem Buch sieht Seyfried die Zellkraftwerke der Mitochondrien in der Verursacherrolle, deshalb lautet seine These: Wenn die Mitochondrien in ihrer Funktion massiv gestört sind, kommt es zu Krebswachstum. Bekanntlich produzieren Mitochondrien bei intaktem Stoffwechsel über 90 Prozent der Energie des Körpers in Form von ATP (Adenosintriphosphat). Wahrscheinlich ursprünglich von Protobakterien abstammend finden sie sich in fast allen Körperzellen, außer in roten Blutkörperchen. Auf ihrer inneren gefalteten Membran liegen hoch spezialisierte Enzyme, die letztlich aus der von uns aufgenommenen Nahrung Energie gewinnen. Das geschieht in einer Art umgekehrter Photosynthese, in der sie von Kohlenhydraten und Fetten Wasserstoffatome mit überschüssigen Elektronen abspalten und das frei werdende Elektron stufenweise in ein energieärmeres umwandeln. So lassen sich 32 energiereiche Phosphate (ATP-Moleküle) herstellen. Da hierfür, neben dem Kohlenhydrat- oder Fettmolekül, Sauerstoff notwendig ist, nennt sich das Ganze oxidative Phosphorylierung oder eben Zellatmung. Die so erzeugten energiereichen ATP-Moleküle können eine Phosphorgruppe »abgeben« und dabei ein Elektron freisetzen. Das macht sie zu einer Art winzig kleiner chemischer Batterie. Dieser Prozess ist komplex und erfordert optimale Zusammenarbeit, wie sie gesunden Zellen möglich ist. Krebszellen aber können auf diese entwickelte Art und Weise keine Energie mehr erzeugen.

Während gesunde Zellen Kohlenhydrate mithilfe sogenannter Glykolyse und sauerstoffbasierter Zellatmung zu Energie (ATP), Wasser und Kohlendioxid abbauen, schaffen Krebszellen nur noch den ersten Teil dieses Prozesses, die Glykolyse. Da diese keinen

Sauerstoff braucht und nicht einmal verträgt, sprechen wir auch von Fermentation oder Gärung. Damit schalten Krebszellen in denselben primitiven Energiestoffwechsel wie Hefepilze, etwa Candida albicans. Bei ihrer Fermentation können sie nur Glukose (aus Zuckern und Kohlenhydraten) und unter bestimmten Bedingungen die Aminosäure Glutamin verstoffwechseln. Fette lassen sich nicht über Fermentation in Energie umwandeln, was ihnen ihre besondere Rolle in der ketogenen Ernährung verschafft.

Krebszellen haben die Gemeinsamkeit, nur noch über Glykolyse zu Energie zu kommen, aufgrund eines Mitochondriendefektes, der nicht mehr aus eigener Kraft reparierbar ist. Sie sind deshalb zum Überleben auf ständige Versorgung mit Glukose angewiesen. Einerseits können sie Sauerstoff nicht nutzen, andererseits wird er ihnen sogar zum Feind, weshalb sie hypoxische (sauerstoffarme) Bereiche innerhalb der Tumore schaffen, in denen sie die Sauerstoffkonzentration niedrig halten. Die Umstellung der Zellen auf Fermentation trotz ausreichender Sauerstoffversorgung wird nach ihrem Entdecker Warburg-Effekt genannt. Da Otto Warburgs Forschungen aus den vermuteten Gründen nie wieder aufgegriffen wurden, kennen wir die Defekte in den Mitochondrien, die zu ihrem »Abschalten« führen, bis heute nicht genau. Immerhin wissen wir, dass Mitochondrien das Apoptose-(Selbstmord-)Programm starten, das zum Tod beschädigter Zellen führt und beim Krebs mit den Mitochondrien außer Kraft gesetzt ist.

Mitochondrien werden in ihrer Funktion eingeschränkt, wenn ihre ringförmige DNS beschädigt wird. Dabei wirken nach Seyfried alle kanzerogenen Faktoren, die für die Kern-DNS diskutiert werden, sich jedenfalls auch auf die Mitochondrien-DNS aus – angefangen bei radioaktiver Strahlung bis zu krebserregenden Chemikalien. Obendrein wird die Mitochondrien-DNS durch Viren und chronische Entzündungen geschädigt. Interessant und

Seyfrieds These untermauernd ist, dass viele der gefürchteten Krebsgene (Onkogene) für die Herstellung von Mitochondrien-Eiweißstrukturen zuständig sind, etwa das Brustkrebsgen BRCA1 oder das Darmkrebsgen APC. Ebenfalls passt dazu, dass Viren, die mit Tumorentwicklung in Verbindung gebracht werden – unter anderem Humane Papillomaviren (HPV), Humanes Immundefizienz-Virus (HIV), Kaposi-Sarkom-Virus und das Cytomegalie-Virus –, vor allem die Zellatmung stören und folglich die Mitochondrien.

In Krebszellen ist die Zahl der Mitochondrien deutlich geringer als in gesunden Zellen, außerdem zeigen sie Verformungen. Ihre innere Membran, normalerweise Ort der Atmungskette, ist glatt statt gefaltet. Zellatmungsenzyme wie Cytochrom-c-Oxidase und ATPase zeigen stark reduzierte Tätigkeit, außerdem gibt es in Mitochondrien der Krebszellen viel weniger ringförmige DNS, und auch Cardiolipin, ein wichtiges Fett in gesunden Mitochondrien, ist stark reduziert. Besonders verdächtig macht sie eine »Entkopplung« der für die Elektronen-Transportkette benötigten Eiweißkomplexe. Konkret konnte bei einem Grimm- und Mastdarm betreffenden Tumor (kolorektales Karzinom) eine um 70 Prozent reduzierte Zellatmung nachgewiesen werden.

Auch zum Mechanismus, wie Krebszellen von Atmung auf Gärung beziehungsweise Fermentation umschalten, hat Seyfried eine überzeugende These: Aufgrund einer sogenannten Stressrückkopplung in den Mitochondrien werde die Umstellung der Zelle auf Fermentation gefördert.

Wie aber kommt ein Mitochondrium auf solch einen Wahnsinn? Zur Erklärung greift Seyfried weit zurück auf die Entwicklungsgeschichte des Lebens. Vor Milliarden von Jahren gab es in der Erdatmosphäre kaum Sauerstoff und keine Pflanzen. Existierende Mikroorganismen nutzten allesamt Fermentation zur Energiegewinnung. Ihre Vermehrung geschah ungesteuert und so rasch wie eben möglich. Die ersten Mitochondrien traten vor etwa 1,5 Milliarden Jahren auf, als die Sauerstoffkonzentration in der Atmosphäre stieg. Je nach Sauerstoffangebot war damals ein Umschalten zwischen Fermentation und Atmung möglich und sinnvoll. Diese in der Frühzeit notwendige Anpassung an Mangelsituationen hinterließ ein Programm in den Mitochondrien, das es ihnen bis heute ermöglicht, bei Sauerstoffmangel oder anderen unerträglichen Belastungen den Zellstoffwechsel auf Fermentation zurückzufahren. Es handelt sich also um einen uralten Überlebensmechanismus, der heutzutage offensichtlich wieder öfter eingeschaltet wird – oder aufgrund des abträglichen modernen Lebensstils notgedrungen aktiviert wird.

Das Auftreten von Mitochondrien ermöglichte erstmals Zellstrukturen mit enormem Energiebedarf. Mit ihrer Hilfe ließen sich Organe und komplexe Organismen verwirklichen. Komplexität und Ordnung stehen dem natürlichen Zerfall entgegen und funktionieren nur mit permanenter Energiezufuhr. Fehlt die Energiezufuhr, lässt sich die Ordnung in den Zellstrukturen nicht mehr aufrechterhalten, und es kommt zur Regression. Die Mitochondrien im Zellplasma erinnern sich an ihre primitive pilzähnliche Herkunft, koppeln sich aus ihrem vorgesehenen hochentwickelten Funktionsplan aus, und auf primitive Ebenen regredierender Krebs entsteht.

Auf uralte Mechanismen zurückgreifende Krebszellen sind nun auf andauernde Versorgung mit Glukose angewiesen und müssen Sauerstoff fürchten. Entzieht man ihnen die Glukose, kommen sie unter enormen Druck und werden superempfindlich zum Beispiel auf Sauerstoff – eine sehr überzeugende Erklärung für die von mir beobachteten Besserungen durch die ketogene (Glukosemangel-) Kost und die Sauerstoffüberschwemmung beim Verbundenen Atem, aber auch durch andere Atem- und Sauerstofftherapien.

Zusätzlich zum Rückfall auf Gärung werden konkret krebsfördernde Stoffwechselprozesse in Gang gesetzt. Die Aktivierung der

Fermentationsgene bremst etwa andere Gene, die für die Aktivierung sauerstoffbasierter Energiegewinnung nötig sind. Diese gebremsten Gene sorgen aber normalerweise auch für Stoffe, die als Tumorsuppressor-Gene bekannt sind. So bremst die Fermentationsumschaltung in der Zelle die Reparaturfunktionen an ihrer DNS aus. Bei Tumorzellen können sich die Mitochondrien nicht mehr durch Verschmelzung und DNS-Austausch selbst reparieren und regenerieren. Die mitochondriale Rückkopplung wird so zum bedrohlichen Dauerzustand.

Zusammengefasst ist nach Seyfrieds Erkenntnissen Krebs also nicht durch genetische Mutationen im Zellkern verursacht, sondern eine Erkrankung der Zellkraftwerke der Mitochondrien auf dem Boden des metabolischen Syndroms. Durch die übersäuernde Verzuckerung aufgrund moderner Ernährung, mangelnder Bewegung und dem dadurch entstehenden Sauerstoffmangel in den Geweben regredieren diese auf die uralte, primitive Energiegewinnungsmethode, die das Überleben sicherte, als Sauerstoff noch knapp war. Insofern ist Krebs mit ketogener Diät erfolgreich zu behandeln. Nach meinen Erfahrungen, und wiederum abgesichert durch Studien, sollte die von Seyfried empfohlene kohlenhydratarme Kost obendrein basisch sein. Sie darf kein Eiweiß aus tierischer Quelle enthalten, was sich mit der strengen Variante der *Peace Food Keto-Kur* (Literaturverzeichnis) leicht und sogar geschmackvoll erreichen lässt. Außerdem würde ich obendrein Entsäuerung mittels Basenpulver in säurefesten Kapseln empfehlen.

Noch ein Hinweis: Heute wird in manchen Medien kritisiert, ketogene Diäten seien zu eiweißreich und fetthaltig und daher als insgesamt ungesund zu werten. Das ist richtig, gilt aber eben nicht für pflanzlich-vollwertige ketogene Kost im Sinne der *Peace Food Keto-Kur*. Im Gegensatz zu tierischen Eiweißen wie Kasein fördern pflanzliche Eiweiße keineswegs Krebs. Die hier empfohlene ketogene Krebsdiät führt außerdem zu niedrigeren Insulinwerten, was wichtig ist, denn mit seiner den Wachstumshormonen ähnlichen Wirkung stimuliert Insulin auch das Wachstum von Tumorzellen. Wir sollten also in der Diskussion genau differenzieren, was mit Keto-Kur gemeint ist.

Außerdem sind hinsichtlich der Minimierung der Zufuhr von Kohlenhydraten die glutenfreien Low-Carb-Vorschläge etwa von US-Neurologen David Perlmutter (*Dumm wie Brot*) nur dann hilfreich für ein gesünderes und längeres Leben und erst recht bei Krebs, wenn sie mit denen etwa von T. Colin Campbell (*China Study*) kombiniert werden. Das wäre für alle KrebspatientInnen das Optimum und ist mit der *Peace Food Keto-Kur* auch leicht und schmackhaft durchführbar. Eine Entscheidung zwischen Low-Carb mit Tierprotein (Perlmutter) und High-Carb ohne Tierprotein (Campbell) ist also gar nicht und schon gar nicht bei Krebs gefordert, denn es lässt sich natürlich auch Low-Carb ohne Tierprotein wählen. Im Kapitel »Pflanzlich-vollwertige ketogene Kost« ist darüber mehr zu erfahren.

Gut für sich sorgen

Ein wichtiges Anliegen dieses Buches ist es, von Krebs Betroffene auf heilsame Ideen zu bringen – und das schließt sowohl PatientInnen als auch die behandelnden Ärzte ein. Wichtig ist natürlich die körperliche Seite; entscheidend bleibt jedoch, die Einheit von Körper, Geist und Seele anzuerkennen und auf dieser Basis ganz praktische Möglichkeiten zu nutzen.

Tierisches Eiweiß meiden

Vegetarisch und vegan lebende Menschen haben nach Claus Leitzmann, ehemaligem Leiter des Instituts für Ernährungswissenschaft in Gießen und Träger des Zabelpreises für Krebsprävention, gegenüber der Allgemeinbevölkerung ein deutlich geringeres Risiko, an Krebs zu erkranken und daran auch zu sterben.[31] Vorteile würden sich vor allem bei Dickdarm- und Lungenkrebs, in geringerem Maß auch bei Magen-, Brust- und Prostatakrebs ergeben. Besonders bei männlichen Vegetariern sei die Krebshäufigkeit und -sterblichkeit geringer als bei nicht vegetarisch lebenden Männern. Und ausgerechnet Männer tun sich mit dem Umstieg auf fleischlose Kost nach meinen Erfahrungen so viel schwerer.

Der Verzehr speziell von rotem Fleisch erhöht mit der Menge das Risiko für Dickdarm- und Mastdarmkrebs. Pro 100 g rotem

Fleisch pro Tag steigt das rechnerische Krebsrisiko, vor allem für Dickdarmkrebs, um etwa 20 Prozent, pro 100 g Fleischprodukten wie Wurst pro Tag zwischen 30 und 200 Prozent.[32] Tumoren der Speiseröhre, Lunge und Gebärmutterschleimhaut treten bei dieser Kost wahrscheinlich ebenfalls häufiger auf. Konsum von haltbar gemachten, weiterverarbeiteten Fleischprodukten wie Wurst oder Leberkäse, Rauchfleisch, Corned Beef (geräuchert, gepökelt, gesalzen, chemisch konserviert) erhöht generell das Dickdarmkrebsrisiko und vermutlich auch das Risiko für Speiseröhren-, Lungen-, Magen- und Prostatakrebs.

Durch eine vegetarisch-vegane Ernährung könne das Krebsrisiko zwar nicht ausgeschlossen, aber entscheidend reduziert werden, lautet das Fazit von Claus Leitzmann. Sein früherer Mitarbeiter und späterer Nachfolger Markus Keller fasst zusammen: Erstens, vegetarisch-vegan lebende Menschen haben ein niedrigeres Krebsrisiko als die Allgemeinbevölkerung. Zweitens, ein hoher Verzehr pflanzlicher Lebensmittel senkt das Risiko, an Krebs zu erkranken. Drittens, niedriges Körpergewicht, geringe Gesamtfettaufnahme, das Meiden von Tabakrauch und ein verringerter Alkoholkonsum tragen ebenfalls zur Krebsvorsorge bei.

Und mehr noch: Der negative oder positive Einfluss der Ernährung beginnt bereits beim Embryo im Mutterleib. US-Krebsforscherin Sonia de Assis der Universität Georgetown prüfte an Laborratten, wie es um das Brustkrebsrisiko der Rattentöchter stand, wenn sie die Mütter mit tierischem Fett mästete. Es stieg um mehr als 50 Prozent und war sogar noch bei den Enkelinnen erhöht, obwohl diese ganz normal gefressen hatten. Offensichtlich hatten die mit Tierfett gemästeten Ratten das erhöhte Krebsrisiko über zwei Generationen vererbt.[33]

Verhalten und Umwelteinflüsse wirken sich also über Generationen im Erbgut aus. Die Epigenetik ist eine Quelle großer Hoffnung bei Krebs, erhöht zugleich die (Eigen-)Verantwortung sich selbst, aber auch den eigenen Kindern und Kindeskindern gegenüber beträchtlich.

Entzündungsherde beseitigen

Grundsätzlich geht es bei der Vorbeugung und Behandlung von Krebs darum, die Entzündungsneigung im ganzen Organismus zu senken. Dabei spielt neben der Ernährung auch gründliche Zahn- und Mundpflege eine Rolle. Der bis heute umstrittene, obwohl juristisch und medizinisch längst rehabilitierte deutsche Krebsarzt Josef Issels betonte bereits die Wichtigkeit, Herde zu sanieren, sowohl in und an Zähnen als auch im Blinddarmbereich.

Generell senken sowohl Fasten als auch die Ernährung nach *Peace Food* sowie die *Peace Food Keto-Kur* den CRP-Wert, den Entzündungsmarker des Körpers.

Hier wäre auch noch besonders an ein stimmiges Verhältnis von Omega-3 zu Omega-6 bei den ungesättigten Fettsäuren zu sorgen und an einen generellen »Ölwechsel« zu denken, wie in *Das Geheimnis der Lebensenergie* (Literaturverzeichnis) beschrieben. Im Gehirn ist dieses Verhältnis 1:1, wie früher wohl generell in allen Körperbereichen. Und schon zur Steinzeit bestand das Gehirn zu 70 Prozent aus Fett, davon zwei Drittel Cholesterin. Heute ist es jedoch aufgrund der Ernährungsverschiebung zu immer mehr Tierprotein, obendrein von Tieren, die kaum noch Gras und Blätter fressen, und der irrtümlichen Verteufelung des Cholesterins bei undifferenziertem Hochjubeln aller hochungesättigten Fettsäuren zu gefährlichen Verschiebungen bis zu 20:1 und darüber zugunsten von Omega-6-Fettsäuren gekommen.

Diese Verschiebungen sind unbedingt auszugleichen, weil sie die Entzündungsneigung fördern, doch für Veganer ergibt sich hier ein Problem, da nur in Leinsamen, Hanf und Walnüssen einiges an Omega-3 enthalten ist und kaum jemand davon genug zu sich nehmen kann. Erschwerend kommt noch hinzu, dass die Umwandlung in die sehr wichtige DHA-Ölsäure sehr gering ist. Ich selbst helfe mir mit dem aus Algen hergestellten Präparat »Take-me-Omega-3-DHA« (www.heilkundeinstitut.at). Ergiebigste Quelle sind Öle von Fischen aus kalten Gewässern, die ich als pflanzlich-vollwertig lebender *Peace Food*-Esser weder zu mir nehme noch, erst recht nicht bei Krebs, empfehle. Aber bei Krebs hier einen Mangel zu tolerieren geht gar nicht. Das wäre ein viel zu großes Risiko.

Sich durch eine Diagnose nicht die Hoffnung rauben lassen

Die Diagnosestellung ist ein heikler Moment. Für einen Menschen, der die Diagnose Krebs bekommt, erscheint diese oft wie ein Todesurteil. Ebenso heikel sind Prognosen, wie viel Zeit dem betreffenden Menschen noch bleibt. Im Gegenteil ist es angesichts der Fülle guter Möglichkeiten ein legitimer Weg und eine der vornehmsten ärztlichen Aufgaben, Hoffnung zu machen oder besser noch zu schenken. Frei von den Nötigungen der Pharmaindustrie und nur den PatientInnen und eigenem Gewissen verpflichtet, ist das für jeden Mediziner obendrein eine Gelegenheit zu Wachstum, Entwicklung und Selbstverwirklichung. Angst machen und Hoffnung nehmen, heute im Grunde leider schulmedizinische Routine, halte ich dagegen für einen Abweg und wirklich schwerwiegenden Kunstfehler.

Was ich unter Hoffnung und als entscheidenden Punkt meiner (Krebs-)Medizin verstehe, mag ein Wort von Václav Havel, dem Schriftsteller, Politiker und ehemaligen tschechischen Staatspräsidenten verdeutlichen: »Hoffnung ist nicht die Überzeugung, dass etwas gut ausgeht, sondern die Gewissheit, dass etwas Sinn hat – egal wie es ausgeht.« In unserem Zusammenhang heißt das: Wenn die Krebsdiagnose die Sinnfrage ins Leben bringt, kommt immer Hoffnung dazu und die Chance, sich und sein Leben besser zu verstehen.

In diesem Zusammenhang ist es bedauerlich, aber für unser Gesundheitssystem bezeichnend, dass es das von Carlyle Hirshberg schon vor Jahrzehnten angemahnte Register für Spontanremissionen bei Krebs noch immer nicht gibt, das für PatientInnen und BehandlerInnen so hilfreich wäre und sich wissenschaftlich gewinnbringend auswerten ließe. Die Autoren Hirshberg und Barasch vermuten, dass die Gründe für dieses Informationsdefizit darin liegen, dass kein Arzt und keine Ärztin ihren Ruf aufs Spiel setzen möchten, indem sie über den Fall einer spontanen Rückbildung einer Krankheit berichten, die ihrer Meinung nach auf einer psychologischen Methode beruht hat. In diesem Verdacht dürfte sich der vorauseilende Gehorsam vieler moderner Wissenschaftler und Mediziner gegenüber ihrem häufigen Hauptsponsor, der Pharmazie, widerspiegeln. Beide Autoren machen sich Gedanken darüber, ob es nicht viel mehr unerwartete Heilungen gibt, als berichtet werden.[34] Persönlich durfte ich jedenfalls viel mehr erleben, als statistisch in gut 40 Jahren zu erwarten gewesen wäre.

Zu den Kollegen der Schulmedizin, die sich mit dieser Thematik tiefer auseinandergesetzt haben, gehörte der Onkologe Walter M. Gallmeier.[35] Er konstatiert, dass Kranke manchmal einfach länger leben würden, als ihre Ärzte ihnen vorausgesagt hätten. Kein Arzt könne Leben oder Sterben wirklich prognostizieren. Daher sollten zeitliche Festlegungen seiner Meinung nach auch nicht ausgesprochen werden. Weiterhin betont er, dass Eigenverantwortung und Eigeninitiative des Kranken sicher eine größere Rolle spielten, als von Medizinern bisher angenommen. Deshalb sei jede

Heilung durch Chemotherapie – und derer gebe es viele – nur möglich, wenn andere »körpereigene Kräfte« wirksam würden. Naturwissenschaftlich begründete Therapie sei daher immer Hilfe zur Selbsthilfe, mal mehr, mal weniger. Gallmeier geht noch weiter und betont das Zusammenwirken beider Seelen, der des Patienten und der des Arztes.

Ein anderer wundervoller Arzt, Larry Dossey, ehemaliger Chefarzt in Dallas und Autor über den schulmedizinischen Tellerrand weit hinausblickender Bücher,[36] betont hinsichtlich jener »unerwarteten Heilungen«, dass diese Fälle eine starke Botschaft an PatientInnen wie auch Ärzte sind: Krebs ist nicht zwangsläufig tödlich, und Hoffnung gibt es immer. Er rät deshalb beiden, Betroffenen und Therapeuten, die eigene Haltung zu überprüfen und Mut zu Fantasie zu haben. Und an die behandelnden Ärzte gerichtet fragt Dossey mit Recht, was denn schlimmer sei: falsche Hoffnungen zu wecken oder übertriebenen Pessimismus zu verbreiten.

Noch zu Beginn des 19. Jahrhunderts formulierte der große Kliniker und Wissenschaftler William Osler in *Aequanimitas* (1914): »Der Glaube an die Götter und Heiligen kuriert den einen, der Glaube an eine kleine Pille den anderen, hypnotische Suggestionen einen dritten, der Glaube an einen ganz gewöhnlichen Arzt den vierten … Der Glaube, mit dem wir arbeiten … hat zwar seine Grenzen, aber er ist uns eine sehr große Hilfe, ohne die wir schlecht dastünden.« Im *British Medical Journal* (1910) erklärte er, keinen Grund zu sehen, die Existenz von Wundern in Abrede zu stellen: »Die Literatur steckt voller Beispiele für ungewöhnliche Heilungen, die durch den Einfluss der Imagination, die nur eine aktive Phase des Glaubens ist, zustande gekommen sind … Phänomenale, ja wundersame Heilungen sind durchaus nicht ungewöhnlich …« Ende des 19. Jahrhunderts wurde diese offene Haltung seltener. Bereits zu dieser Zeit wurde »die patientenspezifische Behandlung durch eine krankheitsspezifische abgelöst«, berichtet Carlyle

Hirshberg in *Gesund werden aus eigener Kraft* und schreibt im Weiteren, dass von nun an jeder Bericht über eine Beziehung zwischen seelischer Verfassung und körperlichen Funktionen als voreingenommen gegolten habe, als subjektiv und nicht quantifizierbar, somit als unwissenschaftlich. Sie fand heraus, wie Berichte über Spontanremissionen willkürlich manipuliert wurden, indem die wichtigsten Langzeitheilungen einfach unterschlagen wurden, weil sie solche »statistischen Ausreißer« darstellten – und wohl auch das herrschende materialistisch verengte Weltbild infrage stellten.

Was das im Hinblick auf Krebs bedeutet, möchte ich hier ausführlich schildern, um PatientInnen zu ermöglichen, solches (Fehl-)Verhalten noch rechtzeitig zu erkennen und sich davon zu befreien und zu lösen. KollegInnen möchte ich animieren, sich zu fragen, was das mit ihrem eigenen (Berufs-)Leben macht, wie es sich letztlich in der Tiefe ihrer Seele anfühlt. Je früher wir uns solche Missstände bewusst machen und solche Sackgassen von vornherein meiden oder eben wieder verlassen, desto besser für alle.

Ärzte sollten bei der Übermittlung der Diagnose bedenken: Was für einen Krebspatienten ein einmaliger existenzbedrohender Moment ist, oft der erschütterndste ihres Lebens, ist für den Mediziner notgedrungen sehr geläufig, schlimmstenfalls sogar Routine. Diese Diskrepanz ist ebenso gefährlich wie oft beinahe unvermeidbar. Wer sehr häufig mit ein und demselben Geschehen konfrontiert ist, entwickelt – ob er will oder nicht – Routine. Das Phänomen kennt jeder. Eigentlich müsste man bei jeder Nachrichtensendung mehrfach in Tränen der Trauer und des Mitgefühls ausbrechen. In Wirklichkeit tut das niemand, weil wir gelernt haben, routiniert Betroffenheit auszublenden, etwa zum Selbstschutz. Ähnlich kann es Ärzten ergehen, die sehr oft mit Krebspatienten zu tun haben. In routinierter Pose agieren sie vor einem erkrankten Menschen dann als jene sprichwörtlichen Götter in Weiß und verkünden gedankenlos Urteile über Leben und Tod in Form von Diagnosen. Damit pfuschen sie den Schicksalsgöttinnen, den Moiren bei den Griechen, Parzen der Römer und Nornen der Germanen, direkt ins Handwerk. Den Göttinnen oblag es, den Lebensfaden zu spinnen, zu bemessen und schließlich wieder abzuschneiden, wenn für den Betroffenen die Zeit gekommen beziehungsweise abgelaufen war. Bei uns ist heute der Schicksalsbegriff ziemlich in Vergessenheit geraten. In dieses Vakuum stoßen nun Mediziner vor und maßen sich an, darüber zu urteilen, wer noch wie lange leben darf.

Die ärztliche Prognose bekommt in der besonderen Bedrohungssituation bei Krebs, in der Betroffene vor Angst so offen wie sonst kaum je sind, viel zusätzliche Gewalt über Leben und Tod. Das Phänomen der selbsterfüllenden Prophezeiung (*self-fulfilling prophecy*) spielt hier herein und gewinnt nicht selten furchtbare Macht, weil viele PatientInnen diesen scheinbaren Schicksalssprüchen folgen und tatsächlich innerhalb des vorgesagten Zeitraums sterben. Hier feiert der Nocebo-Effekt, das Gegenteil vom Placebo-Effekt, seine schrecklichsten Triumphe und wird der Schatten moderner Medizin am deutlichsten.

Wenn der Mediziner die Diagnose im Rahmen der geforderten Ehrlichkeit mitteilt und dem Patienten dann seine – laut Statistik – noch verbleibende Lebenserwartung von möglicherweise einem Jahr auf den Kopf zusagt, greift er in einen Prozess ein, den die wenigsten Mediziner verstehen.

Während sie früher dafür gegeißelt wurden, mit der Wahrheit viel zu lange hinterm Berg zu halten, ringen wir nun mit dem Schatten bedingungsloser Wahrheit. Was rein statistisch stimmen mag, stimmt in Wahrheit und beim Einzelnen nie und bekommt für Betroffene eine ganz andere Qualität. Patienten müssen für Mediziner immer Menschen und also Subjekte bleiben und dürfen nie zu Objekten statistischer Spekulation werden. Letzteres ist ebenso unstimmig wie unangemessen und unärztlich. Wer das gefühlsmäßig nicht nachempfinden kann, sollte solche Übergriffe trotzdem unterlassen, da kaum eine(r) wirklich zeitlich punktgenau wie prognostiziert stirbt.

Die Empfänger einer Krebsdiagnose sind im genauen Gegenteil einer Routinesituation. Sie erleben Momente einzigartiger Angst, vielleicht sogar Panik, wenn sie etwa einen Knoten tasten, wo keiner hingehört. Die medizinische Bildung der Bevölkerung ist inzwischen so weit gediehen, dass Krebs für fast alle als (un-)vorstellbare Bedrohung und damit wie ein Damoklesschwert erscheint. Sogleich verbinden sich damit Visionen von elendem Siechtum und Verfall der Kräfte mit Furcht vor unerträglichen Schmerzen und Tod. Aber selbst in dieser Situation verdrängen PatientInnen meist all das und suchen Heil und Hoffnung in täglichen Selbstuntersuchungen. So vergehen oft Wochen und manchmal Monate, bis sie sich das Weiterwachsen des Knotens eingestehen. Abgesehen vom unwiederbringlichen Verlust wertvoller Zeit fördert unfachmännisches Herumdoktern an Knoten nur die Wahrscheinlichkeit der Ausbreitung von Krebszellen.

Wagen die Betroffenen sich endlich zum Hausarzt und haben in banger Stimmung die Warteschleife im Wartezimmer überstanden, hängen sie angstvoll an den Lippen des Arztes. Erfahren sie nichts, lesen sie notgedrungen in seinem Gesicht, seiner Mimik und Haltung. Der Hausarzt wird, sich seiner bedeutungsschwangeren Metakommunikation meist völlig unbewusst, die Entscheidung vertagen (müssen), ohne in der Regel die fast unerträgliche Spannung lösen zu können. »Ich kann noch gar nichts sagen, bevor nicht eine Reihe von Untersuchungen abgeschlossen sind«, so oder ähnlich lauten typische Sätze, die das Leid vertagen und so vergrößern, natürlich ebenso unbewusst wie unabsichtlich. Bei jeder nun folgenden Untersuchung läuft das seelisch hochbrisante Drama in ähnlicher Weise weiter. Aufs äußerste (an-)gespannte PatientInnen versuchen im Gesichtsausdruck von Röntgenassistenten nach ihrem Schicksal zu fahnden, sie bemühen sich, den MTAs im Labor etwas Erhellendes zu entlocken, und selbst wer es schafft, einen der für die Untersuchungen verantwortlichen Fachärzte zu erwischen, wird kaum mehr erfahren. Die Angst vor der Bedrohung hat selbstverständlich eher verstärkende als lindernde Wirkung. Das System fördert sie somit. Mit wieder bedeutungsschwangerer Miene wird darauf verwiesen, die Befunde würden dem Hausarzt zugestellt, der sich dann ein Gesamtbild machen werde und erst danach die endgültige Diagnose stellen könne. Das ist meist nicht wahr, aber die gängige Auskunft.

Selbst wo dieses Prozedere medizinisch sinnvoll ist, sind seine seelischen Konsequenzen verheerend, denn die (An-)Spannung der Betroffenen wächst mit jeder Untersuchung und steigert sich auf dramatische Weise bis zu jenem Moment der Wahrheit, wenn gleichsam die Entscheidung über Leben und Tod fällt. Diese sich steigernde Daueranspannung ist aber das Letzte, was Menschen in dieser Situation brauchen (können), denn sie reduziert – heute psychoneuroimmunologisch bewiesen – ihre Abwehrkraft. Diese aber ist jetzt so entscheidend wichtig für die Auseinandersetzung mit Krebs.

Das Ganze wird aber sogar noch schlimmer, wenn der entscheidende, zugleich herbeigefieberte und doch panisch gefürchtete Moment der Wahrheit naht. Eine neuerliche Warteschleife treibt die Spannung völlig unverantwortlich auf die Spitze. In ihrer physischen Existenz bedrohte Menschen sind einerseits Angstbündel und machen sich so eng wie nur möglich, andererseits sind sie durch die lange Vorbereitungszeit in den Warteschleifen so offen und empfänglich wie selten zuvor. Wer nun vor dem Arzt, vor der Ärztin sitzt, hat nicht selten das Gefühl, sein letztes Stündlein habe geschlagen.

Die meisten MedizinerInnen übersehen dieses Bewusstseinsfeld, das sich in PatientInnen aufbaut und lassen ihren als Diagnose bezeichneten Urteilsspruch recht unbedenklich in diesen wohlbestellten Acker aus (Todes-)Angst und Verzweiflung fallen. Die daraus aufgehende schreckliche Saat ist von unübersehbarer Wirkung durch die Art von Selbsthypnose, der sich die PatientInnen notgedrungen unterzogen haben. Ihr Bewusstsein war seit Wochen und einschließlich der Selbstuntersuchungsphase manchmal seit Monaten auf diesen einen Moment fokussiert. Aus Hypnoseexperimenten wissen wir, wie enorm wirksam solche Bewusstseinsverengungen sind. Noch die unsinnigsten posthypnotischen Befehle setzen sich durch, wenn zuvor die Trance tief genug und das Bewusstsein entsprechend scharf gebündelt war. Diese Situation ist hier unabsichtlich entstanden. Daher ist die selbsterfüllende Wirkung der Diagnose bei vielen PatientInnen so gewaltig.

Wenn das Damoklesschwert, das schon so lange über den Betroffenen schwebte, herunterrauscht, dringt der Schock eines positiven Krebsbefundes tief. Manche PatientInnen brechen geradezu zusammen, und es ist tatsächlich nicht so unwahrscheinlich, dass bei ihnen dann erst der in der beschriebenen Art vom System durch Angst und Schock herbeigeführte Stress den endgültigen Zusammenbruch des Abwehrsystems herbeiführt, der dem Krebs die Chance verschafft, aus der Überwachung des Immunsystems vollends auszubrechen. Eine entsprechende Darstellung einschließend ihrer positiven (Auf-)Lösung findet sich in dem Film *Die Schicksalsgesetze – auf der Suche nach dem Masterplan* (www.heilkundeinstitut.at).

Die Psychoneuroimmunologie, die Wissenschaft, die unter diesem anspruchsvollen Namen allmählich nachzuvollziehen beginnt, was Schamanen schon seit Jahrhunderten wenn nicht Jahrtausenden wissen, hat solche Schockzustände längst als gefährlich krankmachend erkannt. Es gibt also selbst aus schulmedizinischer Sicht gar keinen Grund, auf ihrer Beibehaltung zu beharren. Wer auf diese Weise als Arzt mehr schadet als nützt, handelt einem der grundlegendsten ärztlichen Gesetze zuwider: »*Primum nil nocere*« (»Erstens nicht schaden«). Nach diesem alten Grundsatz ist jede medizinische Handlung vorher darauf zu überprüfen, ob sie nicht auch schaden und sogar mehr schaden als nützen könnte. Inzwischen müsste der Gedanke, dass zu jedem Körper eine Seele gehört, Allgemeingut sein. Also ist das *Primum nil nocere* auch auf die Seele zu beziehen. Und wenn *nil nocere* in diesem Sinne ärztliche Minimalpflicht ist, reichen Lippenbekenntnisse, die die Einheit von Körper, Geist und Seele beschwören und immer mehr auch von schulmedizinischer Seite zu hören sind, etwa zur Einleitung von Büchern und Kongressen, bei weitem nicht.

Rituale schätzen lernen

Wenn Scheinoperationen, wie sie Schamanen sogenannter primitiver Völker vollziehen und wie sie heute auch im Rahmen wissenschaftlicher Studien angewendet wurden, gleichermaßen wirken wie echte – was wirkt dann wirklich? Es bleibt nur eine Antwort: das Ritual! Wem das klar ist, der muss Rituale zu verstehen suchen und ihnen eine viel größere Rolle und Bedeutung zugestehen, als das bisher in der Medizin geschieht. Es kann für die Ärztin damit beginnen, eine auf die entscheidende Diagnose wartende Patientin sofort ins Sprechzimmer statt ins Wartezimmer zu bitten.

In *Lebenskrisen als Entwicklungschancen* habe ich aufgezeigt, wie sicher Kinder indigener Völker in deren Übergangsriten (*Rites de Passage*) wirklich erwachsen werden – etwas, das wir kaum noch zuwege bringen. Wir können nicht nur von den primitiven Krebszellen, sondern auch von den so fälschlich als primitiv herabgesetzten Urvölkern so vieles an Wertvollem lernen. Wenn beispielsweise deren Söhne rechtzeitig erfahren, sie müssten sterben, um als Erwachsene wiedergeboren zu werden, wird das Angst und Spannung aufbauen, die sich bis zum entscheidenden Ritual noch steigern. Wenn sie dann in einer dunklen Neumondnacht von ihren als Dämonen verkleideten Vätern ihren Müttern entrissen werden, die sie festzuhalten suchen, werden beide, Söhne wie Mütter, einen harten, aber notwendigen Abschied erleben und durchleiden. Die Dämonen-Väter können eigene dunkle Schattenaspekte erleben, wenn sie ihre Söhne zwingen, das eigene Grab zu schaufeln, ganz allein und weit von den anderen Jungen entfernt. Diese werden dem Naturgott Pan und der entsprechenden Panik begegnen und standhalten müssen, wenn sie anschließend, bis zur Nase eingegraben im Erdreich stehend, stundenlang ausharren müssen. Die Dämonen werden – wie von ihnen angekündigt – die ganze schwarze Neumondnacht lang unter entsprechend schreckenerregenden Lauten immer näher rücken. Wenn sie dann bei Morgengrauen die Jungen aus ihrem Grab reißen, werden diese erwachsen. Das mögen wir Modernen, die sich derlei Grauen immer ersparen, rational nicht verstehen, aber das Ritual wirkt, und Erwachsenwerden funktioniert so und nicht einfach durch belangloses Verstreichen von Zeit.

Kehren wir mit dieser Ahnung von der Wirksamkeit von Ritualen zur Medizin zurück: Wie könnte eine bessere Handhabung der schwierigen Diagnosesituation ärztlicherseits aussehen? Schon beim ersten Gespräch, wenn PatientInnen mit Beschwerden oder Verdacht auf Krebs in die Sprechstunde kommen, lässt sich feststellen, wie groß ihre Angst ist und inwieweit sie dem entsprechen, was hier als Krebspersönlichkeit dargestellt ist und zunehmend auch von Psychoonkologen entdeckt wird. Einfühlsam über die Möglichkeit einer Krebserkrankung und die damit verbundenen Ängste zu sprechen ist allein schon Entlastung für Betroffene. Falls Ängste stark sind, ist das auf jeden Fall ein Hinweis auf Resonanz zur Krebsthematik. Statt PatientInnen in die oben beschriebene Angstschleife zu schieben beziehungsweise sie nur auf die Resultate der weiteren Untersuchungen zu fixieren, ließe sich die Zeit schon nutzen für in jedem Fall sinnvolle Maßnahmen wie Kostumstellung in Richtung pflanzlich-vollwertig und diesbezüglich gleich deren ketogene Variante mit der *Peace Food Keto-Kur*. Das Erstgespräch könnte auch sofort jene Psychotherapie auf Seelen-Bilder-Ebene in Gang und ins Spiel des Lebens bringen, von der Simonton in seiner Doppelblindstudie zeigen konnte, dass sie die Überlebenszeit mehr als verdoppelt. Das hat den immensen Vorteil, dass Betroffene nun schon selbst aktiv werden und sich der Herausforderung stellen. Sie sind nicht mehr nur Opfer der Krankheit, sondern Handelnde, ihr Schicksal Mitgestaltende, und von der Hoffnung genährt, es zu meistern.

Wo sich der Verdacht nach all den selbstverständlich parallel laufenden Untersuchungen bestätigen sollte, ist es nun nicht mehr solch ein Schlag, denn die PatientInnen sind ja schon auf einem guten Weg der Um- und Einstellung. Spätestens jetzt gilt es seitens der Betroffenen, sich intensiv mit der Psychosomatik und der Krebspersönlichkeit und ihrer Verwandlung zu beschäftigen. Der Schatz im Schatten ist nun schon für sie viel greifbarer.

Falls sich der Verdacht nicht bestätigt, sind Erleichterung und Freude umso größer. Die Zeit der Auseinandersetzung war trotzdem keineswegs umsonst, denn das Thema war und ist in Gestalt der Angst ja da. Die Beschäftigung mit innerem Wachstum, mit Selbstverwirklichung, bleibt somit wichtig. Außerdem hat das Einlassen auf die Seelen-Bilder-Welten in jeder Hinsicht große Vorteile für das weitere Leben. Jedenfalls war die intensive Beschäftigung mit dem Thema Krebs und dem Kampf ums eigene Leben in vorbeugender Hinsicht segensreich.

Wenn der Verdacht sich bestätigt, könnte der Arzt die emotional hoch aufgeladene Situation beim Bekanntgeben der Diagnose im positiven Sinne nutzen, indem er eine Geschichte erzählt, die heilt. Das ist im Idealfall die Lebens- und Krankheitsgeschichte von PatientInnen, die in ähnlicher oder sogar noch bedrohlicherer Situation ihren Weg zu Heilung und Gesundheit gefunden haben. An solchem Beispiel ließe sich besprechen, worauf es vor allem ankommt und was Betroffene in ihrer persönlichen Situation besonders zu bedenken haben. In diesem Sinne werde ich später solch eine Geschichte vom Betroffenen selbst erzählen lassen und verweise nochmals auf den Film *Schicksalsgesetze – auf der Suche nach dem Masterplan*, der eine Heilungsgeschichte in Bildern darstellt.

Darüber hinaus ist es jetzt von unschätzbarem Wert, die bereits eingeschlagene Strategie auf beiden Ebenen weiterzuführen. Ob Chirurgen nun versuchen, den ganzen Tumor oder möglichst viel von ihm herauszuschneiden, ihn mittels Strahlen- oder Chemotherapie zu bekämpfen – es ist immer von größtem Vorteil, wenn die geistig-seelische Ebene mit im Spiel ist und auch auf Ernährung, Entsäuerung und Zufuhr entscheidender sekundärer Pflanzenstoffe aus der großen Palette der Ethnomedizin der Welt geachtet wird.

Vor allem aber wäre dies jetzt die Zeit für eine Krankheitsbilder-Psychotherapie. Diese Form der Psychotherapie ist genau für diese Situation bei solch schwerwiegenden Krankheitsbildern schon vor über 40 Jahren von Thorwald Dethlefsen und mir kreiert und in den folgenden Jahrzehnten zusammen mit meiner ersten Frau Margit weiterentwickelt worden. Das heute unter ihrer Leitung arbeitende Heilkunde-Zentrum in Johanniskirchen ist ein idealer Ort für diesen Schritt aus maximaler Bedrohung in die Freiheit eines von Grund auf gewandelten neuen Lebensgefühls.[37]

Vertrauensvolle Zusammenarbeit zwischen Körper, Seele und Bewusstsein des Patienten ist von entscheidender Wichtigkeit und in jedem Fall anzubahnen. Vertrauensvolle Zusammenarbeit zwischen Patient und Arzt ist ähnlich wichtig, ebenso eine vertrauensvolle Zusammenarbeit zwischen den verschiedenen ärztlichen Disziplinen. Zwischen den Vertretern der verschiedenen Methoden und Weltanschauungen ist sie genauso zwingend notwendig und die Herausforderung der Zukunft. Da sich die Schulmedizin diesbezüglich in der Vergangenheit so aufreizend wenig bewegt hat, sind PatientInnen selbst oft schon deutlich weiter und bestehen auf Fasten und Ernährungsumstellung, brauchen aber auch die Operation – jedenfalls überall dort, wo eine Tumorentfernung im Gesunden noch möglich ist. Sie brauchen demnach Schulmediziner, die die Möglichkeiten der Naturheilkunde und ihrer Methoden kennen, und Naturheilkundler, die um die Methoden der Schulmedizin und ihrer Fortschritte wissen.

Schulmediziner, die heute die wissenschaftlich bestätigten Möglichkeiten des Fastens bei Krebs nicht kennen und von der Unterstützung durch pflanzlich-vollwertige Keto-Kost nichts wissen, sind nicht fortgebildet und deshalb unzumutbar. Es würde ihnen guttun, wenn PatientInnen so mutig wären, ihnen das auch mitzuteilen; sie täten es gleich für andere PatientInnen mit.

Genauso schlecht aufgestellt sind Naturheilkundler, die nicht wissen, welche Erfolge die Schulmedizin inzwischen unter anderem bei Leukämien hat. Hierzu gleich ein Beispiel: In England spendete ein Vater seinem an Leukämie erkrankten Sohn Knochenmark, weil dessen eigenes schulmedizinisch niedergemacht worden war. Als der Vater Jahre später selbst an Leukämie erkrankte, bekam er die gleiche Therapie und sein eigenes – im Sohn gleichsam geparktes – Knochenmark wieder zurück. Beide lebten mit diesem genialen (Aus-)Tausch weiter, und wenn sie nicht gestorben sind, leben sie noch heute. Das ist tatsächlich ein modernes und wahres Märchen – möglich durch Fortschritte in der Hämatologie, der Lehre von den Blutkrankheiten.

Es gibt also nur Gründe für gute Zusammenarbeit zum Wohl der PatientInnen und des eigenen Lebens und keine für die Beibehaltung gegenseitiger Abneigungen. Unverantwortlich und extrem ungeschickt sind ideologische Kriege auf dem Rücken der PatientInnen(gesundheit). Wer von einer Operation eines Krebstumors im Gesunden abrät oder von einer konsequenten Entsäuerung wie auch pflanzlich-vollwertiger Keto-Kost zur Begleitung der Chemotherapie, handelt ideologisch und fahrlässig. Sich widersprechende und bekämpfende Haltungen sind meist auch völlig unnötig.

Wenn ein von Krebs Betroffener Chemotherapie will, ist das zu akzeptieren und zu unterstützen, und das ist sehr gut möglich. Selbst wenn es viele gute Gründe gegen die meisten Chemotherapien gibt, ist ein entschlossener Patient durch Widersprüche keinesfalls zu verunsichern und auf unverantwortliche Weise in der eigenen (Abwehr-)Kraft zu schwächen. Wenn PatientInnen mit angstgeweiteten Augen nach oben auf die Infusionsflasche starren und jeden Tropfen des Zytostatikums, der in den Spiegel fällt, innerlich ablehnen und bekämpfen, ergibt sich die denkbar schlechteste, leider aber immer noch häufigste Situation. Denn dann kämpft die Seele auf dem Gegenpol zu den Medizinern. Auch ein Arzt, der nach ausführlicher Aufklärung über die negativen Nebenwirkungen der Chemotherapie lediglich die Infusionen anhängt, versetzt PatientInnen natürlich in Angst vor Haarverlust, Blutungen und Übelkeit. Und dazu kommt die ganze Palette der Grausamkeiten, die mit dieser Behandlung einhergehen können und die von PatientInnen inzwischen allgemein assoziiert und in Gedanken ängstlich vorweggenommen werden. Während so Krebszellen chemotherapeutisch bekämpft werden, ist die eigene Abwehr durch die erzeugte Angst unterminiert und leistet der Krebsausbreitung Vorschub, denn Angst schwächt nachweislich das Immunsystem, Panik noch mehr.

Ideal wäre folgender einfache Ausweg: Kurz vor Anhängen einer Zytostatika-Infusion werden die PatientInnen mittels eines Audioprogramms mit einer entsprechenden geführten (Heilungs-)Meditation in Trance versetzt und ein Programm wie die erste Reise der CD oder des entsprechenden Downloads *Krebs* (siehe Literaturverzeichnis) eingespielt. Dabei können Betroffene, während sie immer tiefer in die Entspannung sinken, den Krebs Zelle für Zelle bekämpfen und ihm das Wasser abgraben. So wirken Seele und Abwehrsystem einerseits und Zytostatika oder gegebenenfalls auch Strahlentherapie andererseits Seite an Seite für dasselbe Ziel der Regeneration und Gesundheit. Dadurch wird das Immunsystem gestärkt statt geschwächt. Verglichen mit extrem teurer Chemotherapie ist der Preis für eine CD oder ein Download irrelevant, umso unverständlicher, warum viele Schulmediziner sich noch immer dagegen sträuben und ihre PatientInnen so schon seit Jahrzehnten um die damit möglichen Erfolge bringen. Solche Synergien zwischen Programmen für die Seele und körperlichen Therapien sind natürlich erst recht mit naturheilkundlichen Ansätzen möglich.

Krebs nur auf seelischer Ebene bekämpfen zu wollen und zum Beispiel die Möglichkeiten körperlicher Abwehrsteigerung ganz außen vor zu lassen, ist genauso ein Kunstfehler, wie die seelische Komponente zu ignorieren und so zu tun, als wäre der Mensch eine Maschine und Krebs ein mechanischer Defekt. Anders gesagt: Wer die Seele in ihren Bedürfnissen und Reaktionsmustern übersieht, macht sich nach dem strengen Kodex der Ärzteschaft des schlimmsten Vergehens schuldig: Er schadet PatientInnen vorsätzlich. Ärztliche Minimalpflicht ist das *Primum nil nocere*.

Wer dieses Kapitel als Krebspatient, als Krebspatientin liest, sollte sich klarmachen, dass es keine Zeit ist, sich zum Opfer des Hickhacks zwischen den verschiedenen Positionen zu machen. Da sich die Mediziner so rasch wohl leider nicht ändern und einigen werden, mehrheitlich wohl die Notwendigkeit auch noch gar nicht erkennen, muss man sich einmal mehr selbst helfen. Wer in solche Angstsituation hineingeriet, mag sich klar werden, nicht zufällig in diese Lage gekommen zu sein und sogleich mit der Selbst- und Eigentherapie beginnen und das Beste aus der Situation machen – vielleicht mit einem Seitenblick auf die Rituale der Indigenen. Eine gute Hilfe kann auch das Buch (mit CD) *Angstfrei leben* sein.

Den Placebo-Effekt nutzen

Der Glaube kann Berge versetzen, sagt uns Christus. Glücklich die PatientInnen, die daran glauben, und Ärzte sollten alles unterlassen, was diesbezüglich Zweifel sät. Hoffnung und Glaube sind die stärksten Verbündeten in der Auseinandersetzung mit entartetem Wachstum. Wenn wir es wieder in natürliche gesunde Bahnen zurücklenken wollen, sollten wir den Glauben an unsere Kraft stärken, dass wir auf den ureigenen Weg zu uns selbst zurückfinden können. Eigene Heilkraft, der innere Arzt und die Hoffnung auf seine Macht oder die der inneren Heilerin, auf Gott oder die Große Göttin sind unverzichtbar. Aber wir brauchen neben dem Glauben an uns selbst auch den an die »Droge Arzt«. Beide sind in meinen Augen wesentliche Heilungsfaktoren.

Im Zeitalter der Placebo-Forschung ist es auch wissenschaftlich zwingend, die Hoffnung auf Heilung nicht zu mindern, sondern zu stärken und jedenfalls alles zu unterlassen, was zu ihrem Verlust führt. Anschaulich wird die Macht der Placebos (übersetzt: »Ich werde gefallen«) anhand der berühmt gewordenen Studie eines US-Orthopäden, der die Vorteile seiner neuartigen Kniebehandlung dokumentieren wollte. Er unterteilte Patienten in drei vergleichbare Gruppen. Eine wurde wie bisher operiert, die zweite mit seiner neuen Methode, die dritte bekam eine Scheinoperation. Die Patienten dieser dritten Gruppe erhielten die übliche Sedierung, man machte bei ihnen einen entsprechenden Hautschnitt und spielte ihnen das Video einer anderen Operation vor. Der Orthopäde war glücklich, als die Erfolge seiner neuen Methode von jener der alten Arthroskopie nicht zu unterscheiden waren, aber komplett verblüfft, sogar erschüttert, als die Gruppe der Scheinoperierten genauso gut abschnitt. Inzwischen zeigten mehrere ähnliche Studien entsprechende für Materialisten schier unglaubliche Ergebnisse selbst bei Bypass-Operationen am Herz. An erster Stelle lehrt dies, wie wichtig und wirksam der Glaube des Patienten ist. Hinzu kommt an zweiter Stelle, dass offenbar auch das Ritual der Behandlung entscheidende Wirkung entfaltet.

Die schulmedizinische Forschung setzt auf Doppelblindstudien, bei denen weder Arzt (die leitende Person der Studie) noch Patienten (Studienteilnehmer) wissen, wer zu welcher der untersuchten Gruppen gehört. Würden Wissenschaftler und Schulmediziner nicht ebenfalls an die Macht von Faktoren wie Glaube, Hoffnung und Ritual glauben, wären doppelt blinde Studien gänzlich überflüssig. Um der reinen Wissenschaft willen, um wissenschaftlich saubere, das heißt nicht durch solch subjektive Faktoren verfälschte Ergebnisse zu bekommen, veranstalten sie diesen großen Aufwand – um dann die offensichtlich werdenden Heilfaktoren in ihren Therapien zu ignorieren. Solche Missachtung können wir uns bei Krebs jedoch überhaupt nicht leisten, sondern sollten vielmehr die sich hier bietenden Möglichkeiten in ihrer ganzen Bandbreite nutzen.

Über den starken Einfluss unserer Vorstellungskraft kann auch der bereits erwähnte Radiologe und Psychoonkologe O. Carl Simonton viel berichten. Etwa von einem schwer krebskranken Mann, der nur noch sehr kurze Zeit zu leben hatte und von seinem Arzt gefragt wurde, ob er ein Mittel versuchen wolle, das in

Forschung und Tierversuchen sehr überzeugt habe. Es würden aber noch keine praktischen Erfahrungen mit Patienten vorliegen. Der Schwerkranke willigte ein – und erlebte eine Totalremission. In kürzester Zeit verschwanden die Metastasen, auch der Primärtumor bildete sich zurück. Nach wenigen Wochen konnte er geheilt entlassen werden, wurde aber wie üblich zu engmaschigen Nachuntersuchungen einbestellt. Sie erbrachten nie Hinweise auf neues Krebswachstum. Nach beinahe einem Jahr wartete der Patient wieder auf solch eine Nachuntersuchung, als ihm eine gar nicht für ihn bestimmte Ärztezeitschrift ins Auge stach, mit seinem Medikament auf dem Titel. Neugierig las er den Artikel dazu und erfuhr entsetzt, dass das Medikament bis auf wenige sogenannte anekdotische Besserungen nicht wirke und die Erwartungen vollkommen enttäuscht habe. Verzweifelt berichtete er seinem Arzt davon. Der suchte ihn zu beruhigen, weil es doch bei ihm wundervoll gewirkt habe. Aber der Patient ließ sich weder überzeugen noch beruhigen. Er bekam »seinen« Krebs in Rekordzeit zurück, so rasch wie er verschwunden war. Der Arzt versuchte es nochmals mit einem ähnlichen – diesmal aber von ihm geplanten – Placebo-Effekt. Doch der Patient glaubte ihm nicht mehr und verstarb kurze Zeit darauf an seinem Krebs.

An diesem Fallbeispiel zeigt sich, wie für PatientInnen neben dem Placebo und dem Behandlungsritual auch jene »Droge Arzt« entscheidend wichtig ist und dass die Behandler ebenfalls an den Erfolg glauben.

Der US-Kinderchirurg und Bestsellerautor Bernie Siegel erzählte mir rückblickend auf seine lange Arztkarriere, er gehe davon aus, die eigene Haltung, die PatientInnen zu sich selbst einnehmen, sei der mit Abstand wichtigste Heilfaktor, und je glücklicher jemand sei, desto geringer sein Risiko zu erkranken. Umgekehrt formuliert es David Servan-Schreiber, wenn er darauf hinweist, dass unser Gehirn Stresshormone freisetzt, wenn wir das Gefühl haben, unser Leben würde uns entgleiten oder uns mehr Leid als Freude bescheren. Es schwächt das Immunsystem und seine natürlichen, zur Krebsbekämpfung so wichtigen Killerzellen. Nach Servan-Schreiber bleiben diese in Anwesenheit von Stresshormonen passiv und wirkungslos an den Gefäßwänden hängen, statt ihre Aufgabe und die Krebszellen zu erledigen.[38]

Wie schon gesagt habe ich selbst viel mehr Wunderheilungen miterleben dürfen, als mir statistisch in 40 Arztjahren zugestanden hätten. Aus dieser langen Zeit kann ich aus ganzem Herzen bestätigen, dass PatientInnen mit Hoffnung, Glaube und auch Liebe zum Selbst die besten Chancen besitzen. Hier hätten wir Ärzte so viel zu lernen und könnten Entscheidendes bieten. Aber leider ist die Schulmedizin auf dem entgegengesetzten Weg. Deshalb ist es besonders wichtig, diesen Schatten wahrzunehmen und anzuerkennen, um ihn wenigstens langfristig in einen Schatz zu wandeln.

Nocebos erkennen und ausschalten

Wie das Beispiel von Carl Simontons Patienten zeigt, können Worte und Informationen in kürzester Zeit heilen, aber auch krank machen. Weiter lehrt uns diese dramatische Geschichte, wie sinnlos medizinische Therapien werden, wenn Ärzte selbst weder davon überzeugt sind noch daran glauben. Dass nach kanadischer Untersuchung über 80 Prozent der Schulmediziner sich selbst die von ihnen verordnete Krebstherapie ersparen würden und also gar nicht von ihr überzeugt sind, lässt tief blicken und erklärt einiges bezüglich der vielen Misserfolge.

Hartmut Schröder, Professor für Sprachgebrauch und therapeutische Kommunikation an der Europa-Universität Frankfurt/Oder, macht den Nocebo-Effekt (von lat. *nocere* = schaden) an einem ungleich harmloseren Beispiel deutlich. Dabei offenbart sich sogleich die Gefahr von Beipackzetteln und der gesetzlich vorgeschriebenen »Aufklärung«. Männer, die nicht wissen, dass Betablocker Impotenz auslösen können, entwickeln diese Nebenwirkung nur zu zwei Prozent. Sind sie dagegen ausführlich darüber informiert worden, bekommen über 30 Prozent Erektionsprobleme, das heißt 15-mal so viele. Professor Schröder vermutet, dass Nocebos sogar intensivere Wirkung als Placebos entfalten, da bei Doppelblindstudien auch Teilnehmer der Placebo-Gruppe die entsprechenden Nebenwirkungen aufwiesen.[39]

Obwohl seit den 1950er-Jahren bekannt, hat das Wissen um den Nocebo-Effekt nicht die geringsten Konsequenzen in der Schulmedizin. Sogenannte Aufklärung am Abend vor einer Operation dürfte demnach schreckliche Schatten vorauswerfen, ist heute aber verpflichtend. Ein Arzt, der seine Patienten nicht auf diese Art schädigt und sogar gefährdet, macht sich geradezu strafbar. Professor Schröder weist darauf hin, dass Krankenhäuser stärker Nocebo-Reize auslösen als Arztpraxen und schon Worte wie *Schock*raum oder *Not*aufnahme unnötig Furcht einflößen. In der Schulmedizin ist es zudem üblich geworden, in der Bevölkerung zunehmend unbeliebte Methoden wie Impfungen und sogenannte Vorsorge- beziehungsweise Früherkennungsmaßnahmen mit Angstmache durchzusetzen. Das ist grundsätzlich gefährlich und unärztlich.

Die (physio-)logische Erklärung für den Nocebo-Effekt ist einfach. Angst entsteht und führt zur Ausschüttung von Stresshormonen, die wiederum die Abwehrkraft schwächen. Wer sowieso schon Angst hat, wie praktisch jeder vor einer Operation oder nach einer bedrohlichen Diagnose und wie heute viele vor der Einnahme schulmedizinischer Medikamente, wird diese Angst noch verstärken durch an sich richtige Informationen. Selbst wenn erwähnten männlichen Patienten deutlich gemacht wird, dass nur zwei Prozent Gefahr laufen, durch Betablocker Potenzprobleme zu bekommen, wirkt das angstbesetzte Wort ungleich mächtiger als die nüchterne kleine Zahl. Professor Schröder kann ich nur zustimmen, dass Therapeuten es vermeiden sollten, eine Spirale der Angst in Gang zu setzen, und stattdessen besser Hoffnung säten.

In diesem Zusammenhang ist mir auch sehr wohl bewusst, mit diesem Buch das Vertrauen in die heute weitgehend von der Pharmaindustrie abhängige Schulmedizin keineswegs zu stärken. Das lässt sich wieder nur dadurch rechtfertigen, dass es vor vielen Fallstricken bewahrt und Hoffnung auf bessere, weil nebenwirkungsfrei(er)e und trotzdem wirksame Methoden weckt. Besonders wichtig erscheint mir deshalb der Hinweis von Professor Schröder, dass die Nocebo-Gefahr in dem Maß wachse, wie die Kommunikation zwischen Patient und Arzt, die sogenannte sprechende Medizin, zu kurz käme. Das dürfte im stressigen Praxis- und Klinikbetrieb der Schulmedizin fast immer der Fall sein. Vertrauen in die Behandelnden sei der wirksamste Schutz vor Nocebo-Wirkungen. Leider haben Ärzte und viele andere Therapeuten meist keine Ausbildung in bewusster achtsamer Kommunikation. Dialoge verkommen so zu gefährlichen Monologen, auch wegen des überall im zwischenmenschlichen Bereich so hinderlichen Zeitmangels, und sogar Empathie scheint verlernbar zu sein. Im Rahmen einer Studie der Berliner Charité wurde bei Medizinstudenten eine sehr ausgeprägte und eigentlich zu erwartende Empathie gemessen, die allerdings im Laufe des Studiums immer weiter abnahm. Ihren Tiefpunkt erreichte sie bei jungen Assistenzärzten in der Klinik. Aus eigener Erfahrung glaube ich, dass diese Mediziner viel zu sehr mit ihren eigenen unbewältigten Problemen und Ängsten beschäftigt sind – angefangen bei persönlichen Krankheitsängsten im Sinne von Hypochondrie bis zu Karriereängsten und entsprechendem Druck. Das Krankenhaus verkommt so – *nomen est omen* – zu einem besser zu meidenden angst- und damit krankmachenden System.

Einen nachfühlbaren Eindruck und zugleich Ausweg bietet hier der schon ältere, aber immer noch wundervolle Film *Der Doktor* mit William Hurt, der sich vom brillanten Mediziner durch (s)einen eigenen Kehlkopfkrebs zu einem einfühlsamen Arzt entwickelt. Es ist die Geschichte einer modernen Einweihungskrankheit, die ich gern im Buch *Spielfilmtherapie – Krisen und Krankheitsbilder heilen* (in Vorbereitung) ausführlich deuten werde. Es ist ein weiteres Beispiel dafür, wie ein so gefährliches Krankheitsbild den entscheidenden Impuls für einen bereichernden Wachstums- und Entwicklungsweg liefert.

Grundstein für eine bessere Kommunikation zwischen Arzt und Patient besteht in heute so erschwerten und deshalb unpopulären Maßnahmen seitens der Mediziner, sich Zeit zu nehmen. Vor Jahren wurde ich von einer Patientin gefragt: »Sind Sie Heilpraktiker?« Ich antwortete: »Nein, wie kommen Sie darauf?« Die deprimierende Antwort lautete: »Weil Sie sich so viel Zeit für mich nehmen.« Wenn Ärzte von Patienten darüber definiert werden, keine Zeit mehr für sie zu haben, steht es schlecht um beide. Insofern bin ich rückblickend glücklich, mir für ein Erstgespräch immer zwei Stunden genommen zu haben. Diese vielen Zeiträume von 120 Minuten haben mir erlaubt, so viele Menschen in ihrer Problematik und Psychosomatik wirklich kennenzulernen und so viel dabei über Krankheitsbilder wie etwa auch Krebs zu erfahren.

Ernährungs- und Komplementärmedizin

Nach meinen Erfahrungen liegen größte Chancen in der vom Anspruch her die Schulmedizin ergänzenden und vervollständigenden, aber keineswegs ersetzenden Komplementärmedizin. Dazu gehört alles, was die Schulmedizin ignoriert, also auch die Ernährungstherapie, und insofern ein großer, zudem rasant wachsender Bereich. Die alte Schulmedizin allein, die gegen Krebs mit Stahl, Strahl und Chemo zu Felde zieht, hat dagegen in meinen Augen nicht genug Verantwortbares zu bieten, wobei sich auch von ihrer Seite etwa im Bereich der Immuntherapie viel entwickelt, das Hoffnung macht.

Pflanzlich-vollwertige ketogene Kost

Die Bedeutung der Ernährung habe ich bereits mehrfach angesprochen, denn es hat sich in der Praxis gezeigt und konnte inzwischen hinlänglich wissenschaftlich belegt werden, dass eine tierproteinfreie Kost krebsvorbeugend wirkt und wichtiger Teil der Therapie ist. Die Gründe liegen wahrscheinlich wesentlich (1.) in der entsäuernden basischen Wirkung durch den Pflanzenreichtum dieser Ernährung, (2.) im Hinblick auf Dickdarmkrebs auch im Reichtum an Ballaststoffen. Der Verzicht auf Milchprodukte reduziert (3.) in drastischer Weise einen Wachstumsfaktor namens IGF-1, der für rasche Zellteilung und Stoppen der Apoptose, des programmierten Zellselbstmordes, sorgt. IGF-1 ist wichtig für das schnelle Wachstums des Kalbes, aber klassisches Krebsprogramm für Erwachsene (Säugetiere und Menschen). Bei pflanzlich-vollwertiger Kost im Sinne von *Peace Food* kommt (4.) die völlige Freiheit von Zucker und anderen raffinierten Kohlenhydraten als wesentlicher Faktor hinzu. Bei der verschärften *Peace Food Keto-Kur* ist (5.) die weitestgehende Reduktion des Anteils an Kohlenhydraten entscheidend.

Punkt 3 bis 5 haben damit zu tun, dass ein rascher Anstieg des Blutzuckers das Krebswachstum anregt und deshalb unbedingt zu vermeiden ist. Grundsätzlich dürfte die heilungsfördernde Wirkung einer vegetarischen oder wegen der hohen Krebsförderung von Milchprodukten noch ungleich günstigeren veganen Ernährung an der Synergie verschiedener Inhaltsstoffe frischer Pflanzennahrung liegen – nicht zuletzt auch an der hohen Ausbeute an Biophotonen, dem Licht in der Nahrung. Nach dem bereits erwähnten Physiker Fritz-Albert Popp ist sie in frischen Wildkräutern und Rohkost am höchsten und in biologisch vollwertiger Kost höher als in solcher aus konventionellem Anbau.[40] Mit der Hybridisierung der Pflanzen oder ihrer Genmanipulation nimmt das Leuchten des Lebens ab, da die Biophotonen in der Doppelspirale der DNS gespeichert werden, die bei diesen Prozessen häufig verklumpt und jedenfalls keine Fortpflanzung mehr erlaubt. Gekochtes enthält weniger Licht als Rohes, und moderne schockgefrorene Tiefkühlkost enthält zwar noch alle Vitamine und sekundären Pflanzenstoffe, aber kaum noch Licht. Da dieses im Krebsfall so wichtig ist, sind solche Kostformen zu meiden zugunsten einer deutlichen Betonung frischer Rohkost.

Ich konnte in der Vergangenheit außerdem oft miterleben, wie Tumore unter Fasten dahinschmolzen, aber anschließend bei Normalernährung postwendend zurückkamen, wenn nicht gar explodierten. Das müsste eine ideale Kost unterbinden und den Tumor mangels Versorgung komplett zum Rückzug zwingen. So ist bei Krebs die ideale Kost pflanzlich-vollwertig, möglichst roh und jedenfalls frisch, das heißt licht- beziehungsweise biophotonenreich. Außerdem sind gute Fette wie Kokos- und Olivenöl, Lein-, Hanf- und Algenöl zu verwenden und Kohlenhydrate zu meiden, denn aus Tumorsicht ist eine strikt ketogene Ernährung wie Dauerfasten eine Katastrophe in Sachen Nachschub. Der Krebs (ver-)hungert praktisch ohne Glukose.

Sich ketogen zu ernähren stellt in jedem Fall eine gute Art körperlicher Krebsvorbeugung dar, damit ist allerdings keine kohlenhydratarme Diät mit viel Tierprotein und -fett gemeint, denn dies wird Krebswachstum sogar noch fördern, wie die in *Geheimnis der Lebensenergie* dargestellte Studienlage zeigt. Auch der Ernährungsspezialist Ludwig Manfred Jacob berichtet in seinem mit Hunderten von Studien abgesicherten Buch[41] von schlechten Ergebnissen bei jenen kohlenhydratarmen (Low-Carb-)Kuren, die auf hohen Protein- und Fettanteil aus tierischer Quelle setzen, aber von guten bei einem hohen pflanzlichen Anteil. Zum Beispiel kommt eine Studie der Harvard-Universität (Fung et al. 2010) mit über 85 000 Frauen (*Nurses Health Study*) und über 44 000 Männern (*Health Professional Follow-up Study*) nach Beobachtung der Gruppe der Frauen über 26 und der Männer über 20 Jahre, also durchaus eine verlässlichen Langzeituntersuchung, zu folgendem Ergebnis: Teilnehmer, die einer Low-Carb-Diät auf Basis tierischer Lebensmittel folgten, hatten eine gegenüber dem US-Durchschnitt um 23 Prozent erhöhte Gesamtsterblichkeit, bei um 14 Prozent erhöhter Sterblichkeit durch Herz-Kreislauf-Probleme und einer um 28 Prozent erhöhten Sterblichkeit an Krebs.

Teilnehmer, die einer Low-Carb-Diät auf dem Boden pflanzlicher Produkte folgten, hatten hingegen eine gegenüber dem US-Durchschnitt um 20 Prozent niedrigere Gesamtsterblichkeit bei einer um 23 Prozent niedrigeren Sterblichkeit an Herz-Kreislauf-Problemen. Eine im Sinne von *Peace Food* nicht nur pflanzliche, sondern pflanzlich-vollwertige Ernährung dürfte das Ergebnis nochmals wesentlich deutlicher für die tierproteinfreie Version verbessern.

Nach Dr. Jacob sind bei tierproteinreicher Ernährung die hohe Säurebelastung und die mehr als doppelt so hohen Entzündungswerte ebenso entscheidend wie die Erhöhung des Stresshormons Cortisol. All das fördere das Risiko nicht nur von koronaren Herzproblemen, sondern auch von chronischen Erkrankungen insgesamt. Die von ihm erwähnte Säurebelastung und die verdoppelten Entzündungs-(CRP-)Werte sind jedenfalls auch bei Krebs sehr relevant und unbedingt zu beachten. Hier sorgt die *Peace Food Keto-Kur,* die pflanzlich-vollwertig und zugleich vegan und basisch ist, im doppelten Sinne für Entsäuerung, was für die Therapie so entscheidend wichtig ist.

Deshalb neben dieser Ernährungskur gleich eine weitere Empfehlung: Dazu muss man wissen, dass der Organismus bei einem destabilisierten Elektrolytsystem versucht, das Blut als Ausdruck des Lebenssaftes und -flusses so lange wie möglich stabil zu halten. Es ist auf leichte Alkalität eingestellt, das heißt mit einem pH-Wert von 7,4 leicht in Richtung basisch verschoben. Im interstitiellen oder Zwischenzellraum, also im Gewebe und in der Zelle selbst, wo das Krebswachstum beginnt und stattfindet, kann schon längst Übersäuerung herrschen. Deshalb ist bei Entsäuerung im Rahmen der Krebstherapie eine kurzfristige Verschiebung in Richtung eines Wertes von pH 7,5 anzustreben, bis sich alle Flüssigkeitskompartimente regeneriert haben. Hier setzen wir in TamanGa neben basischer Kost auch auf basische Trink-Wasser-Kuren und empfehlen generell Entsäuerung über entsprechende säurefeste Basenkapseln und zwei Runden mit der Technik des Verbundenen Atems pro Woche.

Inzwischen bestätigen moderne Studien diese Erkenntnisse. Stephen Seifert berichtet von Forschungen, dass gut balancierte Spiegel von Natriumhydrogencarbonat ($NaHCO_3$) im Blut frühzeitiges Sterben verringern.[42] Natriumhydrogencarbonat hilft dem Körper, den pH-Wert im Gleichgewicht zu halten. Die Wissenschaftler konnten zeigen, dass niedrige Natriumhydrogencarbonatwerte für gesunde alte Menschen ein höheres Sterberisiko bedeuten. Es würde klinischen Ärzten ermöglichen, das Sterberisiko mittels Kontrolle der Natriumhydrogencarbonatwerte im Blut einzuschätzen, und sie könnten entsprechende Diätempfehlungen geben. Um für ein basischeres Milieu zu sorgen und die Gesundheit zu optimieren, rät Seifert nun ausdrücklich nicht dazu, Natronpräparate (Backsoda) zu schlucken, sondern mehr Früchte und Gemüse zu essen, um den Natriumhydrogencarbonatspiegel im Blut zu erhöhen. Äpfel, Rosinen, Spinat, Bananen, Karotten, Brokkoli, Zitronen und sogar Kaffee seien dafür gute Quellen. Letztlich kann also eine pflanzliche Kost den Körper raus aus der sauren in eine basischere Stoffwechselsituation bringen.

Auf ähnlichen Gedanken wie denen zur *Peace Food Keto-Kur* beruht ein Ernährungskonzept, das der Biologe und Krebsforscher Johannes Coy entwickelt hat.[43] Es soll ausdrücklich nicht als alleinige Krebstherapie dienen, sondern als Unterstützung schulmedizinischer Therapien. Auch Coy rät dazu, den täglichen Kohlenhydratanteil der Nahrung drastisch zu begrenzen, um den Gärungsstoffwechsel der Krebszelle zu hemmen. Dazu teilt er die Nahrung nach (s)einem Ampel-Prinzip ein: Die grüne Liste umfasst alle Gemüsesorten (außer Hülsenfrüchte, Wurzel- und Knollengemüse) Fette und Öle, Kräuter und Gewürze und zuckerfreie Getränke, leider aber auch Fleisch, Eier und Milchprodukte, was seinen Ansatz bezüglich Krebs wieder deutlich schwächt. Lebensmittel der gelben Liste enthalten moderate Mengen an Kohlenhydraten und sollten nur maximal in vorgegebenen Portionsgrößen verzehrt werden. Lebensmittel der roten Liste sind tabu, weil sie hohe Mengen an Kohlenhydraten enthalten wie in erster Linie stärkereiche Lebensmittel (Getreide- und Kartoffelprodukte), aber auch gezuckerte Speisen und Getränke. Da alleinige Kohlenhydratreduktion den Krebsstoffwechsel nicht wirkungsvoll genug hemme, empfiehlt Coy, vereinfacht wiedergegeben, weitere Unterstützung vor allem aus dem Bereich sekundärer Pflanzenstoffe. Obwohl ich natürlich – in Einklang mit der WHO sowie den Forschungen von T. Colin Campbell, dem Autor von *China Study*, und Caldwell Esselstyn, Arzt und Ernährungsspezialist für Prävention und Behandlung von Herz- und Gefäßkrankheiten – nicht zu Tierprotein und erst recht nicht zu Milchprodukten und damit nicht zur Coy-Kur raten kann, enthält das Ernährungskonzept doch wesentliche wichtige Elemente.

Mein Rat zu einer heilsamen Kost bei Krebs lautet zusammenfassend gesagt: Ernährungsumstellung im Sinne der *Peace Food Keto-Kur*. Durch eine entsprechende Ernährung wird nicht nur die Aufnahme kanzerogener Stoffe wie Tierprotein und vor allem Kuhmilch verhindert. Die *Peace Food Keto-Kur* unterbindet auch für den Organismus in dieser Situation Lebensgefährliches wie raffinierte Kohlenhydrate. Stattdessen bringt sie wichtige sekundäre Pflanzenstoffe ins Spiel des Lebens. Da auch für echte Prävention im Hinblick auf neurodegenerative Erkrankungen wie Alzheimer, Parkinson oder MS sorgend, zudem zu Idealgewicht verhelfend und fit machend, ist die *Peace Food Keto-Kur* grundsätzlich nie verkehrt, kann aber für KrebspatientInnen in ihrer verschärften Form schon ein erster entscheidender Therapieschritt sein.

Atemtherapie, Keto-Kur und Fasten

Einiges spricht dafür, dass ausreichende Sauerstoffversorgung und ein Ausgleich der Übersäuerung genügen, um Krebszellen zum Aufgeben zu bringen. Regrediert auf das ganz frühe Stadium der Evolution, als Sauerstoff noch ein Gift war, vertragen sie ihn gar nicht mehr.

Hier liegt die Erklärung für die Erfolge mit verschiedenen Sauerstofftherapien wie vor allem mit dem Verbundenen Atem. Ihm verdanken wir schon so wundervolle Erlebnisse und Erfolge, zumal hier Körper, Seele und Geist zugleich angesprochen sind. Aber auch die vielen im Ratgeber *Jetzt einfach atmen!* (Literaturverzeichnis) angegebenen Einstiege in die Atemtherapie können gut unterstützen.

Die Sauerstoff-Mehrschritt-Therapie (SMT) nach Manfred von Ardenne, dem bekanntesten Wissenschaftler der ehemaligen DDR, ist hier ebenfalls zu erwähnen. Hierbei wird der Sauerstoffanteil in der eingeatmeten Luft erhöht. Zu diesem Zweck atmen die Patienten mit Sauerstoff angereicherte Luft in Bewegung auf Fahrrad Ergometern oder entspannt liegend ein. Nachteil ist der hohe Preis des notwendigen Gerätes.

Ideal ist, gleich mit einer Fastenzeit zu starten und anschließend ketogene basische Kost zu wählen und sich immer wieder Sitzungen mit Verbundenem Atem zu gönnen. So wird der Tumor gleichzeitig an drei Fronten mit Fasten, also Zuckerentzug, basischer Stoffwechsellage und Sauerstoff-Überschwemmung angegangen und ausgehungert.

Zuckerfrei leben und Krebszellen aushungern, das klingt natürlich einfacher, als es ist und unter Laborbedingungen erscheint, wo Krebszellen ohne Zucker schon nach einem Tag sterben. Im Organismus ist die Lage komplizierter, denn Krebszellen bauen alle Kohlenhydrate zu Glukose ab; im Notfall produzieren sie sie sogar aus Eiweiß, nur aus Fett gelingt das nicht. Außerdem braucht der Körper seinen Blutzuckerspiegel. Ganz ohne Blutzucker sterben zwar die Krebszellen rasch, aber wir auch mit dem ganzen gesunden Rest.

Zucker ist einerseits weitestgehend einzusparen wie beim Fasten. Andererseits müssen wir an guten, das heißt komplexen Kohlenhydraten gar nicht extrem sparen. Der Versuch, sich ganz glukosefrei zu ernähren, macht also schon wegen des notwendigen Blutzuckerspiegels keinen Sinn. Glukosefrei ist genauso unmöglich wie glukosearm wichtig. Vor allem ist alles zu meiden, was einen raschen Blutzuckeranstieg und damit die Insulinausschüttung anregt, wie eben raffinierte Kohlenhydrate. Komplexe vollwertige Kohlenhydrate aus Gemüse sind durchaus erlaubt und notwendig und führen wegen ihrer langsamen Verstoffwechselung nicht zu raschem, Krebswachstum anregendem Insulinanstieg.

In diesem Zusammenhang haben zwei Begriffe für einige Verwirrung gesorgt und müssen zur Unterstützung sinnvoller Ernährung geklärt werden: glykämische Last und glykämischer Index. Die glykämische Last ist ungleich wichtiger als der gleichnamige und viel bekanntere glykämische Index (GI). Der Index steht für den Einfluss der Nahrungsmittel auf den Blutzuckerspiegel und die daraus resultierende Insulinausschüttung. Als Referenzwert für den GI wurde der Anstieg des Blutzuckerspiegels nach dem Verzehr von 50 g Glukose auf den Wert 100 festgelegt. Um die Werte für andere Lebensmittel zu ermitteln, wurde jeweils so viel des untersuchten Lebensmittels verzehrt, um eine Menge von 50 g Glukose zu erreichen. Der daraus resultierende Blutzuckeranstieg wurde gemessen und mit dem Blutzuckeranstieg bei 50 g Glukose ins Verhältnis gesetzt. Der GI richtet sich also nach der Menge der verzehrten Kohlenhydrate und nicht nach der Menge der Lebensmittel. Gekochte Karotten haben zum Beispiel einen GI von 70. Da sie sehr kohlenhydratarm sind, müsste man etwa

1 kg essen, um 50 g Kohlenhydrate zu erreichen. Weißbrot hat ebenfalls einen GI von 70, ist aber sehr reich an obendrein raffinierten Kohlenhydraten. In nur 100 g sind bereits 55 g Kohlenhydrate enthalten. Somit ergibt sich bei einer reinen Berechnung mit dem GI, dass etwa 100 g Weißbrot den Blutzuckerspiegel genauso beeinflussen wie etwa 1000 g Karotten. Zur Ernährungsumstellung stiftet das lediglich Verwirrung. Als Ausweg wurde die glykämische Last (GL) eingeführt. Sie berücksichtigt den GI und die – bezogen auf die Portionsgröße – zu sich genommene Menge an Kohlenhydraten. So ergibt sich für 100 g Weißbrot eine GL von 38,5, wogegen 100 g Karotten lediglich eine GL von 3,5 aufweisen. 100 g Weißbrot lassen den Blutzuckerspiegel also trotz gleichen GI mehr als zehnmal stärker ansteigen als 100 g Karotten. Krebspatienten vermeiden also am besten Nahrung mit hohem Index, aber besonders hoher Last wegen deren immenser Auswirkung auf die Insulinausschüttung.

Nach meinen Erfahrungen ist ein Beginn der Behandlung von Krebs mit Fasten am leichtesten für Betroffene, sofern ihr Organismus noch genügend Reserven hat, weil sich fastend Entzugsphänomene wie nebenbei in Wohlgefallen auflösen. Vonseiten des Zuckers, aber auch Milchprodukten und Fleisch sind tatsächlich Entzugserscheinungen möglich, ebenso bezüglich Gluten. Dazu ist unbedingt zu beachten, dass glutenfreie Kost, die auf raffinierte Reis- und Maisstärke zurückgreift, bei Krebs kontraproduktiv ist, wie – in einem persönlichen Gespräch – der italienische Mediziner und Epidemiologe Franco Berrino betont.

Während sich gesunde Zellen in der Regel problemlos und sofort auf ketogene Ernährung umstellen, sind Krebszellen dazu unfähig und leiden Hunger, den Fastende bald – spätestens nach drei Tagen – verlieren. Gesunde Zellen aber, und vor allem die des Gehirns, leben anschließend mit einer Kost vorwiegend aus guten Fetten und Ketonen geradezu auf. Krebszellen hingegen werden dadurch instabil, wie Professor Seyfried erforschte. In diesem instabilen Zustand reichen nach seinen Erfahrungen schon geringe Bestrahlungsdosen, um sie absterben zu lassen, während gesunde Zellen durch Ketonstoffwechsel sogar strahlenresistenter würden. Hier muss ich an die Niedrigdosis-Chemotherapie denken, die Professor Volker Zahn (vormals TU München) schon vor langer Zeit vorschlug und bei sich im Krankenhaus Straubing, wo er Chefarzt war, auch in Kombination mit Vollwerternährung erfolgreich praktizierte. Außerdem griff er auf die Erkenntnisse aus *Krankheit als Symbol* zurück und bezog die seelische Ebene bewusst mit ein.

Ein zweiter entscheidender Vorteil beim Fasten, das letztlich ketogene Zellernährung darstellt, da Fastende nur von eigenem Fett und wenig Protein leben, liegt darin, die Stoffwechselsituation von der üblichen Übersäuerung Richtung basisch zu verschieben.

Für Krebspatienten ist geboten, nach dem Fasten auf Entsäuerungskurs zu bleiben und sich weiter ketogen und basisch zu ernähren. Die Rezepte der *Peace Food Keto-Kur* erleichtern es, wobei Krebspatienten mit der Glukosereduktion noch konsequenter sein sollten; das Buch wurde auch für andere Patienten wie Diabetiker und solche mit neurodegenerativen Erkrankungen, aber tatsächlich einfach auch für die große Zahl Abnehmwilliger geschrieben.

Wird die Zuckerflut zurückgefahren wie beim Fasten und (anschließender weiterer) ketogener Ernährung, hungern die entarteten Krebszellen, da sie sich auf Glukose spezialisiert haben und nun kaum mehr welche bekommen. Die anderen Zellen werden wieder in von Mutter Natur vorgesehener Weise ernährt. Beide raffinierten Haupttricks des Krebses für die Anpassung an eine bösartige Situation, erstens die Spezialisierung auf Zucker und zweitens die Vorliebe für saures Milieu, werden bei solchen Therapien zu gefährlichen Nachteilen für ihn. Denn jetzt besteht kein Anreiz mehr für die Zellen, zu entarten und auf Nahrung zu setzen, die es nicht mehr gibt, dafür aber ein hoher Anreiz, in das angestammte, für den Organismus gesunde Regime der Oxidation oder Atmung zurückzukehren. Solch eine Umstellung ist also ein Hinweis für alle gesunden Zellen, dass das Verzuckerungselend ein Ende hat und sie gut daran tun, sich dem Krebsmuster zu widersetzen. Es ist sogar ein Anreiz für schon erkrankte Krebszellen, zur Ordnung zurückzukehren, weil es für ihren Ausweg der Gärung keine Nahrung und Unterstützung mehr gibt. Tatsächlich gibt es Hinweise, dass das geschieht. Und sogar auf erlöster Ebene. Der sogenannte Egotrip beziehungsweise Ausweg in die Gärung war ja die einzige Überlebenschance der Zelle. Das Ego ist der unerlöste Teil, das Selbst der erlöste. Wo jemand die Erkrankung als Chance zur Selbstverwirklichung nutzt, wird deutlich, dass auch dieses Krankheitsbild seinen Sinn und seine gute Seite hat.

Allen schon entstandenen Ablegern der Krebsmuttergeschwulst und ihr selbst geht es mit der durch die Entsäuerung entstandenen ausgeglichenen Stoffwechsellage schlecht. Sie finden kein Milieu mehr vor für neuerliches und weiteres Krebswachstum. Die Metastasen bilden sich in der Regel in umgekehrter Reihenfolge ihrer Entstehung zurück, und auch die Muttergeschwulst wird langsam abgebaut. Das ist der Idealfall, der zusätzlich die seelische Kehrtwende braucht mit entsprechender Radikalität und dem dazugehörigen Neuanfang.

Weitere Argumente für die Vorteile des Fastens im Rahmen der Krebstherapie liefert Valter Longo von der University of California Los Angeles (UCLA). Er konnte wissenschaftlich belegen, in welchem Ausmaß Fasten gesunde Zellen stärkt und kranke, alte schwächt – ein weiterer Punkt, warum Krebs mit Fasten so erfolgreich therapierbar ist. Da Fasten als ketogene Ernährung von innen diese Fähigkeit entwickelt, kann das natürlich und selbstverständlich auch die in diesem Buch empfohlene ketogene Ernährung. Sie ist bei Krebs als Folgekost wirklich zwingend.[44]

Hinzu kommt die ebenfalls von Longo wissenschaftlich belegte Stärkung der körpereigenen Abwehr beim Fasten. Unser Immunsystem wird dabei gleichsam runderneuert und damit erheblich gestärkt. Das dürfte einer der Gründe sein, warum generell beim Fasten der CRP-Wert, der Entzündungsmarker, sinkt, wie Andreas Michalsen vom Immanuel Krankenhaus der Charité Berlin wissenschaftlich nachweisen konnte.[45] So gehen beim Fasten Entzündungen, Allergien und Autoaggressionsprobleme zurück. Der CRP-Wert sinkt ebenfalls bei pflanzlich-vollwertiger Kost. Auch das macht sie zur idealen Fortsetzung des Fastens bei so vielen Krankheitsbildern und besonders bei Krebs. Für die ketogene Variante von *Peace Food* gilt das in besonderem Maß, da sie die Nachteile der üblichen fleischlastigen und damit krebsfördernden ketogenen Diäten vermeidet. Bei Krebs ist sie nach dem Fasten aus den beschriebenen Gründen wie gesagt unverzichtbar.

Das alte Vorurteil der Schulmedizin, Fasten sei bei Krebs gefährlich, veranlasste mich über Jahrzehnte, meine fastenden KrebspatientInnen zu Stillschweigen zu verpflichten. Dabei verbessert sich nicht nur die Verträglichkeit und Effizienz der Chemotherapie, sondern alle Befürchtungen, wonach es KrebspatientInnen sehr schlecht ginge, wenn sie vor oder auch während der Chemotherapie fasteten, erwiesen sich dank der Studien von Professor Longo als unbegründet.

Grundsätzlich gilt, je langsamer die Zellteilungsrate, desto geringer wird das Krebsrisiko. Das ist auch der Grund für den bei Krebs verheerenden Effekt starker IGF-1-Anflutung. Das scheint sogar bei Kurzzeitfasten eine Rolle zu spielen (ausführlicher beschrieben in *Kurzzeit-Fasten*, siehe Literaturverzeichnis). Auch berichtet Andrew M. Seaman[46] von einer Untersuchung, dass Kurzfasten über Nacht das Risiko eines Wiederauftretens von

Brustkrebs deutlich reduziere. Oder anders gesagt, wenn Frauen nachts weniger als 13 Stunden nüchtern blieben, stieg das Risiko eines sogenannten Rezidivs. Hier drängt sich sofort die Frage auf, wie positiv sich noch längeres nächtliches Fasten auswirken würde. Persönlich faste ich mindestens 18 Stunden täglich und reduziere die Essensphase auf sechs Stunden. Das haben die Wissenschaftler bei obiger Untersuchung gar nicht erst versucht. Ich empfehle dringend in jedem Fall – sofern noch keine kachektische Auszehrung vorliegt –, deutlich länger während der Nacht zu fasten. Bei Krebs sind 16 Stunden als Minimum anzusehen und in jedem Stadium angesagt. Das ist auch wirklich sehr leicht zu schaffen mit einem späten Frühstück, normalen Mittag- und frühen Abendessen. Phasen mit vier Stunden Essen sind noch hilfreicher, selbst nur einmal pro Tag zu essen ist gut möglich.

Obwohl die für die Studie Verantwortlichen zugeben mussten, dass längeres nächtliches Fasten harmlos ist, zerstörten sie gleich wieder hoffnungsvolle Erwartungen, denn es hieß, man brauche erst mehr Forschung, um daraus Empfehlungen abzuleiten. Ruth Patterson (University of California, San Diego Moores Cancer Center in La Jolla) gab dazu die Auskunft: »In der Wissenschaft haben wir eine sehr gute Regel, wir leiten von einer Studie noch keine öffentliche Gesundheitsempfehlung ab.« So kommt es, dass am Ende nichts empfohlen wird, was PatientInnen wirklich helfen – und der Industrie schaden könnte. Als Autor von *Kurzzeit-Fasten* war ich besonders verblüfft, weil ich bei der Arbeit an diesem Buch an die 300 Studien vor allem aus den USA fand, die Kurzzeitfasten auf allen möglichen Ebenen als sehr erfolgreich belegen. Aber die Autorin hat es offenbar geschafft, die Flut von Studien geflissentlich zu übersehen. Leider begegnen wir derlei unwissenschaftlichem Verhalten unter Wissenschaftlern ständig, besonders in der Krebsmedizin.

Daran zeigt sich einmal mehr ein großes Tabu in der Schulmedizin, den Betroffenen Eigenverantwortung zuzugestehen. Ich weise in diesem Buch immer wieder auf diese ebenso bedauerliche wie gefährliche Situation hin, um PatientInnen Mut zu machen, eigene Wege zu gehen und damit anzufangen, selbstverantwortlich etwas für ihre Gesundheit zu tun, und nicht zu warten, bis ihnen etwas verschrieben wird – das manchmal auch PatientInnen, vor allem aber den Auftraggebern der Forschung, den Sponsoren der Schulmedizin, der Pharmaindustrie, Nutzen bringen soll.

In diesem Sinne lässt sich sogleich mit der Ernährung beginnen: Was, wie viel, wie und wann sollen Krebspatienten essen?

Die Antworten gelten eigentlich auch für alle Gesundheitsbewussten und fassen das bisher Empfohlene zusammen:

Was? – Pflanzlich-vollwertige Kost; alles, was basisch, frisch und ketogen ist.

Wie? – Sehr bewusst, am besten geradezu rituell Bissen für Bissen.

Wie viel? – Am besten schmale Portionen, es sei denn, Betroffene sind in der Auszehrungsphase, aber selbst in dieser Lage gilt die Devise »Qualität vor Quantität«.

Wann? – Die erste Mahlzeit am besten nach möglichst langer nächtlicher Pause.

Die Kurzformel dieser Lebens(re)form im Hinblick auf Ernährung lautet: – Alles frisch aus der Natur, möglichst roh und lichtreich, damit entzündungshemmend und nervenschonend, heilend und vorbeugend und selbstverständlich nichts vom Tier.

Die so freigewordene, ja befreite Energie lässt sich idealerweise dazu nutzen, auf der Grundlage des alten Wissens der *Schicksalsgesetze* die *Spielregeln des Lebens* zu lernen, das *Schattenprinzip* zu integrieren und sich so in die Lage zu versetzen, allen *12 Lebensprinzipien* gerecht zu werden, das heißt, sie von der unerlöst-destruktiven auf die erlöst-konstruktive Ebene zu transformieren. Zentrales Ziel sollte der individuelle Weg der Selbstverwirklichung sein, um die jeweilige Lebensaufgabe zu ergründen und zu verwirklichen. Dazu gehört nicht nur geistig-seelische Entwicklung, sondern auch seine Begabungen als Gaben zu erkennen, die auch gegeben werden wollen.

Säfte und Wasser

Über Jahrzehnte habe ich immer wieder von eindrucksvollen Erfahrungen bis hin zu Krebsheilungen mit Saftfasten-Kuren gehört und auch einige miterlebt, unter anderem mit der Breuss-Kur. Sie geht auf den 1990 mit 91 Jahren verstorbenen Vorarlberger Heilpraktiker Rudolf Breuss zurück.[47]

Allerdings gab es auch tragische Rückschläge bei dieser Kur, wenn der Krebs zwar während des Fastens schrumpfte, wie bei solch langen Fastenzeiten praktisch immer, und die Hoffnung entsprechend wuchs. Aber kaum wurde wieder gegessen, kam es manchmal dazu, dass der Tumor noch stärker zurückkam. Auf dem Boden heutiger Erkenntnisse ist das verständlich. Nach langer Aushungerphase bekam er mit normaler, vielleicht obendrein noch raffinierter Kohlenhydratkost sein Idealfutter und die Chance zu explosionsartigem Wachstum. Das kann, wie gerade erläutert, eine auf die jeweilige Krebsproblematik abgestimmte anschließende pflanzlich-vollwertige Keto-Kur verhindern.

Nach Breuss sollen Tumorpatienten über 42 Tage nichts anderes zu sich nehmen als die von ihm empfohlenen Säfte und Tees, deren Zubereitung und Einnahme seinen strikten Anweisungen zu folgen hatte. Rote Bete, Möhren, Sellerie, Schwarzer Rettich und – für Patienten mit Leberkarzinomen – auch Kartoffeln aus biologischem Anbau werden für die Kur jeweils frisch gepresst.

Die maximale Saftmenge pro Tag liegt nach Breuss bei einem halben Liter. Hinzu kommen Salbei-, Nieren- und Storchenschnabeltee.

Leider sind solche Kuren kaum wissenschaftlich dokumentiert. Doch für Behandlungsmethoden, bei denen frisch gepresste Gemüsesäfte und auch Obstsäfte aus alten Sorten zum Einsatz kommen, spricht vieles. Die Säfte führen dem Körper viele Vitamine, sekundäre Pflanzenstoffe, Mineralien, Ballaststoffe und auch schützende Antioxidantien zu. Sie sollten aber unbedingt frisch gepresst sein, damit sie wirklich Biophotonen, das Leuchten des Lebens, übermitteln. Gegen Fertigprodukte ist einzuwenden, dass es ihnen im Gegensatz zu frisch zubereiteten Säften an Biophotonen mangelt. So haben wir in TamanGa selbst beste Fertigsäfte in Demeter-Qualität wieder weitgehend gestrichen, weil sie nicht annähernd mit Frischgepresstem konkurrieren können. Und jeder schmeckt es auch. Zudem werden intensive Saftkuren bei Krebs durch zu hohen Zuckergehalt problematisch, wie ihn moderne aus hybridisierten Pflanzen stammende Industriesäfte praktisch garantieren.

Auch der Arzt Max Gerson verordnete in seiner nach ihm benannten Therapie frische Säfte.[48] Gerson ging davon aus, dass fast alle chronischen Krankheitsbilder mit einer Ernährungsumstellung zu heilen seien, auch Krebs. Das Krebswachstum führte er auf eine gestörte Zellatmung wegen mangelnder Enzymaktivität zurück. Dadurch gerate der Zellstoffwechsel in Richtung Gärung, was den Organismus vergifte und seine Selbstheilungskräfte blockiere.

In der Gerson-Therapie werden 13 Gläser frisch gepresster Säfte pro Tag getrunken, jede Stunde ein Glas. Der Morgen beginnt mit Orangensaft, gefolgt von einem Saft aus grünem Blattgemüse, gleichsam einem Vorläufer der grünen Smoothies, die bei Krebs wegen des extrem hohen Chlorophyllgehalts sehr zu empfehlen sind. Im Laufe des Tages kommt eine bunte Mischung hinzu, etwa die Kombination von Apfel und Möhre, gefolgt von Möhre pur, dann wieder ein grüner Smoothie.

Darüber hinaus setzte Gerson auf Kaffee-Einläufe, drei gekochte Mahlzeiten in Bio-Qualität täglich und basische Gemüsesuppe zweimal pro Tag. Immer wieder habe ich von guten Erfahrungen auch mit dieser Kur gehört, und sie kommt meinen Empfehlungen sehr nahe. Wobei wir heute zum Glück noch mehr wissen und diese Informationen auch integrieren können.

Zu bedenken bei allen Saftkuren sind die Mahnungen des Vollwertpapstes Max Otto Bruker, der uns mit Recht daran erinnerte, Säfte nie schneller zu trinken, als wir darin enthaltenes Obst essen beziehungsweise kauen könnten.

Eine andere vielversprechende Möglichkeit scheinen Kuren mit Weizengrassaft zu sein, die auf die Erfahrungen und Forschungen von Ann Wigmore zurückgehen.[49]

Genug gutes Wasser zu trinken ist für jeden zu jeder Zeit wichtig, zumal es – den Erkenntnissen des österreichischen Wasserpapstes Viktor Schauberger folgend – in höchstem Maß belebende Wirkung besitzt. Leider hat der moderne Mensch inzwischen und wahrscheinlich ähnlich wie beim Essen wegen der Überfülle an vergleichsweise schlechten Getränken sein natürliches Durstgefühl verloren. Bei Krebs, wo es zu oft heftigen Entgiftungen kommen kann und manchmal auch muss, ist es besonders notwendig, mindestens zwei Liter pro Tag zu trinken.

Um das eigene Lieblingswasser zu finden, das dann auch gern und reichlich genossen wird, empfehle ich eine Wasserprobe zu machen, wie sie bei meinen Seminaren in TamanGa Standard ist und im Wesentlichen einer Weinprobe entspricht. Als Grundausstattung für die Wahl des persönlichen Favoriten haben sich für uns die sieben reifen Quellen von St. Leonhards bewährt und in der Krebssituation auch basisches Wasser, das gleichsam als Heilmittel hinzukommt. Um zu Anfang einer Kur rasch eine starke Entsäuerung zu schaffen, steigern wir die Alkalität dieses Wassers von Tag zu Tag, was allerdings nur mit entsprechend aufwendigen Geräten erreichbar ist, die ich ansonsten nicht mehr empfehle.

Probiotika

Von zehn Zellen unseres Organismus ist nur eine menschlicher Natur. Über 90 Prozent unserer Zellen sind Mikroorganismen, die in mehr oder weniger harmonischer Symbiose mit uns leben. Sie machen 80 Prozent unseres Immunsystems aus und spielen schon aus diesem Grund eine erhebliche Rolle im Krebsgeschehen.

Das (menschliche) Mikrobiom wurde bis zu seiner reichlich verspäteten Entdeckung durch die Schulmedizin von Generationen von Fastenärzten Darmflora genannt. Seine Art und Zusammensetzung aus über 100 000 Milliarden Mikroben ist generell für unsere Gesundheit von enormer Bedeutung. So mahnte bereits Hippokrates, den Verdauungsapparat zu pflegen, denn der Tod sitze im Darm. Große Ärzte der Vergangenheit wie der österreichische Fastenarzt F. X. Mayr betonten das immer wieder. Und tatsächlich ist der (Dick-)Darm symbolisch gesehen das Totenreich des Körpers, der Schattenwelt entsprechend. Und konkret liegen in ihm auch viele Ursachen für Krankheitsbilder, wie heute erst allmählich entdeckt wird.

Das unübersehbar riesige Heer bakterieller Symbionten kommuniziert intern über Botenstoffe, die auch das Gehirn erreichen und uns viel weitgehender und bis hin zur (Lebens-)Stimmung beeinflussen, als wir bisher ahnten. Bei Fehlbesiedlungen mit krankheitsverursachenden (pathogenen) Mikroben sondern sie ständig Endotoxine ab, die dann im Körper Entzündungen bewirken, die ihrerseits Krebs begünstigen. Nahrungsmittel, die sauer verstoffwechselt werden, wie fast alles Tierische, aber auch Süßigkeiten, bilden die bevorzugte Ernährungsbasis solch pathogener Darmkeime. Ballaststoffreiche pflanzliche Nahrungsmittel sind dagegen das Lieblingsfutter hilfreicher Symbionten. Ungünstige Verschiebungen der Darmflora durch Verzehr (zu) vieler säurebildender Nahrungsmittel, wie der meisten industriell verarbeiteten mit ihren chemischen Zusätzen, fördern neben vielen chronischen Krankheitsbildern wie Entzündungen, Allergien und Autoimmunstörungen auch Krebs. Dass Darmbakterien außerdem bei der Entwicklung und Verhinderung von Fettsucht eine Rolle spielen, ist schon länger bekannt, deren wiederum krebsfördernde Funktion ebenfalls.

Eine optimale Unterstützung der guten Bakterien-Mitarbeiterinnen und ein spürbarer Impuls zurück zur Ordnung gelingen nach meinen langjährigen Fasten- und Aufbauerfahrungen sehr gut mit der Einnahme eines in mehreren Stufen fermentierten Gemischs aus Früchten, Gemüse, Nüssen in Bio-Qualität (Handelsname »Rechtsregulat«). Ich empfehle, mit der Einnahme nach ein paar Fastentagen zu beginnen, um dann über die Fastenzeit hinaus die ganze Flasche zu Ende zu nehmen. Bei hartnäckigeren Dysbiosen hat sich eine Kur von drei Flaschen bewährt.

War bisher die Darmflora das Reich der Komplementärmedizin, kommt nun immer mehr auch die Schulmedizin hinzu. Zum Beispiel beschäftigt sich eine Studie der University of California (UCLA) mit Behandlungs- und sogar Diagnosemöglichkeiten.[50] Sie legt auch nahe, das Mikrobiom in Zukunft zu nutzen, um das Risiko bestimmter Krebstypen zu reduzieren. Berichtet wird vom entzündungshemmenden Einfluss bestimmter Darmbakterien, die in der Lage sind, die Entwicklung von einigen Krebstypen zu stoppen oder wenigstens zu verlangsamen. Die Forscher gehen davon aus, über Millionen Jahre hätten sich gute und schlechte Bakterientypen entwickelt, die schlechten würden Entzündungen fördern, die guten sie verhindern. Das klingt ganz plausibel, aber ich halte es für viel wahrscheinlicher, dass das Elend ganz modern ist und der industriell produzierten Kost geschuldet.

Der Leiter der Studie Robert Schiestl und seine Kollegen isolierten ein Bakterium namens Lactobacillus johnsonii 456, das häufigste der heilsamen Bakterien, das nachweislich Genschäden und Entzündungen reduziere. So legt die Studie nahe, dass Mediziner das Krebsrisiko durch Analyse von Niveau und Art der Darmbakterien abschätzen könnten und durch Verschreibung von Probiotika positiven Einfluss auf entzündungsfeindliche Bakterien nehmen sollten. In ihrem Fazit hoffen die Wissenschaftler, der Einsatz von Probiotika könne in Zukunft auch als Vorbeugung für alle dienen und die Krebswahrscheinlichkeit bei dafür empfänglichen Personen reduzieren. Diese Behandlung sei nicht invasiv und ziemlich leicht zu bewerkstelligen. Genau das alles machen wir mit dem erwähnten Produkt »Rechtsregulat« seit Jahrzehnten, wie natürlich auch über Fasten und ballaststoffreiche Ernährung (*Peace Food*) sowie in der Krebssituation mit der verschärften *Peace Food Keto-Kur*. Denn diese Zukunft hat in der Komplementärmedizin schon vor Jahrzehnten begonnen und ist bei Fastenärzten beinahe selbstverständliche Praxis.

Leider genauso selbstverständlich – zumindest in den Augen ihrer Finanzmanager – hat die Universität, an der die Studie entstand, ein Patent auf den Lactobacillus johnsonii 456 als entzündungshemmendes Mittel angemeldet. Das heißt, der am häufigsten im Mikrobiom aller Menschen vorkommende gute Bakterienstamm soll bald der UCLA gehören. Hier zeigt sich das moderne Dilemma. Einerseits ist es wohl nicht nur für mich ein Skandal, wenn das häufigste Bakterium der für uns hilfreichen Darmflora in Zukunft Teil des Business ist. Andererseits wäre es im modernen Wissenschaftsbetrieb mit Sicherheit erst gar nicht erforscht worden, wenn diese Möglichkeit der Patentierung und des Profit(ieren)s nicht bestünde.

Sekundäre Pflanzenstoffe

Karotten, Kohl- und Lauchgewächse, Erdbeeren und andere Gemüse- und Obstsorten haben alle gemeinsam wundervolle Möglichkeiten gegen Krebszellen zu bieten dank ihrer sekundären Pflanzenstoffe. Diese sind aber keineswegs sekundär, sie wurden lediglich erst nach den Vitaminen entdeckt. Was Krebs angeht, stehen sie eher an erster Stelle. Der Begriff stammt von dem Mediziner und Biochemiker Albrecht Kossel, der für seine Forschungen zum Zellkern 1910 den Nobelpreis erhielt. Er ging von primären Stoffen aus, die unbedingt vorhanden sein müssen, und sekundären, die fakultativ sind. Aber es zeigt sich immer mehr, von welch primärer Wichtigkeit die sekundären Pflanzenstoffe in Wahrheit sind. Nach dem bereits zitierten Mikrobiologen und Ernährungswissenschaftler Claus Leitzmann soll es über 250 000 geben; lediglich an die 10 000 sind inzwischen bekannt. Es handelt sich um Farb-, Geruchs- und Geschmacksstoffe. Die Pflanzen produzieren sie, um sich damit unter anderem gegen Feinde zu schützen. Deshalb finden sich die meisten dieser Stoffe in oder direkt unter der Schale. Also Vorsicht beim Schälen, es könnte das Wichtigste beseitigen. Wie nach dem *Schattenprinzip* nicht anders zu erwarten, können Pflanzenstoffe auch giftig sein. Solanin, enthalten in grünen Tomaten und Kartoffeln mit grünen Stellen, kann Übelkeit und Erbrechen auslösen und wäre zu meiden.

Von Paracelsus können wir lernen, dass gegen jedes Krankheitsbild auch ein Kraut gewachsen ist, in der Regel findet es der Patient sogar in seiner direkten Umgebung. Wenn die Natur ein Problem erzeugt, schafft sie auch eine Lösung dafür. Was so simpel klingt, hat sich mir als Arzt immer als wahr, wichtig und richtig erwiesen. Die Natur funktioniert obendrein langfristig gut, die chemischen Entdeckungen der Pharmaindustrie manchmal kurzfristig, langfristig fast nie. Unser Organismus kann sich immer nur selbst heilen und von fast allen Leiden befreien, vor allem wenn wir ihm geben, was er dazu benötigt. Und das ist selten giftige Chemie, aber oft einfache Natur und bei Krebs die bedingungslose Zuwendung unserer Seele. So sollten wir unsere Aufmerksamkeit auf die sekundären Pflanzenstoffe lenken, denn sie können die unterschiedlichsten gesundheitsfördernden Wirkungen entfalten. Vegetarisch und erst recht vegan lebende Zeitgenossen nehmen bei hohem Verzehr von Gemüsen, Hülsen- und anderen Früchten meist ausreichend sekundäre Pflanzenstoffe auf. In der Regel finden sich deshalb bei ihnen höhere Werte an Antioxidantien und Pflanzenöstrogenen im Blut.

Die bekanntesten aus einer riesigen, bei weitem nicht ausreichend erforschten Menge der sekundären Pflanzenstoffe sind die Carotinoide, die in gelben, orangefarbenen und roten Früchten und Gemüsen, aber auch in grünblättrigen Gemüsepflanzen enthalten sind. Bemerkenswert sind auch die in gelben und roten, blauen und violetten Gemüsen und Früchten enthaltenen Flavonoide. Die Sulforaphane aus Brokkoli und anderen Kohlarten finden als Antikrebsmittel bereits Beachtung in der Presse. Saponine sind etwa in eiweißreichen Hülsenfrüchten, Phytosterine in Nüssen, Ölsamen und Weizenkeimen enthalten. Phytoöstrogene, wie sie in Sojabohnen vorkommen, wurden zu Unrecht als Bedrohung dargestellt, Studien belegen eher das Gegenteil. Sulfide machen Zwiebel- und Lauchgewächse »anrüchig« und gesund. Terpene aus Früchten wie Orangen, Aprikosen, Trauben sowie aus Gewürzen sind wohl auch für die heilsamen Wirkungen des bei Krebs besonders empfehlenswerten Waldbadens verantwortlich, mehr dazu später. Phenolsäuren stammen unter anderem aus Grün- und Weißkohl, grünen Bohnen und Weizen. Und das ist nur eine sehr kleine Auswahl an für unsere Gesundheit so wichtigen sekundären Pflanzenstoffen. Hier noch eine ebenso kurz gefasste Liste besonders empfehlenswerter Gemüse, Früchte und Nüsse.[51]

Süßlupine: Nicht nur ihr Reichtum an sekundären Pflanzenstoffen, die krebshemmend und antioxidativ sind, dazu Alterserscheinungen und überhaupt körperlichem Verfall entgegenwirken, macht sie zu einem Zaubermittel. Auch fördert sie die bei Krebs notwendige Entsäuerung. Sie enthält bei deutlich über 40 Prozent Eiweißanteil nur je 10 Prozent komplexe Kohlenhydrate und ebenso viel wertvolle Fette und wird dabei basisch verstoffwechselt. Andere proteinreiche Nahrungsmittel verstärken in der Regel aufgrund der Amino*säuren* die allgemeine Übersäuerung, wobei das saure Milieu bei Krebs so besonders schädlich ist. Die Lupine ist mit ihrer basischen Wirkung hier die große Ausnahme und deshalb für die bei Krebs empfohlene Keto-Kost von herausragender Bedeutung. Bemerkenswert auch, dass sie nie genmanipuliert wurde und den Boden, auf dem sie wächst, auch noch verbessert und obendrein unter den schönen Pflanzen eine besonders schöne Erscheinung ist.

Nüsse: Eine Handvoll Walnüsse und anderer Baumnüsse pro Woche (nicht aber Erdnüsse, die Samen der Hülsenfruchtpflanze, die in der Erde wachsen) sollte zu jeder Krebstherapie und -vorbeugung gehören. Krebspatienten, die pro Woche mehr als 60 g dieser Nüsse essen, reduzieren ihr Risiko, dass Krebs nach einer Remission zurückkommt, um sage und schreibe 42 Prozent und verringern ihr Risiko, an Krebs zu sterben, sogar um 57 Prozent (Forscher des Dana Farber Cancer Institute kontrollierten die Überlebensraten von 826 Patienten, die ihre Behandlung von Darmkrebs abgeschlossen hatten inklusive derjenigen, die wegen Krebs im Stadium III zur Behandlung waren).[52]

Karotten: Immer wieder gibt es verblüffende Krebsheilungsgeschichten mit Karotten und vor allem ihrem Saft. Wissenschaftlich wird dies mit den großen darin enthaltenen Mengen an Betacarotin erklärt, wie auch an dem Antioxidans Falcarinol, das nachweislich krebshemmende Eigenschaften besitzt. Britische und dänische Forscher konnten damit bei Ratten und Mäusen deren laborinduzierte Krebstumore zum Schrumpfen bringen. Noch ein Hinweis: Aus gekochten Karotten können die Inhaltsstoffe wesentlich besser als aus rohen aufgenommen werden. In Aprikosen ist allerdings noch viel mehr Betacarotin enthalten.

Brunnenkresse: Kürzlich haben Forscher der University of South Dakota mit Phenetyl-Isothiocyanat einen sekundären Pflanzenstoff identifiziert, der sogar gefährliche Krebsstammzellen erfolgreich bekämpfen kann, an die Chemo- und Strahlentherapie nicht herankommen und die nach neuester Forschungslage durch jene Therapien sogar noch gefördert werden. Phenetyl-Isothiocyanat kommt in Brokkoli, Weißkohl, Blumenkohl und vor allem Brunnenkresse vor. Untersuchungen haben gezeigt, dass der Stoff gegen Darm-, Prostata-, Brust-, Gebärmutterhals-, Eierstock- und Bauchspeicheldrüsenkrebs Erfolg verspricht. Wobei wieder von offizieller Forscherseite die Einschränkung kommt, es könne noch Jahre dauern, bis alles genau im Labor und dann in klinischen Studien überprüft und daraus ein anwendbares Medikament entstanden sei. Aber warum nicht gleich anfangen und einfach gesünder essen? Laut einer Studie der englischen Cambridge University aus dem Jahr 2010 kann man adäquate Mengen des Stoffes tatsächlich vor allem in Form von echter Brunnen- oder Wasserkresse ganz einfach im Salat zu sich nehmen! Die englischen Forscher haben da wohl nicht ganz systemkonform mitgespielt und sich als echte Spielverderber gegen die Pharmaindustrie aufgespielt und auf die Seite der Betroffenen gestellt. In der alten Welt gehen manche Uhren zum Glück noch anders. Möglicherweise bleiben diese forschenden Engländer ärmer und schlafen dafür besser, können aber auch weiter in den Spiegel schauen. Ob sie aber auch in Zukunft Gelder für weiteres Forschen erhalten, dürfte in den Sternen stehen. Danke jedenfalls für ihre wissenschaftliche Erlaubnis, Brunnenkresse in Salatform zu genießen und nebenbei dem Krebs das Leben zu erschweren und uns zu erhalten!

Ingwer: Die Ingwerwurzel enthält von Natur aus den Stoff 6-Shogaol, der bis zu 10 000-mal effektiver Tumorstammzellen abtötet als Chemotherapie, laut einer aktuellen Studie aus Saudi-Arabien.[53] Er wirke bereits in harmlosen Konzentrationen aktiv gegen Tumorstammzellen, speziell könne Ingwerextrakt die Vermehrung von Brustkrebszellen hemmen. Obendrein wurde festgestellt, dass der Extrakt Wachstum und Vermehrung gesunder Zellen nicht beeinträchtigt. Das ist ein großer enorm positiver Unterschied zu herkömmlicher Chemotherapie mit ihren bekannt schweren Nebeneffekten.

Knoblauch: In einigen Regionen gilt Knoblauch traditionell als bestes und wichtigstes Medikament. Er wirkt nachweislich antikanzerogen und entzündungshemmend wie ein Breitbandantibiotikum und hat dabei noch den immensen Vorteil, die gesunden Bakterien unserer Darmflora zu verschonen. Diese beiden Punkte machen ihn im Hinblick auf Krebs so wichtig.

Hanf: Seit uralten Zeiten wird der Hanfpflanze große Heilwirkung zugeschrieben, durch den US-Krieg gegen Drogen geriet der Hanf jedoch aus dem Blickfeld als Heilmittel. Die wissenschaftlichen Erfahrungen sind aufgrund der langen Diskriminierung noch geringer. Einige Studien und mein Gefühl allerdings sagen mir, dass der Hanf eine große Zukunft hat. Das aus einer bestimmten Sorte Hanf gewonnene Cannabidiol (CBD-Öl) ist auch ein wesentlicher Bestandteil ganzheitlicher Krebstherapie.

Pflanzenwunder gegen Krebs

Die besten weil nachhaltigsten Krebsmittel der Zukunft dürften aus dem Kreis der sekundären Pflanzenstoffe kommen, und wir können sie jetzt schon vorbeugend und nötigenfalls therapeutisch genießen in den bereits erwähnten »neuen Superfoods« Süßlupine oder Brunnenkresse. Hinzu kommen Brokkoli, (Weiß-) Kohl, Möhren, Grüntee, Granatäpfel, Himbeeren, Brombeeren und vieles andere mehr.

Die italienischen Forscher Emanuele-Salvatore Scarpa und Paolino Ninfali (Universität von Urbino) haben eine Liste der wirksamsten sekundären Pflanzenstoffe gegen Krebsstammzellen zusammengestellt.[54] Hier finden sich Epigallocatechin-3-gallate (EGCG, z. B. in grünem Tee), Piperin (z. B. in schwarzem Pfeffer), Sulforaphan (v. a. in Kreuzblütlern wie Brokkoli und anderen Kohlsorten), Betacarotin (z. B. in Aprikosen und Karotten), Quercetin (z. B. in Kapern, Liebstöckel), Resveratrol (z. B. in roten Trauben, Erdnüssen), Genistein (z. B. in Soja und Kaffee), Curcumin (aus der Kurkumawurzel) und der Extrakt aus Sasa quelpaertensis (ein Gras südkoreanischen Ursprungs).

Diese Liste lässt sich noch weiter ergänzen, etwa durch Lycopin oder rotes Karotin (z. B. in Tomate, Wassermelone, pinkfarbener Grapefruit), Ellagsäure (z. B. in Granatapfelextrakt) oder *Luteolin* (z. B. in Sellerie und verschiedenen grünen Gemüsen).

Der an erster Stelle genannte ***Grüne Tee*** (EGCG Extrakt) gilt seit Jahrtausenden als Heilmittel bei Krankheitsbildern wie Alzheimer, Diabetes, Übergewicht, Akne und Psoriasis. Außerdem soll das »grüne Gold« – wegen seiner Farbe zwischen Grün und Gold – die Kraft der Herzmuskelzellen stärken und Herzrhythmusstörungen bessern sowie chronische Entzündungsprozesse im zentralen Nervensystem reduzieren etwa bei Multipler Sklerose.

Im Grüntee enthaltene Stoffe wirken nicht nur antioxidativ, sondern auch sehr entzündungshemmend, was bei Krebs – wie besprochen – so wichtig ist. Japanische Studien belegten auch stark tumorhemmende Eigenschaften, die Grüntee in die erste Reihe der biologischen Krebsabwehr stellen. EGCG scheint die Bildung von Blutgefäßen in Tumoren zu hemmen, was Tumorwachstum be- und verhindert. Studien zeigten auch, dass EGCG die Entstehung von Tumoren der Prostata, Brust und Gebärmutter hemmt. Wissenschaftler der schottischen University of Strathclyde bewiesen die wachstumshemmende Wirksamkeit des Polyphenols.

Da für eine entscheidende Krebsvorbeugung und -therapie bis zu zehn Tassen Grüntee am Tag zu trinken wären, lag der Gedanke von Infusionen mit Grüntee-Extrakt nahe, wie sie sich in Dr. Hoberts Therapie (siehe Seite 206) bewährten.

Besondere Beachtung verdient auch das Multitalent ***Curcumin***. Kurkuma oder Gelbwurz, weithin bekannt als intensives gelborangefarbenes Gewürz aus indischen Currymischungen, kann sowohl vorbeugend als auch therapeutisch verwendet werden. In Indien ist Kurkuma traditionell Teil der Ernährung, und die Erkrankungsquote von Brust-, Prostata-, Dickdarm- und Lungenkrebs ist 90 Prozent geringer als in den USA, wo es sich aber inzwischen unter der Bezeichnung Tumeric immer mehr verbreitet.

An die 3000 Studien belegen die Wirkung von Curcumin bei Krebs. Die onkologischen Gesellschaften in Deutschland, Österreich und in den USA empfehlen Curcumin beziehungsweise Tumeric als Therapiebegleitung bei Krebs. Es stimuliert das Immunsystem, hemmt Metastasen, aktiviert die Apoptose (Zellselbstmord) und unterbindet die Bildung von Blutgefäßen zum Tumor.

Artemesinin (Artesunat): Schon lange finden Extrakte des Einjährigen Beifuß Verwendung in der Traditionellen Chinesischen Medizin (TCM) im Kampf gegen Malaria. Mehrere Untersuchungen untermauern, dass Artemesinin auch bei einer Reihe von Krebsarten zerstörerisches Potenzial im Hinblick auf entartete Zellen entfaltet.

Artesunat kann den Zelltod von Tumorzellen (Apoptose) auslösen mittels sogenannter Lysosomen. Normalerweise für den Abbau von nicht mehr benötigten Zellstrukturen zuständig, lösen sie nun in den Mitochondrien den programmierten Zelltod aus. Dass dieser von den Zellkraftwerken ausgeht, hatte schon Professor Seyfried belegt. Artesunat kann Krebszellen zudem an der Vermehrung hindern.

Weitere Vorteile von Artemesinin sind seine hohe Toxizität für Krebszellen – selbst für solche, die gegenüber Zytostatika resistent sind –, während es gesunde Zellen ganz weitgehend verschont.

Vitamin C galt schon Linus Pauling, dem US-amerikanischen zweifachen Nobelpreisträger für Frieden und Chemie und Begründer der Orthomolekularen Medizin als essentieller Mikronährstoff zur Krebsbekämpfung. Das Vitamin ist wasserlöslich und vom menschlichen Körper weder herstell- noch speicherbar. Daher ist es rasch aufgebraucht, und ein kurzzeitiger Überschuss wird vom Körper obendrein wieder ausgeschieden. Wir sind also darauf angewiesen, Vitamin C möglichst täglich mit der Nahrung aufzunehmen. KrebspatientInnen leiden häufig an Vitamin-C-Mangel.

Vitamin C verfügt über antioxidative Eigenschaften, die den Körper vor freien Radikalen wie auch vor Krebs und Mutationen auslösenden Stoffen schützen. Mit seinen tumorzelltoxischen Eigenschaften steigert es auch die körperliche Immunantwort.

Wissenschaftler des amerikanischen Nationalen Gesundheitsinstituts (NIH, Bethesda, USA) wiesen nach, dass Vitamin C gezielt Krebszellen abtötet, während es gesunde Zellen nicht schädigt. Damit die Krebszellen abstarben, musste jedoch das Vitamin C in so hohen Konzentrationen (25–50 g) verabreicht werden, wie sie beim Menschen fast nur durch Infusionen direkt in die Venen möglich sind. Geschluckt führen solche Dosen, wie bei der von Linus Pauling propagierten Vitamin-C-Therapie, zu heftigen Durchfällen.

Der Antikrebs-Wirkmechanismus von Vitamin C ist mittlerweile durchschaut. Wissenschaftler stellten fest, dass Ascorbinsäure beziehungsweise Vitamin C zur Bildung von Wasserstoffperoxid führt, das Krebszellen tötet. Es entsteht jedoch nur außerhalb der Zellen und nicht im Blut, weshalb es ideales Transportmittel für die intravenös verabreichte Ascorbinsäure zu den verschiedenen Geweben ist. Selbst hohe Konzentrationen töten nur Krebszellen, verschonen aber gesunde. Zum Beispiel im Hyperthermie Zentrum in Hannover und in der Krebstherapie von Dr. Hobert kommt Vitamin C als hochdosierte Infusionstherapie zur Anwendung.

Pflanzensynergien statt Einzelstoffe

Die Forschungsergebnisse zu den Pflanzenstoffen machen natürlich Hoffnung, aber wie so oft lese ich am Schluss einschlägiger Veröffentlichungen, man solle genau das nicht tun, nämlich sich Hoffnung machen. Weil es noch lange dauern würde, bis alle Studien wiederholt und von der Pharmaindustrie daraus in Apotheken käufliche Antikrebsmittel entwickelt seien. Selbstverständlich rate ich als Arzt genau zum Gegenteil. Patienten dürfen sich wieder Hoffnung machen und ab sofort all diese Stoffe täglich über ihre entsprechenden (Herkunfts-)Pflanzen zu sich nehmen. Nach meinen Erfahrungen wirken sie im Verbund der ganzen

Pflanze sowieso noch viel besser als extrahiert und auf Einzelfaktoren reduziert.

Das Bestreben der pharmazeutischen Industrie, Wirkstoffe zu isolieren, ist dem wissenschaftlichen Reduktionismus geschuldet, der die Tendenz hat, sich in winzigen Details zu verlieren und das große Ganze und zum Schluss den Wald vor lauter Bäumen zu übersehen. In der Übertreibung führt das genau zu einer Schulmedizin, die nicht selten pharmahörig ist und einen Patienten nicht mehr als Menschen, sondern als »Niere von Zimmer 17« sieht. Außerdem gibt es Untersuchungen, die dokumentieren, dass Einzelstoffe isoliert gegeben sogar schaden können – etwa bezüglich Betacarotin und Vitamin E. Die ganze Pflanze oder Frucht ist wohl immer besser. Ein kurzer Filmbeitrag zeigt am Beispiel des Apfels, wie es auch ginge.[55] Wer dächte da nicht an den bekannten Spruch »*An apple a day keeps the doctor away*« (»Ein Apfel am Tag hält den Doktor fern«).

Die Viertelmillion sekundärer Pflanzenstoffe, von denen Claus Leitzmann spricht, verbergen sich in unserer Urnahrung, den Pflanzen. Sie sind auch unsere einzige Ballaststoffquelle und wesentliche Garantie für unsere Gesundheit, denn sie wirken nicht nur antikanzerogen, sondern auch antioxidativ, antimikrobiell, a(nti)septisch, immunmodulierend und insofern zellschützend, also überaus breitgefächert. Mit den von der Wissenschaft bezeichneten Stoffgruppen wie Carotinoide, Polyphenole, Flavonoide, Saponine, Phytosterine oder Chlorophyll klingt das alles aufwendig und kompliziert, dabei ist es so leicht: Einfach viele verschiedene, genetisch alte, aber frische Gemüse und Obstarten genießen, abwechslungsreich pflanzlich-vollwertig und frisch essen – und manches wie Möhren und Tomaten auch immer wieder einmal gekocht – und bei Krebs insgesamt ketogen; basisch ist es sowieso.

Diese »Pflanzenapotheke« hat gegenüber den Waffen der Schulmedizin den Riesenvorteil: Pflanzenkost ist generell gesund und hat keine auch nur annähernd vergleichbaren Nebenwirkungen.

Es sind überwiegend Gemüse, die wir brauchen, also keine Dosierungen, und wir sollten so viel wie möglich davon genießen.

Pflanzenstoffe richten sich gegen die entscheidenden Krebsstammzellen, gegen die die Schulmedizin weitestgehend machtlos ist, und sie sind untereinander beliebig kombinierbar. In Currygewürzmischungen sind sowieso schon Curcumin und schwarzer Pfeffer vereint, und wir dürfen uns über Synergieeffekte freuen. Stellen wir uns vor, wie einfach das sein wird: Wir essen pflanzlich-vollwertig frisch und in Phasen besonderer Bedrohung noch ketogen, wobei wir den Anteil jetzt besonders hilfreicher Pflanzen erhöhen und unseren Speisezettel insofern kreativ erweitern. Möhren und Brokkoli verändern ihren Geschmack nicht, weil sie jetzt als so gesund erkannt werden. Gegen grünen Tee, schwarzen Kaffee und roten Wein spricht auch nichts. Was wäre gegen mehr Sellerie und Tomaten einzuwenden, die gekocht ausnahmsweise mal besser wirken als roh, weil so das Lycopin effektiver aufgeschlossen wird. Granatapfelkerne und Walnüsse wie Haselnüsse sind als Medizin so gut wie als Snack.

Mein Rat geht darüber hinaus noch viel weiter. Wir kennen nur wenige der 250 000 sekundären Pflanzenstoffe und brauchen gar nicht zu warten, bis die Forschung da nachkommt. Ideal wäre für alle, und besonders natürlich von Krebs Betroffene, viele bunte Pflanzen zu essen, abwechslungsreich und möglichst frisch. Unzählige in ihren weitreichenden Möglichkeiten noch gar nicht erkannte Antikrebsmittel werden dabei sein. Also einfach guten Appetit! Und plötzlich sind wir wieder bei Hippokrates, dem Ahnherrn der Medizin, der schon sagte: »Eure Nahrung sei eure Medizin, eure Medizin sei eure Nahrung.«

Ein Beispiel zur Macht der Pharmaindustrie oder wie es nach der Schlagzeile »Beeren des Blushwood-Baums töten Krebszellen!« weiterging:

Die Vorgeschichte: Wissenschaftler am QIMR Berghofer Medical Research Institute in Brisbane, Australien, hatten mithilfe des direkt aus den Samen des Blushwood Tree (Fontainea picrosperma) gewonnenen Medikamentes EBC-46 in über zwei Dritteln der Fälle die Krebsgeschwüre vollständig zerstören können. Die Resultate der Versuchsreihen wurden in der Online-Fachzeitschrift *PLOS One* veröffentlicht.[56] Der Leiter der Studie, Glen Boyle, zeigte sich vor allem von der Schnelligkeit der Wirkung überrascht, wie in der englischen Zeitung *Guardian* berichtet: In präklinischen Versuchen sei fünf Minuten nach der Injektion eine violette Verfärbung des betroffenen Bereichs zu sehen gewesen, ähnlich wie bei einem Bluterguss. Etwa 24 Stunden später habe sich der Tumor schwarz verfärbt, einige Tage später wäre eine Kruste erkennbar gewesen, und nach etwa eineinhalb Wochen sei die Kruste abgefallen und habe ein tumorfreies Gewebe hinterlassen. Die Forscher vermuteten, der Wirkstoff löse eine Zellreaktion aus, die dem Tumor die Blutversorgung kappt, indem sie die Arterien öffnet. Der Tumor würde so praktisch aus- beziehungsweise verbluten. Das wiederum scheine das körpereigene Abwehrsystem zu aktivieren, das die Reste »aufräume«.

2014 wurde das Medikament sowohl als veterinär- wie auch als humanmedizinische Medizin entwickelt. Zu dem Zeitpunkt waren bereits über 300 Krebsfälle bei Haustieren mit dem Medikament behandelt worden. Die Entwicklerfirma EcoBiotics plante bereits, Blushwood Tree für die Medikamentenproduktion in Plantagen anzubauen.

Der Autor äußerte aber schon damals, er halte es für unwahrscheinlich, dass EBC-46 die konventionelle Chemotherapie bald ablösen könne, denn es gebe keine Belege, dass EBC-46 auch bei streuenden Krebsarten und ihren Metastasen in anderen Körperteilen wirke. Aber EBC-46 könne bei Personen angewandt werden, bei denen Chemotherapie nicht wirke oder bei älteren

Patienten, deren Körper keine weitere Chemotherapie mehr vertragen würde.

Nach meinem Erachten eine höchst unverständliche Einschränkung des Entdeckers! Wieso diese enorme Vorsicht und Skepsis? Es wäre ja für alle PatientInnen ein Segen, wenn mit Injektionsnadeln erreichbare Primärtumore so rasch und wirksam ausgeschaltet werden könnten, etwa solche der Haut und der weiblichen Brust, außerdem über endoskopische Methoden auch solche des Verdauungstraktes – und warum nicht der Nieren? Ist der Forscher womöglich deshalb so zurückhaltend, um die Pharmaindustrie gar nicht erst zu reizen, oder glaubt er einfach nicht so recht an die vielversprechend klingende eigene Entdeckung? Wir wissen es nicht.

Ein Jahr später, am 18. August 2015, berichtet dann die *FOCUS Online*-Autorin Petra Apfel in typischer Weise: »Natürliche ›Wundermittel‹ gegen Krebs gibt es immer wieder. Meist ist nichts dran und die Enttäuschung ist groß.« Zwar seien die Beeren vom australischen Blushwood Tree anders, aber Krebspatienten dürften sich jetzt dennoch keine Hoffnung machen. Für die Anwendung an Menschen seien nämlich noch viele Studien nötig.

Also ist immer wieder und überall dieselbe Leier, dass noch viele Studien notwendig wären, die erst genehmigt werden müssten und einen Geldgeber im großen Stil brauchten. Dafür aber kommt praktisch nur die Pharmaindustrie infrage, da sich Regierungen wie die deutsche – in wessen Interesse eigentlich? – konsequent (ver-)weigern, Universitäten entsprechend zu finanzieren.

Bei *Focus Online* heißt es wörtlich: »Die seit 2006 laufende Erforschung des Pflanzengifts aus dem Blushwood Tree reiht sich in eine Serie von Experimenten ein, die bestimmten Substanzen eine sensationelle Wirkung gegen Tumorzellen zuschreiben. Schnell bekommen sie dann das Label ›vielversprechende Therapie-Option‹. In Wirklichkeit beginnt und endet der Erfolg von

Pflanzen- oder Lebensmittel-Bestandteilen im Labor und seinen künstlichen Bedingungen. Vom ersten Test zur Studie – ein weiter Weg. Von 5000 bis 10 000 Substanzen, die auf Wirksamkeit getestet werden, schafft es nur eine bis zum Medikament.«

Respekt vor so viel Ehrlichkeit. Aber warum ist das eigentlich so? Die Substanz aus den Samen des Blushwood Tree hat doch allem Anschein nach bereits gewirkt! Warum dauert es zwei Jahre, bis mit der Erforschung begonnen wird, und warum endet das Ganze im Labor? Die Substanzen müssen doch im lebenden Gewebe wirken. Aber sie scheitern oft in den Petrischalen und Reagenzgläsern der Labore, in denen die Pharmaindustrie bestimmt.

Und was heißt eigentlich 5000 bis 10 000? Das Einfache und das Doppelte unterscheiden sich doch erheblich. Damit wird letztlich ausgesagt, dass aus dem überreichen Angebot von Mutter Natur im herrschenden System fast alle bei den Lebewesen auch noch so wundervoll heilsam wirkende Pflanzen unter den von der Pharmaindustrie kontrollierten Laborbedingungen ausgemustert werden.

Und dann doch noch eine kleine Hoffnung: »Für die Beeren des australischen Blushwood Tree ist momentan völlig offen, ob der daraus gewonnene Extrakt EBC-46 jemals in klinischen Studien, also an Menschen getestet wird. Die Forscher am Berghofer Institute glauben fest daran. Eine erste Studie mit Patienten ist in der Genehmigungsphase.«

Nun können wir dem zum einen entnehmen, dass ein Jahr nach der in *PLOS One* veröffentlichten Studienergebnisse in praktischer Hinsicht nichts weitergegangen ist. Zum anderen können wir uns fragen, warum es völlig offen bleiben muss, ob der Wirkstoff jemals am Menschen getestet wird. Meiner Meinung nach liegt es an diesem kranken System, das – auf Druck der Pharmaindustrie – auf Geld statt auf Gesundheit ausgerichtet ist.

Bei *Focus Online* bekommen wir dann bezeichnenderweise unter der Überschrift »Eine Therapie nicht für jeden« die Auskunft:

»Noch etwas spricht gegen einen großflächigen Einsatz des Beeren-Wirkstoffs: Es gibt im australischen Regenwald einfach zu wenige Blushwood Trees.« Deutlicher geht es kaum: kein Wort mehr von der ein Jahr zuvor geäußerten Idee, Plantagen anzulegen. Gleichzeitig werden aber riesige Teile des Regenwaldes in Amazonien in Rinderweiden und Gen-Soya-Plantagen umgewandelt, wenn es der Industrie nützt. Bei einem Krebsmittel von diesem Potenzial, wie es der Blushwood Tree besitzt, bleiben wir hingegen auf die Sammlereigenschaften unserer Vorfahren angewiesen. Damit gibt es also wieder viele Gründe, dass wir doch bei der so gut für die Pharmaindustrie funktionierenden Chemotherapie bleiben, mit der zwar über 95 Prozent der Patienten unter elenden Bedingungen keine fünf Jahre überleben, aber auch die haben vorher noch ordentlich Geld gebracht.

Fünf Jahre später gibt es 2019 keine weiteren Neuigkeiten in Sachen Krebstherapie mithilfe der Inhaltsstoffe des Blushwood Tree. Im Internet publizierte Berichte sind auf dem Stand von 2015, als ein Jahr nach Erstveröffentlichung der einschlägigen Studie auch schon nichts Wesentliches mehr passiert war.

Die Frage ist, wie lange wir uns diese Ignoranz noch antun lassen, von Gefallen kann ja wohl keine Rede sein. Dabei läge es in unser aller Verantwortung, Abhilfe zu schaffen; genügend Informationen stünden uns zur Verfügung, und die Indizien, dass etwas schiefläuft im (Gesundheits-)System, sind jedenfalls erdrückend. Immerhin hat der wohl auch von der Industrie unbeherrschbare US-Präsident Trump gerade ein Gesetz verabschiedet, das mindestens US-Amerikanern erlaubt, auch durch Studien noch nicht belegte Medikamente von ihren Ärzten anwenden zu lassen, wenn diese einverstanden sind. Patienten und Ärzte müssen sich darin nur einig sein. Hier liegt eine große Chance für mutige Patienten und engagierte, unabhängig gebliebene Ärzte.

Biologische Krebstherapie nach Dr. Hobert

Mit Kollegen und Ethnomediziner Ingfried Hobert verbindet mich eine lange auch berufliche Freundschaft – etwa was Integrale Medizin angeht. Er hat in seiner Praxis in Steinhude eine bewährte biologische Krebstherapie entwickelt, die wichtige sekundäre Pflanzenstoffe umfasst, und diese in besonders wirksamer Form als Hochdosis-Infusionstherapie verabreicht, aber auch die Methadon-Zusatztherapie berücksichtigt.

Eine große Rolle spielen seine Ethnomedizinpräparate, nach seinen Erfahrungen zusammengestellt, sozusagen das Beste aus aller Welt, in guter Qualität und ausreichender Dosierung.[57] Hier eine Übersicht seiner wichtigsten Heilkräuterextrakte bei Krebs:

»Ethno-Immunkraft« in der Zusammensetzung: Aronia-melanocarpa-Extrakt, Cranberrypulver, Camu-Camu-Extrakt (mit 25 Prozent Vitamin C), Acerola-Extrakt (mit 17 Prozent Vitamin C), Baobab-Fruchtpulver, Acai-Extrakt, Schisandra-Extrakt, Goji-Extrakt, Heidelbeer-Extrakt.

»OPC-Kraft« in der Zusammensetzung: Traubenkern-Extrakt, Pomeranzenfrucht-Extrakt, Polygonum-cuspidatum-Extrakt (mit 98 Prozent Resveratrol), Papaya-Extrakt, Hesperidin-Pinienrinden-Extrakt, Quercetin, Rutin, Salvestrole.

»Pilzkraft« in der Zusammensetzung: Reishi-Extrakt, Raupenpilz-Extrakt, Hericium-Extrakt, Shiitake-Extrakt, Maitake-Extrakt.

»Onkokomplex« in der Zusammensetzung: Indol-3-Carbinol, Brokkolisprossen-Extrakt, Meerrettichwurzel-Extrakt, Quercetin, L-Ascorbinsäure, Große-Kapuzinerkresse-Extrakt, Weißkohl-Blatt-Extrakt, Blumenkohl-Extrakt, Senfsamen-Extrakt.

»Artemesinin-Absinthkomplex« in der Zusammensetzung: Einjähriger-Beifuß-Kraut-Extrakt, Wermut-Kraut-Extrakt, Graviola-Blatt-Extrakt, Graviola-Frucht-Extrakt, Papaya-Samen-Extrakt.

Wärme, Hyperthermie

Persönlich bin ich – allerdings ohne wissenschaftliche Belege – von der Wichtigkeit der Lebenswärme generell und speziell bei einer Krebserkrankung überzeugt. Mit jedem Grad Fieber verdoppelt sich unsere Abwehrkraft, sodass sie bei 39 Grad Celsius schon über viermal so stark ist wie bei 37 Grad. Bei 36 Grad aber ist sie folglich nur noch halb so hoch wie bei 37 Grad Normaltemperatur. Möglicherweise liegt hier auch die – wenn auch nur überschaubare – Wirkung der Misteltherapie begründet, die ja oft zu kleinen Entzündungen führt.

Eine milde Form von innerer Erwärmung lässt sich über lange Besuche von Infrarotkabinen erreichen und noch viel stärker natürlich über Hyperthermie. Dabei wird der Körper unter medizinischer Kontrolle bis über 40 Grad erwärmt, wodurch zum Beispiel Borrelien, die Erreger der Borreliose, sterben, vor allem aber Krebszellen zugrunde gehen, die deutlich empfindlicher auf Überhitzung reagieren als normale Zellen, wie bereits Thomas Seyfried betonte.

Archimedes sagte: »Gib mir einen festen Punkt, und ich bewege die Welt darum.« Parmenides, ein weiterer großer Geist der griechischen Philosophie, sah noch einen ganz anderen Dreh- und Angelpunkt: »Gib mir eine Möglichkeit, Fieber zu schaffen, und ich heile jede Krankheit.« So haben mir einige Patienten von ihren Erfolgen im Kampf gegen Krebs berichtet, nachdem sie sich über längere Zeit immer wieder diesem »Fegefeuer« der klinischen Hyperthermie und ihrem künstlichen Fieber ausgesetzt hatten. Derjenige, der dieses Bild katholischen Glaubens verwendete, verbrannte in solchen heißen Sitzungen sein altes Leben, und das dürfte wesentlichen Anteil an seinem Sieg über den Krebs gehabt haben. Er erlebte diese Stunden der Hyperthermiebehandlungen wie eine große Sühne und ließ davon all das wegfegen und -brennen, von dem er sich bisher am eigenen Leben hindern ließ. Hier bekam die Hyperthermie tatsächlich etwas von Reue, Buße und Umkehr (Metanoia) und auch von kompletter Verwandlung (Metamorphose).

In dieser Kombination von vielversprechenden Therapieansätzen mit seelischer Begleittherapie, etwa durch »geführte Meditationen« wie die der Produktion *Krebs* (siehe Literaturverzeichnis) oder eigene Versionen, liegt die große Chance der Synergien. Die Erfahrung, dass das Ganze mehr ist als die Summe seiner Teile, ist uralt, und es ist überfällig, sie in der Medizin zu nutzen.

In der heutigen schulmedizinischen Wirklichkeit streiten sich hier wie so oft die Gelehrten mit dem Ergebnis, dass die Schulmedizin die Hyperthermie, wenn überhaupt, meist nur in Kombination mit ihren bisherigen alten Therapien wie vor allem der Chemotherapie akzeptiert. Trotz vieler Erfolgsgeschichten gilt die Hyperthermie an sich offiziell als nicht belegt, weshalb sie auch deutsche Krankenkassen meist nicht bezahlen. Hier tritt wieder das alte, immer gleiche Dilemma zutage: Den meisten Therapien aus dem Bereich der Komplementärmedizin wird die Anerkennung vorenthalten, indem sie kaum oder gar nicht untersucht werden. So bleiben sie weiter unbelegt und also unwissenschaftlich und können mit dieser Keule durch entsprechend gesponserte Medizinerkreise und Medien diffamiert werden.

Die Hyperthermie bringt jedenfalls mehrere Vorteile: Sie macht die sowieso schon empfindlicheren Krebszellen noch empfindlicher durch die Erhitzung und bringt sie auch oft dadurch um. Außerdem verbessert sie die Durchblutung im ganzen Areal, was die körpereigene Abwehr befähigt, mit durch Hitze geschädigten Tumorzellen doch noch fertigzuwerden.

Für ähnlich wichtig halte ich die Ernährung mit wärmenden Speisen im Sinne der Traditionellen Chinesischen Medizin (TCM). Wenn dem Patienten schon Lebenswärme fehlt, wie häufig in der letzten Krebsphase (Kachexie) ist diese über lange auf offenem Feuer gekochte Suppen voller wärmender Zutaten wie Wurzelgemüse, Ingwer und Kurkuma und anderer wärmender Gewürze zuzuführen.

Im ausgezehrten (kachektischen) Stadium wird das Bedürfnis nach Wärme überdeutlich, und das ist nicht nur körperlich gemeint: Das wärmende Lächeln eines geliebten Menschen, die seelisch wärmende Umgebung eines geliebten Ortes können hier Wunder wirken, die wir wissenschaftlich (noch) nicht einschätzen können.

Der entscheidende Punkt der Heilung ist, wenn sich jemand wieder für sich selbst und sein Leben erwärmen kann und für ihn persönlich sinnvoll erscheinende Ziele. Ernährung und Sitzungen in Infrarotkabinen können dabei natürlich nur unterstützend wirken. Bei guter Kost und in der Infrarotkabine über Lebenssinn und -ziel zu meditieren dürfte jedoch gute Synergien schaffen.

Innere und äußere Bewegung, Regeneration und Inspiration

Für die Ansätze der Krebstherapie über Seelen- und Psychotherapie und Verhaltens- beziehungsweise Lebensstilveränderungen spricht so vieles. Allerdings setzen sie auf Eigenverantwortung, die von der Schulmedizin kaum je empfohlen und nicht selten sogar sabotiert wird. Die Epidemiologie kann hier wieder deutlich machen, worum es mir geht. Während bei uns 50 von 100 000 Menschen an Dickdarmkrebs erkranken, sind es in Indien nur fünf. Während 100 von 100 000 US-Amerikanerinnen an Brustkrebs erkranken, widerfährt das nur acht Thailänderinnen. Noch viel krasser sind die Unterschiede beim häufigsten Krebs der Männer, dem Prostatakrebs, der bei uns 100-mal mehr Männer trifft als in Thailand und noch zehnmal mehr als in Japan. Materialisten neigen dazu, das rasch mit Genetik zu erklären, aber Untersuchungen von Auswanderern zeigen deutlich, dass die Ursachen nicht genetisch sind, denn sobald sich die Einwanderer den Lebensgewohnheiten des Ziellandes anpassen, übernehmen sie auch die dortigen Krebsraten. Dafür gibt es viele Beispiele. Seit außerdem moderne Japaner ihren Fleischkonsum versiebenfacht haben, hat sich ihre Dickdarmkrebsrate bereits verfünffacht. Im modernen China ereignet sich eine vergleichbare Katastrophe durch rasant steigenden Konsum an Fleisch- und Milchprodukten, was die Regierung schon zum Gegensteuern zwingt. Hier geht es offensichtlich nicht um genetische Unterschiede, sondern solche der Lebensgewohnheiten. Das sollte uns weiter ermutigen, notwendige Korrekturen auch in der Medizin durchzusetzen, die sowohl die seelische als auch die körperliche Ebene betreffen.

Gleich nach der Psyche hat sicher die Ernährung Priorität. In diesem Zusammenhang ist interessant, dass bereits 1988 der Wissenschaftler Harold Foster herausfand, dass beinahe 88 Prozent der Patienten, die eine unerwartete Genesung oder eben Spontanremission erlebten, angaben, sie hätten vor ihrer Heilung ihre Ernährungsgewohnheiten drastisch verändert und sich »streng vegetarisch« ernährt, wobei vegan vor 30 Jahren noch gar kein Thema war.[58] Béliveau und Gingras gehen in ihrem Buch *Krebszellen mögen keine Himbeeren* davon aus, dass 30 Prozent der Krebsursachen weitgehend unbeeinflussbar seien, weil genetischer, umweltspezifischer oder viraler Natur; 70 Prozent aber sehr wohl über Ernährung, Bewegung sowie Nikotin-, Alkohol- und Drogenverzicht zu beeinflussen sind. Die Psyche kommt bei den beiden kanadischen Wissenschaftlern ebenso wenig vor wie bei den US-amerikanischen wie Seyfried, Campbell, Esselstyn, Perlmutter und Davis. Sie gibt aber nach meinen Erfahrungen aus 40 Jahren Krankheitsbilder-Deutung und -Therapie sogar den Ausschlag. Nehmen wir sie noch dazu, haben wir heute diesem Krankheitsbild gegenüber gute und bessere Chancen denn je. Und die brauchen wir auch, denn es wird immer häufiger. So können wir aus voller Überzeugung und ganzem Herzen Hoffnung machen. Und es gibt auf dem großen Feld der Integralen Medizin noch mehr zu entdecken, was zu einem guten Leben und Fertigwerden mit Krebs beitragen kann.

Begleitende Psychotherapie in Trance

Grundsätzlich sollten wir uns hüten, jedwedes Krankheitsbild oder Geschehen, das uns (be-)trifft, und damit selbstverständlich auch Krebs, als unerklärliches, ebenso zufälliges wie böses und obendrein ungerechtes Schicksal misszuverstehen. Es gibt in einem Weltbild, das um die Spielregeln des Lebens weiß, keinen Zufall, sondern nur Ereignisse, die uns gesetzmäßig zufallen und immer Sinn haben und uns diesen auch enthüllen können, wie die Psychosomatik von *Krankheit als Symbol* zeigt. Eine die physische Therapie begleitende Psychotherapie ist hier eine große Hilfe, um zu sich selbst zu finden, Lösungswege zu erkennen und Kraft zu schöpfen.

Doch solche Psychotherapie muss – aus meiner Sicht und nach meinen Erfahrungen – auf der Ebene der Seelenbilder stattfinden, wo sich auch die Träume der Nacht abspielen. Das Reden über Psyche auf intellektueller Ebene – wie ich es in der Psychoanalyse erlebt und in meiner Dissertation selbst getan habe – kann ich nicht mehr empfehlen. Es erinnert mich immer an den Sufi-Gelehrten Mullah Nasrudin, der seine Lehre mit Witzen verbreitete. Als er einmal im Schein der Laterne nach seinem Hausschlüssel suchte, kam ihm ein Freund zu Hilfe und fragte nach einer halben Stunde vergeblicher Mühe: »Mullah, bist du dir sicher, den Schlüssel hier verloren zu haben?« Nasrudin antwortete: »Nein, den habe ich weiter hinten verloren, aber da ist kein Licht zum Suchen.«

Die Seele lebt aus Seelenbildern und ist auch nur über sie zu erreichen, also sollte Psychotherapie in Trance stattfinden, die die Tore zur Seelenbilderwelt öffnet. Schon eine kleine Psychotherapie in Eigenregie und -verantwortung beginnt deshalb sinnvollerweise ebenfalls auf Bilderebene. Bei Krebs empfehle ich PatientInnen, in der Phase des Kampfes mit dem Tumor die erste Reise der CD oder des Downloads *Krebs* (Literaturverzeichnis) zu hören und ihr Immunsystem auch seelischerseits in der Auseinandersetzung mit dem Krebs zu unterstützen. In der anschließenden Aufbauphase ist die zweite Reise der CD (oder des Downloads) *Krebs* besonders hilfreich. Aber auch ein Programm wie *Schattenarbeit* ist empfehlenswert, wie auch *Lebenskrisen als Entwicklungschancen* und *Selbstliebe*. Das E-Book *Reisen nach Innen* ermöglicht, sich ein ganzes Programm zusammenzustellen, und veranschaulicht auch ausführlich die großen Chancen dieser Bewusstseinsübungen. Wer noch keine Erfahrungen mit geführten Meditationen hat, kann sich auch gut zum Einstieg mit Programmen wie *Tiefenentspannung* oder *Ganz entspannt* vorbereiten.

Weiterhin können Sitzungen mit dem *Verbundenen Atem*, die im Liegen stattfinden, bei der Sinnsuche helfen und Wachstum bis in spirituelle Dimensionen anregen über das Erlebnis von Einheitserfahrungen oder doch über einheitsnahes Sein. Diese Übungen überschwemmen den Organismus mit Lebensenergie. Sie entsäuern ihn zugleich über intensives Abatmen von Kohlendioxid und können über die ausgiebige Atmung die Zellen bei ihrer Reparatur und Reintegration unterstützen.

Ein Programm aus geführten Meditationen und Übungen mit dem Verbundenen Atem dient der Wiedereinordnung und sollte einem natürlichen Rhythmus mit festen Zeiten folgen. Es eignet sich begleitend zu allen möglichen anderen Therapieaspekten, aber auch gut als Vor- und Nachbereitung einer wirklichen Krankheitsbilder-Psychotherapie, die ich bei Krebs immer und sogar vorrangig empfehle.

Dabei ist es entscheidend wichtig, für 40 Stunden oder einen Mondzyklus von vier Wochen aus all seinen Routinen auszusteigen und sich ganz frei zu nehmen, um sich ganz frei zu machen und wirklich unabhängig zu werden von allen fremden Programmen. Das ist einer unter verschiedenen Gründen, für ein solches intensives Programm in das Heilkunde-Zentrum nach Johanniskirchen zu gehen. Hier arbeiten unter Leitung meiner ersten Frau Margit all unsere Therapeuten der ersten Stunde, die inzwischen über eine jahrzehntelange Erfahrung verfügen, mit dieser – in meinen Augen – effektivsten Form der seelischen Auseinandersetzung mit Schatten in Form der Krankheitsbilder-Psychotherapie. Jede Sitzung umfasst 120 Minuten und findet in Trance statt. Die Lust, ins ungleich weniger hilfreiche intellektuelle Gespräch auszuweichen, können Patienten und Therapeuten gemeinsam bezwingen, haben sie doch insgesamt viel Größeres und Wirksameres vor.

In einer so bedrohlichen Situation wie bei Krebserkrankung empfehle ich aufgrund reiner Erfahrungsmedizin auch den Einsatz bewährter, aber wissenschaftlich unerforschter und eher mit aktiver und aggressiver Missachtung abgestrafter Ansätze. So wird im Heilkunde-Zentrum in Johanniskirchen die einen Mondzyklus dauernde Krankheitsbilder-Therapie noch sehr erfolgreich mit Sitzungen bei einem Energie- oder Geistheiler verbunden, dessen Wirken sich wissenschaftlicher Erklärung entzieht, sich aber über Jahrzehnte bewährt hat. Außerdem ist hier die Ergänzung mit klassischer Homöopathie möglich und mit einer Lebensplananalyse auf astro-logischer Basis bei einem Mathematiker, der sich diese Logik noch neben der wissenschaftlichen erschlossen hat.

Waldtherapie – im großen Grün baden

Mit seinem Buch *Der Biophilia-Effekt* machte der österreichische Biologe Clemens Arvay die japanische Therapie des Waldbadens Shinrin Yoku auch bei uns populär – eine alte Tradition, gestützt auf neue Studien.[59] Deren Versuchsanordnung war prinzipiell sehr einfach: Man bildet drei Gruppen von gut vergleichbaren, also sehr ähnlichen Menschen, nimmt allen Blut ab und schickt die erste Gruppe eine Stunde in einen Wald, die zweite in eine Großstadt zum Sightseeing; die dritte macht als Kontrollgruppe nichts Spezielles. Das Ergebnis war medizinisch unerwartet und eindrucksvoll. Während sich in der Kontrollgruppe nichts im Blut tat, verbesserten sich die Werte der Waldgruppe dramatisch und auf der ganzen Linie; die der »Touristen« veränderten sich ganz leicht in Richtung Verschlechterung. Letztlich ist eigentlich nur das Ausmaß der Verbesserung der Waldgruppe so erstaunlich, denn letztlich wissen wir alle, Waldluft ist gesund, nach einem Waldspaziergang fühlen wir uns gut. Großstadtpflaster ist dagegen furchtbar anstrengend.

Was ist im Organismus und folglich im Blut der Waldgruppe geschehen, die sich ohne irgendein besonderes Programm im Wald aufhielt? Die Anzahl ihrer natürlichen Killerzellen des Immunsystems stieg deutlich an, was bei Krebs oder zu dessen Vorbeugung so sehr entscheidend ist. Außerdem erhöhten sie durch das Waldbaden ihre Aktivität. Das Niveau jener Proteine, mit denen das Immunsystem das Krebswachstum bekämpft und ihm auch vorbeugt, stieg ebenfalls deutlich an. Waldatmosphäre genießen heißt also, die eigenen natürlichen Antikrebswaffen aufrüsten.

Diese Waldmedizin kommt geradezu einer Art Generalmobilmachung gegen Krankheit und speziell Krebs gleich. Das Immunsystem setzt bestimmte Proteine (Perforin, Granulysin und Granzyme) ein, um gegen entartende Zellen vorzugehen. Sie vermehren sich nachweislich bei Waldaufenthalten. Die Killerzellen spannen diese kleinen Helfer des Immunsystems gleichsam als Unterstützer im Kampf gegen Krebszellen ein. Die Antikrebsproteine schießen zum Beispiel kleine Körnchen mit Zellgiften direkt in die gefährlichen Zellen, wo die Toxine frei werden und die Krebszelle (zer-)stören. Die Proteine wirken auch gegen Viren und Bakterien, was Waldluft zu einer Art Panaceum oder Allheilmittel macht, das obendrein so natürlich und jederzeit gratis in schönster Atmosphäre zu haben ist.

Über die Ursache der Verbesserung so wichtiger Immunwerte im Wald brauchen wir nicht mehr zu spekulieren, denn es gibt längst mehr als Verdachtsmomente, die mit der Kommunikation der Pflanzen untereinander zusammenhängen. Die eingeatmete Waldluft ist tatsächlich ein Cocktail bioaktiver Substanzen, die alle Pflanzen des Waldes absondern, vor allem sind es Terpene. Sie stammen nachweislich aus den grünen Blättern und Nadeln der Bäume, aber auch aus ihrem Stamm, und sie werden von Sträuchern, Büschen und Kräutern sowie von Pilzen, Moosen und Farnen beigesteuert und selbst noch vom letztjährigen Laub und der darunterliegenden vermodernden Humusschicht, in der es vor Leben nur so wimmelt. Der Wald ist also ein großer atmender und kommunizierender Organismus. In ihm sind offenbar alle mit allen in Verbindung. Wenn wir hier ebenfalls eintauchen, atmen wir mit und werden Teil dieses umfassenden Feldes von Kommunikation und Austausch. Gerade das können Krebszellen nicht mehr, sie atmen nicht, sondern vergären nur noch, pflegen keinen freundlichen Austausch mehr, sondern haben sich ganz auf feindliche Übernahmen und Ausbeutung ihrer Umgebung verlegt.

Einige der Terpene interagieren besonders gesundheitsfördernd mit unserem Immunsystem. Clemens Arvay spricht sogar von »Anti-Krebs-Terpenen«. Sie heißen Isopren, Alpha- und Beta-Pinen, d-Limonen und 1,8-Cineol. Bei ihnen sind antikanzerogene und immunstärkende Wirkungen nachgewiesen. Das unter anderem macht Waldluftatmen zu einer Heilinhalation. Die Terpene entstammen zwar der Kommunikation der Bäume, Büsche, Pilze und Kräuter, aber auch unser Immunsystem kann sie erkennen und reagiert wohl deshalb ganz ähnlich wie die Pflanzen selbst. Diese nämlich nutzen Terpene ebenfalls zu einer Steigerung ihrer Abwehrkräfte wie unser Immunsystem.

Unsere durch die Waldatmosphäre vermehrten natürlichen Killerzellen sind spezielle weiße Blutkörperchen. Als integraler Bestandteil des Immunsystems sind sie (über-)lebenswichtig für uns. Aus dem Knochenmark stammend, patrouillieren sie im Blut, und sobald sie mit einem Virus infizierte Blut- oder Körperzellen erkennen, schalten sie diese mittels Zellgiften aus. Ähnlich verfahren sie mit entarteten Zellen, die zu Krebs werden könnten. Das ist wahrscheinlich ständig notwendig und eine Art körpereigene Vorbeugung. Auch gegen bereits bestehende Tumorzellen gehen die Killerzellen vor, sofern sie diese erkennen.

Zunehmende Erforschung des Waldbadens in vielen Studien liefert Hinweise, wie entscheidend die Terpene sind, denn mit ihnen angereicherte Luft wirkt auch im Hotelzimmer, wenn auch nicht so eindrucksvoll wie im Wald. Wie nachhaltig der Effekt von Waldluft wirkt, wurde von Professor Qing Li (Nippon Medical School, Tokyo) in verschiedenen groß angelegten wissenschaftlichen Studien untersucht.[60] Nur ein einziger Tag im Wald steigert demnach die Zahl der natürlichen Killerzellen im Blut um durchschnittlich beinahe 40 Prozent, zwei Tage hintereinander im Waldgebiet können die Anzahl natürlicher Killerzellen um mehr als 50 Prozent erhöhen. Der Effekt von nur einem Waldtag liefert für eine ganze Woche mehr Killerzellen. Nach einem kurzen »Waldurlaub« von zwei bis drei Tagen bleiben die Killerzellen sogar einen ganzen Monat erhöht. Dazu ist es nicht notwendig, etwas Bestimmtes im Wald zu tun – es reicht, dort zu sein und zu atmen. Professor Qing Li und seine Kollegen konnten darüber hinaus nachweisen, dass in bewaldeten Gebieten weniger Menschen an Krebs sterben als in Regionen ohne Wald. Gäbe es noch bessere Argumente gegen Monokulturen einer nur der Gewinnmaximierung verpflichteten Forstwirtschaft und gegen die von der industriellen Landwirtschaft vorangetriebenen Waldrodungen vor allem in den Urwaldgebieten der Erde!

Da Waldbaden die Funktionen des Immunsystems stärkt, die im Kampf gegen Tumore so nötig gebraucht werden, erweist sich Shinrin Yoku als erstklassiges Heilmittel bei Krebs, ist es doch frei von negativen Nebenwirkungen und ganz allgemein für jede(n) gesund, leicht zugänglich und völlig kostenlos. Man könnte einfach nur im Wald ruhen oder sogar schlafen. Wie viel tiefer noch mag seine Wirkung reichen, wenn wir es mit anderen *wunder*vollen Möglichkeiten zu Synergien verbinden wie beim Fastenwandern im Wald oder bei Tai-Chi-, Yoga- oder Atemübungen auf einer Waldlichtung.

Zu unserem Heilungsbiotop TamanGa gehören zwei kleine Wälder, wo Gäste sich in der Hängematte schwebend wiegen lassen, um sich später so richtig gewogen zu sein, denn in das *große Grün* hineinzuschauen macht uns glücklich. Wenn wir den Blick kontemplativ schweifen lassen, können wir dabei Hildegard von Bingens »Grünkraft« *(viriditas)* oder göttliche Lebensenergie in uns spüren. Wegen der besonderen Heilwirkung der Grünkraft, empfahl Hildegard von Bingen, im Frühjahr täglich eine halbe Stunde ins frische Buchengrün zu schauen, wenn das Sonnenlicht hindurchfällt und es in zartem Hellgrün leuchtet. Solch einen Buchendom haben wir in TamanGa und genießen ihn mit unseren Gästen als Geschenk der Großen Mutter (Natur). Die lebendige Natur hat immer wieder Dichter animiert, Bilder seelischen und geistigen Wachstums poetisch verdichtet zur Anregung der Sinne und des Mitgefühls in uns wachzurufen. Wachstum *macht an*, in dem Sinne, dass es unsere Sinne anschaltet und damit uns einschaltet, und erweckt die so eng mit dem Lebenssinn verbundene *Sinn*lichkeit.

Selbstverständlich ist solch eine Kur auch seelisch heilsam, weil uns der Wald so deutlich natürliches Wachstum vor Augen führt und uns gleichsam auf gesunde Art mitwachsen lässt. Jeder Baum strebt nach oben – zum Licht – im richtigen Verhältnis von Wachstum in die Höhe und Breite. Der Waldbesuch ist symbolisch immer auch ein Eintauchen ins Unbewusste, dem der Wald in der Symbolik der Seelen-Bilder-Welt entspricht. Hier finden wir deshalb auch leichter Zugang zum Schattenreich, in dem die primären Ursachen der Wachstumskrankheit Krebs liegen.

Barfußgehen – das beste Antioxidans

Wir sind auch elektrische Wesen, jede unserer Abermilliarden Zellen ist eine kleine Batterie. Unsere Lebensprozesse führen dazu, dass wir uns positiv aufladen, was zu einem Mangel an negativer Ladung, sprich an Elektronen, führt. Als wir über die lange Zeit unserer Entwicklung barfuß oder auf Tierhäuten gingen und nachts auf der Erde oder auf Tierfellen schliefen, war das kein Problem, denn Mutter Erde hat an ihrer Oberfläche ein ständig durch Entladungen aus der Atmosphäre erneuertes Feld mobiler Elektronen, und im Austausch damit kamen wir immer wieder in Balance. Erst seit wir isolierende Materialien als Schuhsohlen und Schlafunterlagen nutzen wie Gummi, Plastik oder auch Holz, ergibt sich ein zunehmendes Defizit an negativer Ladung beziehungsweise ein Elektronenmangel, der freie Radikale erst zu jener modernen Bedrohung macht, gegen die so viele Antioxidantien verkauft werden.

Heute leiden wir zunehmend unter diesen aggressiven Molekülen, denen ein Elektron – vorwiegend durch alle möglichen Arten von Stress – abhandenkam und die nun ihrerseits gefährlich werden, weil sie anderen das fehlende Atom zu entreißen und sie zu oxidieren drohen. Wenn sie in dieser Weise die DNS beschädigen, ob im Kern oder in den Mitochondrien, kann das Krebs fördern. Aber sie sind auch für andere Krankheitsbilder und für Alterungsprozesse verantwortlich und entsprechend unbeliebt. Insofern sind Antioxidantien notwendige Elektronenspender, die freie Radikale mit einem Elektron absättigen und damit gleichsam entradikalisieren. Viele Antioxidantien sind pflanzlicher Natur, eben sekundäre Pflanzenstoffe und Vitamine, die bei der nicht pflanzlich-vollwertig versorgten Bevölkerungsmehrheit ebenfalls zu kurz kommen.

Die wenigsten wissen angesichts des boomenden Antioxidantienmarkts der Nahrungsergänzungsmittel-Industrie um die Tatsache, dass die Erde der freigebigste Elektronenspender und Barfußgehen damit das beste Antioxidans ist. Dabei saugen wir durch unsere Fußsohlen gleichsam Elektronen auf, die freie Radikale in uns neutralisieren und dadurch unter anderem entzündungshemmend wirken. Barfußlaufen hat verblüffende Gesundheitswirkungen und ist dazu konkurrenzlos günstig. Wir müssen uns nur wieder öffnen für Mutter Erde und sie mit ihren Schätzen zu uns hereinlassen. Dann kann unser Organismus ihre Elektronen-Geschenke nutzen, um freie Radikale in sich zu befriedigen und zu beruhigen. Barfußgehen ist folglich ein unerwartet ergiebiger Stressabbau neben all seinen anderen Vorzügen wie der wunderwirksamen Fußreflexzonenmassage, die automatisch eingeschlossen ist und alle möglichen Organe und Gewebe erreicht.

Erneut bietet die Natur die einfachste und beste Lösung, und in TamanGa nutzen wir das in der Natur-Kur konsequent und mit Erfolg. Ich erlebe es auch persönlich, wenn ich im Winter in wärmere Länder zum Schreiben »abwandere« und dort über Wochen barfuß gehe. Die Schuhe mal wegzulassen ist natürlich auch bei uns möglich. Moderatorin und Autorin Sabrina Fox, die ich von einer unserer Fasten-Wander-Wochen in bester Erinnerung habe, geht überhaupt immer barfuß und verstärkte meine Vorliebe für diese einfache heilende Eigentherapie noch, die sie in ihrem bezaubernden Buch *Auf freiem Fuß* beschreibt.[61]

Es gibt außerdem bereits Studien, die belegen, wie viel gesünder wir auf dem Boden, also gut geerdet, schlafen. Die Entzündungsbereitschaft geht zurück, messbar an der geringeren Zahl weißer Blutkörperchen. Es mag erst einmal unbequem erscheinen, wird aber ganz nebenbei unsere Beweglichkeit und in vieler Hinsicht unsere Gesundheit fördern.

Gummi(sohlen), Holz oder Plastik isolieren uns und verhindern ergiebigen Erdkontakt. Haben wir beim Gehen oder Liegen dagegen direkten Bodenkontakt, liegen wir in einer Wiese, gehen auf Rasen, Stein(platten), Fliesen oder Sand, sind wir gut geerdet und nehmen lebenswichtige Elektronen auf. Deutlich spürbar wird der therapeutische Effekt bei schlecht heilenden Wunden. Gehen Betroffene viel barfuß in der Natur, heilen diese erfahrungsgemäß viel besser. Sogenannte Barfußschuhe hingegen ermöglichen kaum Erdung, denn sie bringen meist eine Gummischicht zwischen uns und Mutter Erde.

Der Physiker und Nobelpreisträger Richard Feynman spricht davon, dass eine ausgeglichene elektrische Situation zwischen Mensch und Erde einen Abschirmeffekt habe. Die Erde nimmt uns nach Feynman gleichsam mit in ihr riesiges elektromagnetisches Feld und schützt uns. Dadurch schirmt sie uns auch gegen andere Felder ab, die heute zahlreich neu entstehen und uns gefährden.

Die meisten Wissenschaftler, die sich mit diesem Thema beschäftigen, vermuten, dass die positiven Wirkungen des guten Kontakts mit der Erde durch einen antientzündlichen, antioxidativen und blutverdünnenden Effekt zustande kommen. Wegen aller drei Effekte sei es nötig, Barfußsitzungen zu verschreiben. Wobei Sitzen schon Teil des Problems ist, wir sollten weniger sitzen und mehr im Freien spazieren gehen. Studien empfehlen zwischen 30 und 80 Minuten täglichen Barfußgehens in der freien Natur. Es gebe nämlich zunehmend Hinweise, dass Kontakt mit der Erde, so *simpel und natürlich er sei, doch eine tiefe und effektive Umweltstrategie gegen chronischen Stress, Störungen des autonomen Nervensystems, Entzündungen, Schmerz, schlechten Schlaf, gestörten circadianen Rhythmus (ein innerer Rhythmus von etwa 24 Stunden), gestörte Herzfrequenzvariabilität, eingedicktes Blut und viele weitere Gesundheitsprobleme darstelle.* Anders gesagt wird negatives Wachstum wie bei Krebs durch die Isolation von Mutter Erde genährt, durch chronische Entzündungen, schlechten Schlaf, gestörten Tag-Nacht-Rhythmus und steigende Stressanfälligkeit.

Zusammen mit genug Sonne auf der Haut, sauberer Luft und sauberem Wasser, guter Nahrung und körperlicher Aktivität ist Erdung für den menschlichen Organismus ein entscheidendes Element der Gesunderhaltung und Heilung. Wir sind also gut beraten – besonders bei Krebs(gefahr) –, zu einem einfachen, natürlichen Leben zurückzukehren und uns auch Mutter Erde wieder mehr konkret anzunähern. In Bezug auf unser Thema ist gute Erdung eindeutig positiv wachstumsfördernd.

Energiemangel ausgleichen

Kein Zweifel kann daran bestehen, dass Krebspatienten vor allem in der Auszehrungsphase (Kachexie) unter wachsendem Energiemangel leiden. Aber die Frage bleibt, ob er die Folge von Krebs ist, wie sicher in der Auszehrungsphase, oder ob umgekehrt Krebs auf Energiemangel folgt. Wie bei der Frage, ob die Henne oder das Ei zuerst da war, gibt es wohl keine eindeutige Antwort.

Es könnte gut sein, dass ein gesundheitlich katastrophaler Lebensstil wie der moderne mit seinen seelischen Mangelerscheinungen im Bereich der Gefühle und bezüglich Lebensphilosophie und Lebenssinn und obendrein mit Fehlernährung, Mangel an Bewegung und Regeneration die Zellkraftwerke der Mitochondrien zum Umschalten auf jenes uralte Primitivprogramm auf Pilzniveau veranlasst, von dem Professor Seyfried spricht. Es ist aber auch denkbar, dass der Bewegungsmangel den Schlüsselreiz, die Ausschüttung von Laktat (Milchsäure), einschlafen lässt und sich so keine neuen Mitochondrien mehr bilden, und die alten verkommen bis hin zu einem reduzierten dysfunktionalen Krankheitszustand wie bei Krebs. Es gibt obendrein Ansätze, die Krebs ganz unspezifisch einem Energiemangel zuschreiben, etwa pauschal wegen zu viel Stress. Wahrscheinlich bedarf es mehrerer (Dauer-)Reize und Auslöser, wie den vielfach gefundenen Zusammenbruch der Abwehr durch eine schockierende Erfahrung oder durch Dauerreizung etwa von Bronchial- und Dickdarmschleimhaut oder durch die Missachtung und Nichtbenutzung von Organen wie bei Brustdrüsen und Prostata.

Während wir bei akuten Erkrankungen und Vergiftungen den daraus folgenden Energiemangel rasch und deutlich spüren, bemerken wir einen schleichenden kaum und reagieren dann nicht oder zu spät und bemerken die Veränderung erst, wenn es sehr oder auch schon zu spät ist. Zu spät meint, dass die chronische Stoffwechselerkrankung bereits ausgebrochen ist. Doch selbst in dieser Lage können wir – abgesehen von der schon beschriebenen Ernährungsumstellung – sofort etwas tun, um den Energiepegel zu erhöhen und uns wohler zu fühlen.

Sport und Laktat

Langjährige Forschungen haben ergeben, dass nicht nur geistig-seelische, sondern auch körperliche Bewegung helfen kann, Krebs zu besiegen. Außerdem hilft sie nachweislich, sowohl Krebs vorzubeugen, als auch nach absolvierter Therapie sein Wiederauftauchen unwahrscheinlicher zu machen. Eine im Februar 2016 in der

US-Zeitschrift *Cell Metabolism* veröffentlichte Studie zeigt, dass Bewegung über den mit ihr steigenden Adrenalinspiegel wirkt. Wissenschaftler der Universität Kopenhagen gaben einer Gruppe von Mäusen ein Laufrad in den Käfig, das diese offenbar gern und viel benutzten, während die Kontrollgruppe keines bekam. Dann wurden den Mäusen Krebszellen zur Auslösung von Melanomen sowie von Lungen- und Leberkrebs gespritzt. Nach vier Wochen waren die Mäuse mit dem Laufradtraining viel fitter. Alle Tiere, die Melanom- und Lungenkrebszellen gespritzt bekommen hatten, entwickelten diese Krebsarten, aber bei den trainierenden waren die Tumore deutlich kleiner. Von der aktiven Gruppe bekam in der Leberkrebsgruppe nur ein Drittel das Krankheitsbild, während in der trainingsfreien Gruppe drei Viertel erkrankten. Die Analyse ergab, dass die trainierenden Mäuse doppelt so viele T-Zellen und sogar fünfmal so viele natürliche Killerzellen hatten, beides Zellarten, die Tumore bekämpfen. Weiter ließ sich nachweisen, dass die natürlichen Killerzellen den Unterschied machten – jene, die beim Waldbaden so dramatisch zunehmen.

Schnelles Laufen bewirkt Adrenalinausschüttung, und von diesem ist bekannt, dass es die Bildung natürlicher Killerzellen anregt. Also injizierten die Forscher Adrenalin, und tatsächlich wirkte es ebenfalls gegen die Tumorentwicklung, aber nicht so stark wie Bewegung. Wurde aber zusätzlich Interleukin-6 gespritzt, war der Effekt gleich wie nach Bewegung.

Natürlich sind Menschen keine Mäuse und die meisten Tierversuche entsetzlich. Aber diese Studie motiviert, gleich anzufangen, sich im Sauerstoffgleichgewicht zu bewegen, was dem Laufradtraining der Mäuse am ehesten entspricht.

Es gibt auch immer wieder darüber Berichte, wie jemand seinem Krebs ganz konkret davongelaufen ist. Ein kanadisches Forscherteam wertete die wesentlichen Studien, die mittlerweile in die Tausende gehen, zu diesem Thema aus und bestätigte, dass es unwiderlegbare Hinweise auf die Wirksamkeit einer regelmäßigen körperlichen Aktivität bei der Vorbeugung von mehreren chronischen Krankheiten und vorzeitigem Tod gebe. Körperliche Inaktivität hingegen sei ein Risikofaktor für Herz-Kreislauf-Erkrankungen und eine zunehmende Vielfalt anderer chronischer Krankheitsbilder, darunter Krebs (Darm und Brust), Diabetes mellitus, Fettleibigkeit, Bluthochdruck, Knochen- und Gelenkerkrankungen (Osteoporose und Arthritis) und Depressionen.[62]

Sportliche Betätigung erhöht natürlich immer die Sauerstoffversorgung nicht nur der bewegten Gewebe wie der Muskeln, sondern auch des Umfeldes. Außerdem wird der Geist angeregt. Viele kommen beim Joggen oder Schwimmen auf gute Ideen.

Wie aber ist es zu erklären, dass die Nutzung von Muskeln bei Bewegung und Sport Krebs oder Depressionen vorbeugt? Warum bleibt die Wirkung nicht auf Trainingseffekte an den Muskeln selbst und auf das Herz-Kreislauf-System beschränkt? George Brooks von der Universität Berkeley stellte fest, dass das durch muskuläre Anstrengung produzierte Laktat, dem wir früher den Muskelkater zuschoben, der Botenstoff ist, der die positiven Effekte von Bewegung auf alle möglichen chronischen Krankheitsbilder auslöst. Laktat ist ein kleines Molekül, das Brooks zufolge alle Zellen erreicht und überall im Körper zu einer Aktivierung und Vermehrung der funktionstüchtigsten Mitochondrien führt. Von allen getesteten Substanzen ist es am besten geeignet, die Energieproduktion anzukurbeln.[63]

Laktat wird im Blut transportiert und gelangt so in alle Organe, Gewebe und zu fast allen Zellen, je nachdem wie gut durchblutet der Körper ist. Es wird bei Bewegung gebildet, wenn diese mehr Energie verbraucht, als im Moment vorhanden ist, was die Anregung der Zellkraftwerke der Mitochondrien im ganzen Organismus sinnvoll (und verständlich) macht. Dies erklärt auch die positive Wirkung auf praktisch den gesamten Körper. Vor allem wenn wir die Überlegungen von Professor Seyfried hinzunehmen, der Krebs überhaupt als Mitochondrienproblem einstuft, wird verständlich, warum ihre generelle Aktivierung und Neubildung sich bei Krebs so sehr günstig auswirkt. Obendrein finden hier all die Theorien, die chronische Krankheitsbilder und insbesondere Krebs als ein Energiemangelsyndrom auffassen, zusätzliche Bestätigung.

George Brooks erforschte auch, dass eingenommenes Laktat denselben Nutzen hat wie in Muskeln produziertes. Nach dem deutschen Mediziner Peter Rohsmann werden mittels Laktat über 600 Gene aktiviert, die für die Gesunderhaltung notwendig sind. Von ihm gibt es auch ein entsprechendes Laktatprodukt mit dem verführerischen Namen »Sport aus der Flasche«. Nicht nur für Bewegungsfaule, sondern vor allem für Krebspatienten, deren Lebensumstände nicht mehr ausreichend Bewegung ermöglichen, ist es eine sinnvolle Unterstützung, die sich allerdings wie auch der Erfolg von Trainingsprogrammen erst nach drei Monaten deutlich zeigt. Wahrscheinlich dauert es so lange, bis neugebildete Zellkraftwerke richtig in Betrieb gehen.

Die Angst, Laktat als Salz der Milchsäure könnte schaden, weil es übersäuere und so auch den Krebszellen nützen könnte, ist offenbar unbegründet. Die gesunden Zellen lieben Laktat; Herzmuskel- und Nervenzellen bevorzugen Laktat sogar gegenüber Glukose. Aber den Krebszellen bringt Laktat nichts, da sie keine oder kaum noch funktionierende Mitochondrien haben. Die Milchsäure kann also von der Krebszelle nicht zur Energiegewinnung genutzt werden. Nach Rohsmann verbessert regelmäßige Laktatzufuhr die Mitochondrienfunktion und die Energiegewinnung; dadurch führt sie allmählich zur Gewebsentschlackung und zur Wiederaufnahme gesunder Zellfunktionen.[64]

Stimmungsaufhellung mit Glücks- und Wohlfühlhormonen

Energiemangel kann aber auch über andere Defizite als zu wenig Bewegung entstehen. Vor Jahren fiel mir auf, dass – wie ich selbst – viele sehr aktive PatientInnen unter ihrem Mangel am Wohlfühlhormon Serotonin nicht einmal mehr litten, weil sie ihn überhaupt nicht bemerkten. Selbst in Situationen, in denen wir uns eigentlich sehr wohlfühlen sollten, erlebten wir das einfach nicht mehr. Ähnlich war es mit Defiziten beim Glücks- und Belohnungshormon Dopamin. Eine Jahrzehnte währende Reise führte mich über einige Versuche und Erfahrungen mit verschiedenen Mitteln schlussendlich zu der kleinen roten Pille »Amorex«. Das Präparat enthält neben 5-HTP, der Vorstufe vom Wohlfühlhormon Serotonin, auch S-Adenosyl-Methionin, die Vorstufe vom Glücks- und Belohnungshormon Dopamin. Wer diese beiden Stoffe regelmäßig zu sich nimmt, ist auf gutem Weg, was seine Stimmung anbelangt, und das verschafft auch das Gefühl, genug und gute Energie zu haben. »Amorex« ist aber keine Droge, die die erwähnten Empfindungen einfach hervorzaubert, sondern bringt die Vorstufen der körpereigenen Neurotransmitter und Hormone wieder ausreichend ins Spiel des Lebens, sodass wir Glück und Wohlgefühl empfinden können, wenn die jeweilige Situation das hergibt. Offenbar ist das moderne Leben so aufwendig und fordernd beziehungsweise stressig, dass die vorhandenen Mengen heute nicht mehr reichen, und der moderne Lebensstil verhindert eine ausreichende Produktion.

»Amorex« enthält – auf meine Intervention – auch das richtige und für Veganer zwingend notwendige B_{12} (Methylcobalamin). Außerdem 2000 IE Vitamin D als Basisausstattung. Krebspatienten aber brauchen mehr davon; am besten und natürlichsten ist hier das möglichst häufige, idealerweise tägliche halbstündige Sonnenbad. Solche Lichtbäder stärken die Resistenz der gesunden

Zellen und die Resilienz (seelische Widerstandsfähigkeit) der PatientInnen, entsprechend Popps Entdeckung, dass UV-Licht die DNS repariert.[65] Da Tumorgewebe nur noch über verminderte Reparaturfähigkeit verfügt, zerstört ionisierende Strahlung Krebszellen. Fasten verstärkt diese Situation noch. So kommt gleichsam Licht von außen durch die Sonne und sollte auch von innen über photonenreiche Frischkostnahrung aufgenommen werden. Die Sonne wird so zum Therapeutikum und kann nach entsprechender Gewöhnung auch viel länger genossen werden – man denke nur an unsere wenig bekleideten Vorfahren. Wald- und Sonnenbaden lässt sich zwar nicht gleichzeitig haben, aber beides ergänzt sich wundervoll, wenn hintereinander geübt. Sonnenbäder sorgen dann für reichlich Hormon D, das die beste Bioverfügbarkeit und Nachhaltigkeit hat.

Außerdem ist in »Amorex« das weitgehend unterschätzte Biotin enthalten sowie Folat. Ich persönlich schätze auch sehr ebenfalls enthaltenes Vitamin B_6, das – abends eingenommen – die Erinnerung der Träume intensiviert.

Für eine dritte »Stimmungskanone« sei an das schon empfohlene Kurzzeitfasten erinnert. Speziell bei Krebs ist es in meinen Augen zwingend geboten wegen der Zufuhr von reichlich Wachstumshormon HGH (Human Growth Hormone). Im Gegensatz zum krebsfördernden IGF-1, das bei Tumorgefahr extrem niedrig zu halten ist durch die erwähnten Ernährungsmaßnahmen, hat HGH sehr positive Auswirkungen und vermittelt jene aufgeräumte Stimmung nach dem Motto: »Packen wir es an!« Diese wünsche ich jedem in einer Bedrohungssituation wie sie durch Krebs entsteht.

Lebensrhythmen und Schlaf

Heraklit lehrte: »Alles fließt« (*panta rhei*), Rudolf Steiner war überzeugt, alles Leben sei Rhythmus, und die moderne Physik geht davon aus, dass alles Schwingung ist. So verwundert es nicht, dass medizinische Studien inzwischen belegen, dass ein gestörter Tag-Nacht-Rhythmus, ein nicht mehr Mitschwingen mit natürlichen Rhythmen, alle möglichen Arten von Krebs fördert.

Einige Untersuchungen konzentrierten sich auf mögliche Verbindungen zwischen Nachtarbeit und dem Risiko von Frauen, Krebs zu entwickeln. Es gibt darüber eine in ihren Ausmaßen riesige Meta-Analyse, also eine, die die Ergebnisse einer Vielzahl von Studien zusammenfasst.[66] Sie wurde mit dem Ziel unternommen herauszufinden, ob Nachtschichten über lange Zeit das Krebsrisiko erhöhen, und umfasst 61 Artikel über Studien mit 114 628 Krebsbetroffenen und 3 909 152 Teilnehmerinnen in Europa, Nordamerika, Asien und Australien. Die Untersuchung ergab in Bezug auf Langzeit-Nachtschichten eine Steigerung der Brust-, Darm- und Hautkrebsrate. Bezüglich Brustkrebs stieg das Risiko alle fünf Jahre um 3,3 Prozent. Das bedeutet bei einem Arbeitsleben in Nachtschicht von 40 Jahren eine Steigerung der Brustkrebswahrscheinlichkeit um über 26 Prozent. Bezüglich Krankenschwestern im Langzeit-Nachtdienst ergab sich eine Risikosteigerung bei Brust-, Lungen- und Darmkrebs.

Nach persönlichen Erfahrungen halte ich Wechselschichten, obwohl etwa in Deutschland von den Gewerkschaften bevorzugt, für noch gefährlicher, da sie noch weniger festen Lebensrhythmus ermöglichen als Dauer-Nachtschichten. Allein anhand der Forschungsergebnisse wäre es bei Krebs und bezüglich seiner Vorbeugung sehr hilfreich, sich an einen festen Rhythmus zu gewöhnen und ihn so weitgehend wie möglich beizubehalten. In der TamanGa-Kur bewähren sich konsequenter Mittagsschlaf und Schlaf vor 22 Uhr.

Elementar wichtig ist die Beachtung des Schlafrhythmus. Wir schlafen heute durchschnittlich sieben Stunden, wohingegen vor 100 Jahren noch neun Stunden normal waren. Belegt ist, dass diese moderne Einschränkung dem Krankheitsbild Alzheimer Vorschub leistet. Bei Krebs dürfte es ähnlich sein, weil Schlaf die ideale Regeneration darstellt und insofern jeden Organismus fit und in Form hält.

Zwei wundervolle, von mir persönlich erprobte und in unsere TamanGa-Natur-Kur integrierte Schlafkuren will ich hier empfehlen. Mit einem täglichen Mittagsschlaf oder noch besser einer *Tiefenentspannung* mittels geführter Meditation (siehe Literaturverzeichnis) lässt sich das Herzinfarktrisiko um über 50 Prozent senken – und mit nur drei mittäglichen Schlafepisoden pro Woche immer noch um über 30 Prozent. Vor allem aber lässt sich so der ganze Nachmittag bei bester Kraft gewinnen. Wer nach der Arbeit noch eine zweite Episode von *Tiefenentspannung* in seinen Tagesablauf einbaut, hat die Chance, statt eines Dromedar-Lebensenergiemusters über das Kamel-Muster mit zwei Energie-Hypes das eines Glücksdrachen zu verwirklichen mit drei Energie-Höckern und im Sinne des Synergieeffektes mit mehr als dreimal so viel Lebensenergie. Diese Übung ist sehr leicht praktisch umzusetzen, weil solch eine *Tiefenentspannung* auf jedem Bürostuhl möglich und das entsprechende Programm auf jedes Smartphone zu laden ist. Wer das selbst nicht kann, mag seine Kinder oder Enkel befragen, die das heute alle können (müssen).

Die zweite Schlafkur ist idealerweise in einem wirklichen Erholungsurlaub zu beginnen, der bei dem Krankheitsbild Krebs sowieso ständig angesagt wäre. Insgesamt ist auch diese Übung unglaublich einfach und ergänzt die erste perfekt: vor 22 Uhr schlafen gehen. Bereits nach drei Tagen spüren sensible Menschen verblüffende Veränderungen, die langfristig nicht nur zu besserer Schlafqualität führen, sondern zu einer deutlich höheren Lebensqualität. Es scheint tatsächlich so zu sein, wie der Volksmund schon lange vermutet, dass der Schlaf vor Mitternacht doppelt zählt.

Bei allen, die viel Nachholbedarf an Regeneration haben, also sicher auch bei KrebspatientInnen, kann es gut sein, dass sie die erste Zeit viel mehr schlafen. Es wäre wundervoll, wenn sie sich das – auch seelisch – zugestehen und gönnen könnten. Mit der Zeit werden sie aber anfangen, wieder früher aufzuwachen und dann ebenfalls erleben, welch unglaublich gute Zeitqualität jeder Morgen hat, um etwa Programme mit geführten Meditationen oder auch innere und äußere Bewegungsübungen zu genießen. Beide Schlaftherapien werden noch wirksamer und gesünder an Orten wie TamanGa, wo der Laptop keinen einzigen Provider anzeigt, man also vor dem heute üblichen Strahlensalat geschützt ist.

Spielfilmtherapie

In meinen vielen Arztjahren habe ich mit sehr gutem Erfolg weit mehr Spielfilme als schulmedizinische Pharmaka verschrieben. Daraus ist zusammen mit meiner ersten Frau Margit das Buch *Die Hollywood-Therapie – was Spielfilme über uns verraten* entstanden, dessen Fortsetzung *Spielfilmtherapie – Krisen und Krankheitsbilder heilen* hoffentlich bald folgt, denn darin werden die Deutungen vieler weiterer Filme uns dem Thema Wachstum näherbringen und dabei helfen, wieder Mut zu fassen und das Leben in seiner ganzen Fülle zu wagen.

Vor allem bei Krebs empfehle ich den schon erwähnten Film *Das Beste kommt zum Schluss* als Eigentherapiesitzung mit einem Schreibblock daneben, um anschließend die konstruktive Energie für die eigene »Liste vor der Kiste« zu nutzen, nach dem Motto

»Was ich immer in meinem Leben tun wollte«. Da mindestens die Hälfte der Bevölkerung von Krebs betroffen wird (wahrscheinlich viel mehr, da auch längst nicht mehr alle bei der Schulmedizin um Behandlung nachsuchen und so gar nicht mitgezählt werden), ist dieser Film geradezu zwingend – um eben nicht bis zur Krebsdiagnose und gescheiterten Chemotherapie zu warten, sondern gleich mit dem (eigenen) Leben(sglück) zu beginnen. Aber selbst nach erschreckender Diagnose zeigt der Film, was noch immer möglich ist. Solange die Hoffnung lebt, ist noch alles drin. Auch wer nicht mehr daran glaubt, *muss nicht dran glauben*, sondern kann es noch schaffen, wie der eine Held des Films erlebt. Allein schon das Miterleben dieses Wunders ist heilsam – eine Geschichte, die heilt, wie Bert Hellinger sagen würde.

In dem Film *Das ultimative Geschenk* zum Beispiel werden wir Zeugen, wie das Krankheitsbild Leukämie ein kleines Mädchen zu großen Einsichten bringt und das neue Leben von zwei gerade scheiternden Erwachsenen auf bezaubernde Art in Gang setzt. Wir werden durch diesen Film auch daran erinnert, welch große Fortschritte im Vergleich zu früher die Schulmedizin bezüglich des Krankheitsbildes (kindlicher) Leukämie gemacht hat.

Oskar und die Dame in Rosa handelt von der besonderen Therapie eines tapferen kleinen krebskranken Jungen, ganz nebenbei durchgeführt von einer Pizzaverkäuferin, die dazu gar keine Ausbildung hat, aber aus einem großen Herzen heraus eine Menge ahnt. Dieser Film kann jeden lehren, im Augenblick zu leben und für das Geschenk des Lebens zu erwachen.

In *Safe Haven – wie ein Licht in der Nacht* schafft es eine schwer an Krebs erkrankte Mutter, über den Tod hinaus für ihre Familie und sogar ihre Nachfolgerin zu sorgen, gleichsam als Schutzengel aus einer anderen Dimension. Besonders berührend fand ich, wie wir das als Zuschauer lange gar nicht bemerken – so wie wir das Wirken von Schutzengeln so oft und gern übersehen.

Was neueste Forschung bieten kann

Es besteht selbst vonseiten der Schulmedizin kein Zweifel daran, dass ihre bisherigen Hauptwaffen gegen Krebs, die Chemo- und Strahlentherapie, selbst krebsauslösend wirken. Auch gibt es immer mehr Hinweise, dass beide zwar Krebszellen ausschalten, aber nicht die entscheidenden Krebsstammzellen, aus denen der Tumor sich so häufig regeneriert. Es gibt sogar den zunehmenden – inzwischen wissenschaftlich erhärteten – Verdacht, dass beide Therapien die Umwandlung von normalen Krebszellen in solche Krebsstammzellen fördern, was diese beiden »Therapien« eigentlich von selbst verbieten sollte. Dass jede Operation selbstverständlich auch das Immunsystem schwächt, steht ebenfalls außer Frage. Wenn allerdings die Chance besteht, den Tumor im Gesunden, das heißt vollständig, zu entfernen, ist das ein großer und wundervoller Zeitgewinn. Aber mehr auch nicht. PatientInnen wäre in dieser noch relativ günstigen Situation unbedingt zu raten, ihren Lebensstil, der in das Krebswachstum hineingeführt hat, durch radikale, das heißt an die Wurzeln gehende Wandlungen zu verändern und ihren eigenen, ihre Seele nährenden Lebenssinn zu finden.

Selbst bei denjenigen, die diese Therapien mehr als fünf Jahre überleben, bleibt die seelische Ebene entscheidend wichtig, denn hier von Heilung zu sprechen ist aus zwei Gründen gewagt. Erstens kommen danach leider immer noch Rezidive vor. Zweitens ändert eben auch ein erfolgreicher Schulmedizineinsatz kaum die (Lebens-)Situation, die zu Krebs geführt hat. Im Gegenteil schwächen die überaus aggressiven, aber kaum selektiven Therapien mit Stahl, Strahl und Gift langfristig den Organismus und machen ihn damit noch anfälliger für spätere, dann meist noch gefährlichere Krebserkrankungen. Die vielen schweren Rezidive auch Jahre nach Chemotherapien sind statistisch belegt.

Von Heilung lässt sich nur sprechen, wenn die Ursachen, die zum Krebs geführt haben, geklärt und gelöst sind, sowohl die seelischen als auch die metabolischen. Zur seelischen Auseinandersetzung mit Wachstum auf falscher Ebene wurde schon viel gesagt. Die Stoffwechselprobleme aufgrund von Übersäuerung und Unterversorgung mit Sauerstoff sind wie beschrieben vorrangig über Ernährung und ihren Gegenpol Fasten, aber auch mit Bewegung zu überwinden.

Methadon in der Chemo- und Schmerztherapie

Die Unterstützung der herkömmlichen Chemo- und Bestrahlungstherapie mit Methadon ist natürlich reinste Schulmedizin. Methadon ist das Mittel, das Heroinsüchtigen häufig – dann allerdings in zehnmal höherer Dosis – zum Ausstieg aus der Drogenabhängigkeit verordnet wird. Nun häuften sich in den letzten Jahren Medienberichte über sensationelle Therapieerfolge mit Methadon auch bei Krebs. *Stern TV* griff das Thema auf und stellte eine »tumorfreie« Glioblastompatientin vor, was besonders bei einem als an sich völlig unheilbar bewerteten Krankheitsbild für großes Aufsehen sorgte.[67]

Das Problem der Schulmedizin mit Methadon bezieht sich wohl auf seine äußerst geringen Kosten, während die Chemotherapie extrem teuer ist. Nicht einmal Apotheken können bei den Minimalkosten genug verdienen, dass es sich für sie lohnt. Mediziner müssten es als Schmerzmittel über die Rezepte der Betäubungsmittelverordnung verschreiben, und viele von ihnen – wie ich selbst – wüssten wohl gar nicht mehr, wie dieses komplizierte Verfahren funktioniert. Aus diesem Grund suchten nach der *Stern TV*-Sendung verzweifelte PatientInnen vergeblich nach Ärzten, die es ihnen verschreiben.

Tatsächlich gibt es durchaus eine durch experimentelle Arbeiten untermauerte Hypothese für die Wirksamkeit von Methadon. Demnach treibt D-/L-Methadon, im Gegensatz zu L-Methadon, über Bindung an die Opioidrezeptoren auf Tumorzellen diese in den Tod durch Selbstmord (Apoptose). Das gelingt umso besser, je mehr Opioidrezeptoren auf der Zelloberfläche präsent sind. Hier kommen sowohl Strahlen- als auch Chemotherapie mit ins Spiel, denn sie – wie auch starke Schmerzen – können die Dichte der Opioidrezeptoren auf den Tumorzellen erhöhen und so die Methadonwirkung noch verstärken, während gesunde Zellen nur sehr wenige Opioidrezeptoren ausbilden.

Über die Opioidrezeptoren kann Methadon resistente Tumorzellen auch wieder empfindlich für die Chemotherapie machen. Denn um Chemotherapeutika aus der Zelle zu transportieren und sich damit vor Zellgiften zu schützen, bilden Tumorzellen an der Zelloberfläche Schleusen zum Ausleiten der Zellgifte. D-/L-Methadon kann über die Besetzung der Opioidrezeptoren diesen Prozess blockieren. Können Tumorzellen weniger von den giftigen Chemotherapeutika wieder ausschleusen, sind sie effektiver zu bekämpfen. Nach Auskunft von Dr. Hobert, der ebenfalls auf die Methadonunterstützung zurückgreift, wirkt Methadon auch bei Wassereinlagerungen im Rahmen von Tumorerkrankungen

(Aszites und Pleuraergüsse) gut und sorgt für Rückbildungen dieser Wasseransammlungen.

Die Wirkung von Methadon ist mittlerweile bei vielen Krebsarten im fortgeschrittenen Stadium wie Bauchspeicheldrüsen-, Brust-, Eierstock-, Darm-, Magen-, Lungen-, Blasen- und Prostatakrebs, bei Glioblastomen, Leukämien und Melanomen von der Chemikerin Claudia Friesen und dem Arzt Hans-Jörg Hilscher anhand gesammelter Krankengeschichten gut beschrieben.[68] Für die Krebsforscherin Friesen und ihr Team am Institut für Rechtsmedizin der Universität Ulm begann das Ganze mit einer Reihe von Zufallsbefunden, aber so wurde auch schon das erste Antibiotikum, Penicillin, von Fleming entdeckt.

Dr. Friesen berichtete in einem Fernsehinterview, dass eine Zelle auf ein Chemotherapeutikum vielleicht zu zehn Prozent ansprechen würde, gebe sie aber Methadon dazu, könne sie einen 100-prozentigen Zelltod erreichen, und das sehe man auch bei diesen Patienten mit scheinbar aussichtsloser Diagnose, die dann keinen Tumor mehr hätten, während zuvor unter der gleichen Therapie der Tumor und die Metastasen drastisch gewachsen wären. Selbst große Tumore im Hirn, die auf keine Therapien mehr angesprochen hätten, wären verschwunden.

Hospizleiter und Palliativmediziner Hans-Jörg Hilscher beobachtete, wie wegen Schmerzen mit Methadon behandelte GlioblastompatientInnen unerwartet lange lebten und einige überhaupt wider Erwarten Remissionen bekamen und gesundeten. Er machte während seiner jahrelangen Tätigkeit im Hospiz die Erfahrung, dass es den PatientInnen dank Methadonbehandlung nicht nur besser ging, sondern dass sie auch länger lebten, was auch dem Medizinischen Dienst, der in seiner Gegend drei Hospize betreute, aufgefallen war. In dem Hospiz, in dem Methadon als Schmerzmittel eingesetzt wurde, lebten die PatientInnen länger, als die Diagnose es eigentlich zulassen würde.

Eine Erklärung dafür lieferten ihm die experimentellen Arbeiten von Claudia Friesen. Seitdem sammeln die beiden Daten und können auf viele positive Erfahrungen zurückblicken. Sie kämpfen nun seit Jahren gemeinsam dafür, Methadon als Therapieunterstützung bei Krebs weiter zu erforschen. Aber das scheint den etablierten Wissenschaftsbetrieb gar nicht zu interessieren, der sich meist nach den von der Pharmaindustrie finanzierten Studien ausrichtet. So war auch der Gegenwind stark; ärztliche Fachgesellschaften äußerten sich sehr warnend vor solchen Therapieversuchen außerhalb klinischer Studien. Aber klinische Studien sind extrem teuer, und deshalb nur noch von großen Pharmaunternehmen zu finanzieren. So zeigt sich einmal mehr die typische Strategie: Mediziner wollen und sollen nicht ohne ihre Sponsoren von der Pharmaindustrie und warnen pflichtschuldigst und in vorauseilendem Gehorsam vor allem anderen.

Wie tief das Problem sitzt, zeigt sich am Beispiel eines Professors in führender Position an der Universität Heidelberg und Sprecher der Neuroonkologischen Arbeitsgemeinschaft (NOA). Er urteilte, dass die Wirkung von Methadon beim Menschen »völlig unklar« sei; Methadon sei »potenziell reich an unerwünschten Wirkungen«, die die Lebensqualität der Patienten unnötig einschränken würden. Ein besonderes, aber eben typisches Geschmäckle bekam das Ganze, als Journalisten feststellten, selbiger Professor habe im Auftrag des Pharmakonzerns Roche, von dem er laut *Deutschem Ärzteblatt* dafür auch bezahlt wurde, das im Vergleich zu Methadon extrem kostspielige, nämlich etwa tausendmal so teure »Avistin« entwickelt. Pro Quartal kostet die Behandlung etwa 25 000 Euro, die mit Methadon dagegen nur 24 Euro.

Noch peinlicher wird es, wenn wir erfahren, dass der Mediziner sich auf einem Symposium in seiner Rolle als Professor der Heidelberger Universität, und nicht etwa als bezahlter Mitarbeiter des Konzerns Roche, für deren und sein Medikament einsetzte, obwohl es sich in einer weltweiten Studie – an seinem Anspruch gemessen, die Krebsüberlebenszeit signifikant zu verlängern – als völlig wirkungslos erwiesen hatte. PatientInnen, die sich von diesem Mittel hatten überzeugen lassen, lebten tatsächlich nicht länger. Von Journalisten befragt, ob er keinen Interessenkonflikt bei sich sehe, verneinte er das. Das ist der eigentliche Skandal. Er fühlte sich im Recht, weil so etwas inzwischen offensichtlich normal ist in der Schulmedizin.

Palliativmediziner Hans-Jörg Hilscher hält die professoralen Warnungen vor Methadon für Unsinn und spricht bei den Einwänden von »Eminenz-basierter Medizin«. Mir ist das Phänomen so vertraut, dass ich es gern noch um eine kleine Klammerbemerkung erweitere: »Eminenz-b(l)asierte Medizin«.

Als Hospizleiter arbeitet Hilscher seit 1999, also schon zwei Jahrzehnte, mit dem angeblich so gefährlichen Methadon, denn es ist seit Jahren als starkes Schmerzmittel zugelassen. Doch im Vergleich zur Drogenersatztherapie bekommen Hilschers KrebspatientInnen eine wesentlich geringere Dosis. Die Nebenwirkungen halten sich dadurch sehr in Grenzen. Dafür gewinnen seine PatientInnen aber ein Stück Lebensqualität zurück.

Natürlich gibt es aber nicht nur schwarze Schafe wie den Heidelberger Professor, für den sich viele Kollegen inzwischen schämen und ihn als Schande für die Schulmedizin empfinden. An der Charité in Berlin forscht der schon erwähnte Andreas Michalsen zum Fasten, und hier haben Ärzte wie Martin Misch angefangen, Daten von HirntumorpatientInnen, die zusätzlich mit Methadon behandelt werden, wenigstens zu sammeln. In einer gerade veröffentlichten Studie stellten sie fest, dass die Nebenwirkungen bei weitem nicht so stark sind, wie von manchen befürchtet. Darum zieht Misch auch den positiven Schluss, dass man es hier mit einer relativ gut verträglichen Begleittherapie zu tun habe. Doch ob für ihren nächsten Schritt einer großen klinischen Studie die dafür notwendigen Gelder in Millionenhöhe fließen werden, bezweifeln selbst die Mediziner an der Charité.

Nun gibt es inzwischen durch den entstandenen Presserummel in diesem Fall doch eine scheinbare, wenn auch vage Hoffnung: Die Universität Ulm, die in der ersten Phase die positiven Berichte über Methadon von der eigenen Mitarbeiterin in vorauseilendem Gehorsam von ihrer Internetseite genommen hatte, will offenbar etwas zur Wiederherstellung des eigenen Images unternehmen. Das Universitätsklinikum Ulm unter Leitung von Thomas Seufferlein hat also eine »Phase-I/II-Studie zum Effekt von Methadon bei chemorefraktären kolorektalen Karzinomen« konzipiert, die zur Förderung eingereicht werden soll. Man wählt also ausschließlich den Spezialfall – oder sollte das die Regel sein? – von nicht auf Chemotherapie ansprechender Fälle von Karzinomen im Bereich Colon-Rektum, plant eine Studie dazu und hat diese zur Förderung eingereicht. Dem kann die Pharmaindustrie vollkommen entspannt entgegensehen, denn die Förderung muss erst einmal bewilligt werden. Und wer sollte wohl die Kosten für die Studie übernehmen? Hier gäbe es nur eine Chance: Die Universität müsste das machen, dazu finanziert der Staat und über ihn der Steuerzahler Universitäten. Man braucht kein Prophet zu sein, um das Weitere vorauszusagen. Falls der öffentliche Druck nachlässt, wird diese Studie wohl keine Förderung erhalten.

Zugegebenermaßen bin ich nach langer Erfahrung als Arzt der Pharmaindustrie gegenüber sehr kritisch eingestellt, deshalb möchte ich hier noch einen Wissenschaftler zitieren, der die Angelegenheit objektiver beurteilen sollte. Wolf-Dieter Ludwig ist Chefarzt der Helios-Klinik für Hämatologie, Onkologie und Tumorimmunologie in Berlin und zugleich Vorsitzender der Arzneimittelkommission der Ärzteschaft. Er kritisiert schon lange, dass klinische Studien überwiegend von der Pharmaindustrie finanziert werden. In der ARD-Sendung »plus*minus*« vom 21.4.2017 sagte er: »Das Geld, das beispielsweise vom Bundesforschungsministerium für klinische Forschung an Arzneimitteln zur Verfügung steht, reicht vorn und hinten nicht aus. Damit können Sie keine vernünftige Forschung nach der Zulassung neuer Arzneimittel betreiben. Wir bedauern sehr, dass wir in all diesen Studien auf gesponserte, also von der Industrie finanzierte Studien zurückgreifen müssen. Ich denke, es würde für unsere Patienten, gerade für die Tumorpatienten, sehr segensreich sein, wenn wir mehr unabhängige Forschung hätten, weil wir dann Ergebnisse bekämen, die nicht vom pharmazeutischen Hersteller möglicherweise verzerrt sind.«

Die Autorin des »plusminus«-Beitrages, Christiane Cichy, ergänzt: »Wir haben das Bundesforschungsministerium und das Bundesgesundheitsministerium mit den Argumenten von Professor Dr. Wolf-Dieter Ludwig konfrontiert. Beide Ministerien sehen keinen Handlungsbedarf und halten die öffentlichen Gelder für unabhängige Forschung in der Krebsmedizin für ausreichend.«

Sagt das nun etwas über die angefragte Situation in der Arzneiforschung aus oder doch mehr über die Zuständigen in den befragten Ministerien? Haben auch sie möglicherweise noch weniger evidente pharmabasierte Vorteile neben ihren Ministereinkünften, dass sie sich zu solchen Äußerungen hergeben, die offensichtlich weder der Wahrheit noch der Wirklichkeit an deutschen Universitäten entsprechen? Es gab genug Skandale über massive Bestechungen durch die Pharma- und Medizingeräteindustrie im Gesundheitsbereich, aber das Problem ist, dass das ganze System offenbar sehr weitgehend von einem Geflecht von Abhängig- und Bestechlichkeiten geprägt ist.

Der Praktiker Ingfried Hobert verweist ebenfalls auf das Fehlen großer Studien, aber doch auf eine einzige klinische Studie zu Gliomen und D-/L-Methadon, die bei 27 Patienten zeigen konnte, dass Methadon ohne erhebliche Nebenwirkungen bei dieser bestimmten Art von Hirntumoren günstig einzusetzen ist. In dieser kleinen PatientInnengruppe war das rezidivfreie Überleben mit Methadon und Chemotherapie prozentual höher als im Vergleich zur Kontrollgruppe. Außerdem ist belegt, dass KrebspatientInnen, die von anderen starken Opioiden auf Methadon umgestellt werden, danach einen geringeren Schmerzmittelbedarf haben und sich oft weniger müde fühlen.[69]

Trotzdem tun sich PatientInnen schwer, Ärzte zu finden, die sie entsprechend behandeln, weil die Verschreibung wie gesagt kompliziert und nur außerhalb der offiziellen Regeln und Wege möglich ist (Off-label-Therapie). Denn Methadon ist nur zur Behandlung von Schmerzen und zur Drogenersatztherapie zugelassen. Dass es manchmal auch weit darüber hinaus zu Heilung führt, muss der mutige Verordner einfach auf eigene Verantwortung in Kauf nehmen.

Hobert warnt vor der Vermischung mit Opiaten. Bezüglich der Dosis läuft seine Erfahrung – ausgehend von der sehr hohen therapeutischen Breite des Mittels – darauf hinaus, dass sich mit relativ wenig Medikament sehr viel Schmerzen nehmen lassen. Zur Schmerzbehandlung empfiehlt er zwischen minimal 2 x 15 Tropfen (2 x 7,5 mg) bis maximal 3 x 100 Tropfen (3 x 50 mg).

Immuntherapien

Die Immuntherapie ist eine Art Hilfe zur Selbsthilfe vonseiten der Schulmedizin für den Organismus, wie ich sie in diesem Buch so sehr propagiere. Der Körper, genauer sein Immunsystem, wird trainiert, Krebs effektiv und selektiv zu bekämpfen. Hier zeichnet sich tatsächlich eine große neue Hoffnung durch die Schulmedizin ab, und da die Pharmaindustrie hier sehr gut verdienen kann, bekommt die Methode wahrscheinlich auch die Chance, sich durchzusetzen. Dem Konzern Novartis zufolge belaufen sich allerdings die Kosten für die Behandlung mit seinem neuen Mittel (»Kymriah«) bei kindlichen Leukämien und Lymphomen von Erwachsenen auf 370 000 Schweizer Franken, eine Summe, die sogar das Schweizer Gesundheitssystem überfordert.[70] Insofern ergibt sich hier auch die Gefahr einer noch deutlicheren Klassenmedizin, wie sie in USA bereits üblich ist.

Die Geschichte der immunolgischen Krebstherapie ist lang und beginnt offiziell mit dem US-amerikanischen Chirurgen William B. Coley (1862–1936). Wobei bereits der russische Schriftsteller und Arzt Anton Tschechow (1860–1904) einen Zusammenhang zwischen bakteriellen Infektionen und Krebsrückbildungen sah. Auch der deutsche Krebsarzt Josef Issels (1907–1998) baute seine Krebstherapie auf der Stärkung des Immunsystems auf und arbeitete neben der Sanierung von Entzündungsherden ebenfalls mit künstlichen Fiebertherapien.

Aber der Ruhm für die Entdeckung dieses Weges bleibt natürlich beim US-Amerikaner William Coley hängen, der als Chirurg eine junge Patientin durch ein Sarkom (Weichteiltumor) verloren hatte. Er stieß auf den Bericht eines mehrfach an Sarkomen hoffnungslos erkrankten Patienten, der zusätzlich ein Erysipel, eine von Streptokokken verursachte Infektion (Wundrose), bekam. Als sein Immunsystem diese Infektion wider Erwarten niedergekämpft hatte, waren auch die Sarkome mit verschwunden. Coley fand weitere solcher Berichte und dachte, die Streptokokken zerstörten die Krebstumore, während wir heute wissen, dass sie eine starke Immunantwort auslösen, von der die Tumoren gar nicht so selten gleich mit zerstört werden.

Aus diesen Erfahrungen entwickelte Coley seine nach ihm benannten Toxine (»Coley's Toxins«), die künstlich Entzündungen verursachten, die KrebspatientInnen oft halfen. Sein erster schwerkranker Krebspatient mit wenigen Wochen Lebensperspektive erholte sich mit dieser Medizin und lebte noch acht Jahre. Ab 1899 stieg die Pharmaindustrie ein und produzierte »Coley's Toxins« 30 Jahre lang, obwohl die Wirkungen nicht durchgängig positiv waren. Manchmal schadeten die Toxine mehr als sie nutzten, aber es gab immer wieder vollständige Remissionen, und erst die Bestrahlung und später die Chemotherapie liefen diesem Ansatz den Rang ab. Als die Chemotherapie nach dem Zweiten Weltkrieg aufkam und sich trotz miserabler Bilanz dennoch mit der immer mächtiger werdenden Pharmaindustrie durchsetzte, verbannte die American Cancer Society »Coley's Toxins« auf die Liste der wissenschaftlich unbewiesenen Behandlungen.

Es wurde an neuen Therapien geforscht, um das unglaublich komplexe und differenzierte Immunsystem besser zu verstehen und für die Krebstherapie zu nutzen. Unsere körperliche Abwehr steht der seelischen Abwehr an Raffinesse und Schlagkraft in nichts nach. Sie kann Eindringlinge unendlicher Vielfalt erkennen und zerstören und doch 30 Trillionen eigene Zellen sicher davon unterscheiden. Nur der Krebs spielt dem Immunsystem diesen Streich, sich erfolgreich als eigenes Gewebe auszugeben. Letztlich stimmt das natürlich auch. Krebs ist eigenes Gewebe, das nur feindlich geworden ist durch den Rückfall auf primitive Stufen. Die Herausforderung der Forscher ist nun, das Immunsystem so zu trainieren, dass es auf diesen Trick nicht mehr hereinfällt.

Ein Weg führt über Drogen, die dem Immunsystem helfen, die jeweiligen spezifischen Krebszellen zu identifizieren und zu zerstören. Also eine sehr individuelle, damit auch aufwendige und teure Therapie. Eine andere Möglichkeit bieten Impfstoffe, die den Körper lehren, Krebszellen generell zu erkennen. Diese Therapie wäre leichter umsetzbar über zukünftige massenweise Produktion solcher Vakazinen.

Der Grund, warum Krebszellen nicht vom Immunsystem erkannt werden, hat damit zu tun, dass sie sogenannte Checkpoints des Immunsystems kapern, um sich vor Zerstörung zu schützen. Versucht wird nun, dem Immunsystem beizubringen, Antikörper zu produzieren, die sich an die Antigene (auf den Oberflächen) der Krebszellen binden und sie so zur Erkennung und Zerstörung markieren. In diese Richtung wirken im Labor produzierte sogenannte monoklonale Antikörper, die Krebszellen gleichsam zum Abschuss freigeben. Herceptin etwa ist solch ein monoklonaler Antikörper, der sich an die Oberfläche der Zellen einer der gefährlichsten Brustkrebsart heftet.

Diese von Antikörpern gesteuerte Therapie hat einigen Hundert Patienten mit extrem gefährlichen, sonst therapieresistenten Leukämien oder Lymphomen zu langen Remissionen verholfen. Trotz vielversprechender Erfolge hat sie zwei Nachteile: Sie funktioniert nicht immer, und sie ist sehr teuer. Die Methode ist so individuell, dass sie für die Masse der PatientInnen kaum je zur Verfügung stehen dürfte. Man muss vom jeweiligen Patienten Immunzellen entnehmen, diese genetisch so verändern, dass sie seine Krebszellen bekämpfen, und sie wieder injizieren.

Der zweite große Ansatz im Rahmen neuer Immuntherapien besteht darin, Immunzellen gleichsam zu entfesseln durch Blockieren jener Checkpoints, die Krebszellen nutzen, um das Immunsystem irrezuleiten und von sich abzulenken. Das metastasierte Melanom, unter dem der ehemalige US-Präsident Jimmy Carter litt, konnte mit solch einem Checkpoint-Inhibitor erfolgreich behandelt werden, was der Therapie zusätzlich Bekanntheit in den USA bescherte.

Aber auch diese Therapieform hilft nur manchen PatientInnen und schlägt bei anderen gar nicht an, oder die Wirkungen hören nach einiger Zeit wieder auf. Es ist bisher nicht im Voraus zu klären, bei wem die Methode funktioniert und bei wem nicht. Etwa

20 bis 40 Prozent der Betroffenen haben gute Ergebnisse mit langen Remissionen.

An der Ohio State University und Forschungsinstitutionen weltweit ist man schließlich daran, Impfstoffe mit dem Effekt zu entwickeln, PatientInnen für Jahre erfolgreich gegen Krebs zu immunisieren bei Kosten unter 1000 US-Dollar pro Patient. Ein Brustkrebsimpfstoff hat es bei klinischen Studien bereits in Phase II geschafft. Das heißt, er könnte in überschaubarer Zeit zur Verfügung stehen.

Solche Impfstoffe könnten auch mit den Checkpoint-Inhibitoren kombiniert werden, sodass körpereigene T-Zellen noch besser zum Zuge kämen. Das wäre ein ähnlicher Effekt wie bei den monoklonalen Antikörpern, aber direkter und kostengünstiger. Statt aufwendig im Labor Antikörper zu produzieren, lernt das Immunsystem der PatientInnen, diese durch Impfung selbst herzustellen.

Das mag alles kompliziert klingen, aber die Denkrichtung ist vielen vom normalen Impfen bekannt. Hat ein nicht gegen Tetanus geimpfter Patient eine schwere Verletzung, in die Erde eingedrungen ist, fürchten Mediziner Wundstarrkrampf und geben ihm sowohl Antikörper gegen dessen Erreger in Gestalt von »Tetagam« als auch »Tetanol«, um das Immunsystem anzuregen, selbst solche zu bilden. Bei einem Geimpften würde von der Logik »Tetanol« genügen, um das schon vorinformierte Immunsystem nochmals anzuspornen. Letzteres ist natürlich deutlich billiger.

Auch bei dieser Impfmethode gegen Krebs sind Erfolge zu verzeichnen: Bei 24 Testpersonen, die alle im Endstadium waren, reagierten zehn, 41 Prozent entsprechend, so gut, dass sie nach einem halben Jahr eine weitere Impfung bekamen. Ein Patient hat schon mehr als drei Jahre überlebt. Die Hoffnung der Forscher ist, noch größere Erfolge zu erzielen, wenn die Impfung früher, das heißt, bevor das Immunsystem der PatientInnen durch Chemotherapie und Bestrahlung geschwächt ist, durchgeführt wird. Bisher haben sich weder Toxizität noch Nebenwirkungen der Impfung gezeigt.

Ein weiterer Ansatz ist, Viren darauf zu trainieren, Krebszellen zu bekämpfen mit einem Mehrfacheffekt. Solche sogenannten onkolytischen Viren könnten die Krebszellen direkt angreifen, sich aber auch – wie es die Art von Viren ist – in ihnen so vermehren, dass es die Krebszellen gleichsam von innen zerreißt. Das könnte obendrein noch die Körperabwehr auf den Plan rufen, die alle Zerfallsprodukte nun als fremd erkennt und entsorgt. Die Wirkung könnte wie beim Impfansatz Monate oder sogar Jahre anhalten.

Eine andere Form setzt bei den Mitochondrien an und zielt über deren Zerstörung darauf, Krebszellen zur Apoptose zu animieren, dem bei Beschädigung vorgesehenen Selbstmordprogramm der Zelle.

Eine Reihe weiterer immunologischer Ansätze ist in Erprobung, und einige Therapien, etwa bei kindlichen Leukämien, sind auch schon so erfolgversprechend, dass bereits Zulassungen erreicht wurden. Allerdings übersteigen die Kosten – wie gesagt – alles bisher Dagewesene.

Das Schlechte vom Guten – Schatten der Immuntherapien

Der Schatten der Immuntherapien zeigt sich in exorbitanten Preisen der Pharmakonzerne. Zum Beispiel erkranken in der Schweiz, wie in den meisten Industrienationen, fast 50 Prozent der Männer und zwei von fünf Frauen an Krebs. Chefbeamter Jörg Indermitte vom Bundesamt für Gesundheit (BAG) hat einen schwierigen Spagat zu bewältigen. Er soll dafür sorgen, dass Patienten in der Schweiz zwar weiter von den neusten Therapien profitieren, aber die Ausgaben für Medikamente nicht ins Unbezahlbare klettern.

Die auf individuelle genetische Eigenschaften der PatientInnen sowie das Profil von deren Krebs abgestimmten Medikamente sind aber immens teuer. Kosten im sechsstelligen Frankenbereich pro Jahr und Patient bringen selbst das bisher optimal funktionierende, auf dem Solidarkonzept aufbauende Schweizer Gesundheitssystem an seine Grenzen.

In den USA sterben längst Patienten, weil sie sich ihr Insulin nicht mehr leisten können, von in die Hunderttausende Dollar gehenden Immuntherapien ganz zu schweigen. In Ländern wie Deutschland, Österreich und der Schweiz sind solche Probleme noch neu, aber nicht hausgemacht, sondern der profitintorientierten Pharmaindustrie geschuldet. Preise pro Jahr und Krebspatient von 100 000 Schweizer Franken sind schon fast die Norm, und noch deutlich höhere zeichnen sich ab.

Es ist wundervoll, wenn PatientInnen länger leben, aber jedes weitere Jahr werden dann auch diese horrenden Summen fällig. Beim Schweizer BAG spricht man dezent von »zweidimensionalem Kostenwachstum«. In der vergleichsweise reichen Schweiz sind die Ausgaben für Arzneimittel zwischen 2014 und 2017 um beinahe eine Milliarde auf 6,8 Milliarden Franken gestiegen. Selbst der Pharmariese Novartis räumt ein, dass bezüglich der Preise noch viel Planungsarbeit zu leisten sei. Ein Beispiel ist die bereits erwähnte teure Zelltherapie »Kymriah« bei Blutkrankheiten. Die Schweizer Arzneimittelbehörde Swissmedic hat das kostspielige Mittel bereits im Oktober 2018 zugelassen, aber bei dem außergewöhnlich hohen Preisniveau ist noch keine Einigung über die Modalitäten der Kostenerstattung durch die Krankenversicherer absehbar. Novartis-Finanzchef Harry Kirsch warnte auf der Bilanzmedienkonferenz in Basel Ende Januar 2019 schon einmal, dass man bei der Erstattung der Kosten solcher Medikamente neue Wege gehen müsse.

Wenn Krankenversicherungen auf Anhieb solche enorm hohen Zahlungen zu Beginn leisten müssen, werden ihnen die Risiken für den Fall, dass die Therapie nicht anschlägt, noch deutlich stärker als bisher aufgezwungen. Die Pharmaindustrie versucht – wie üblich – abzuwiegeln und Bedenken zu zerstreuen, indem sie den Versicherern alternative Preismodelle vorschlägt. Das reicht vom Prinzip *»pay for performance«* (»Zahlen für das, was wirkt«) bis zu Ratenzahlungen, was die Versicherer auf Dauer zu Schuldnern der Pharmakonzerne machen würde. Von Hypotheken vergleichbaren Systemen bis zu Leasing-Modellen ist ungefähr alles im Gespräch. Verhandlungsergebnisse mit verschiedenen Ländern behandelt Novartis streng vertraulich. So lassen sich dann ganze Länder besser gegeneinander ausspielen.

Betrachten wir einmal anhand des *Helsana-Arzneimittelreports*[71], für welche Art von Medikamenten diese Krankenkasse in der Schweiz 2017 die größten Beträge aufwendete:

Kategorie	in Millionen Schweizer Franken
Immunsuppressiva	1016
Krebsmedikamente	683
Antiviralia	481
Psychostimulanzen	315
Diabetesmedikamente	301
Augenmedikamente	299
Blutdruckmittel	268
Mittel zur Hemmung der Blutgerinnung	263

Kategorie	in Millionen Schweizer Franken
Psycholeptika	257
Lipidsenker	250

Diese Zahlen machen mir klar, warum wir im Studium einerseits nie etwas über Sterbebegleitung lernten, andererseits verschiedene Fortbildungen angeboten bekamen, wie Angehörige zur Organspende zu überreden seien. Auch warum in so vielen Hollywood-Filmen Organverpflanzung so einseitig positiv dargestellt wird, machen diese Zahlen klar. Es ist so einfach: Immunsuppressiva sind der Spitzenverdiener für die Pharmaindustrie. Und an zweiter Stelle folgen die Chemotherapeutika. Fast kann man da schon verstehen, dass die Pharmaindustrie wenig Interesse daran haben kann, irgendeine Studie zu finanzieren oder auch nur durchzuwinken, die eine Konkurrenz auf den Plan bringen könnte.

Ultraschalltherapie

Englische Krebsforscher entwickelten eine hochenergetische Schallwellentherapie, mit der sie gezielt Krebsgeschwüre durch Wärmeentwicklung außer Gefecht setzen – vielleicht zielsicherer als per Operation. Das berichtete der Wissenschaftsjournalist Robin McKie im Oktober 2015 in der Zeitung *The Guardian*. Mit ihren um 10 000-mal stärkeren Ultraschallwellen als bei der Schwangerschaftsdiagnostik erhitzten die Londoner Ärzte für eine Sekunde Tumorgewebe auf 55 Grad, zerstörten es so und machten damit vielen KrebspatientInnen Hoffnung, ohne Operation und Nebenwirkungen davonzukommen. Es handelt sich hier also um eine lokale Form der Hyperthermie. Während bei der schon früher erwähnten Hyperthermie der ganze Organismus erhitzt und zum Fiebern gebracht wird, handelt es sich bei der Schallwellen-Methode sozusagen um lokales Fieber, das wegen seiner örtlichen Begrenzung für kurze Zeit mit wesentlich höheren Temperaturen arbeiten kann.

Ende 2015 war diese Methode allerdings lediglich an acht PatientInnen mit Knochenmetastasen getestet worden, verlief aber ausnahmslos bei allen erfolgreich. Durch ihre hohe Zielgenauigkeit vernichtet sie kaum gesunde Zellen im Umfeld. Die Hoffnung ist, in Zukunft auch Brust- und Prostatatumore mit dieser Methode ähnlich erfolgreich angehen zu können.

In Bezug auf Prostatakrebs wird das Verfahren nun schon länger angewandt, wobei die Einschätzung mittels Studien nicht abgeschlossen ist. Durch die wachsende Zahl der Anwendungen zeigen sich aber ähnliche Nebenwirkungen wie bei der Operation, wenn auch in geringerer Häufigkeit, wie Probleme vom Wasserlassen bis zu Impotenz und Inkontinenz.

Alkoholinjektion

Wir alle wissen seit Langem, wie zerstörerisch Alkohol auf Gehirn und Leber und letztlich den ganzen Menschen wirken kann. Wissenschaftler wissen ebenfalls seit Jahren, dass Alkohol (Ethanol) auch Krebszellen zerstört. Aber dafür sind große Mengen notwendig, sodass diese Therapie lange überhaupt nur bei fibrös eingekapselten Tumoren durchführbar erschien. So wurde sie bisher nur an Leber- und Schilddrüsentumoren erprobt.

Ein Forscherteam der US-amerikanischen Duke University hat 2017 jedoch eine neue Ethanollösung mit Zellulosebeimischung entwickelt, die sich im Injektionsbereich in ein Gel verwandelt und auf diese Weise hohe Alkoholkonzentrationen für längere

Zeit ermöglicht.[72] Damit lassen sich die Zellen sozusagen auf Dauer (be-)trunken halten. Diese Lösung ist in eine Vielzahl von Tumoren direkt injizierbar und könnte eine neue, sichere und finanziell günstige Alternativtherapie darstellen.

Bei Tierversuchen erwies sich die neue Lösung im Gegensatz zur alten Methode in allen Fällen erfolgreich. Die Behandlung könnte sich auch in der neuen Form bei einer Vielzahl anderer Tumorarten als sinnvoll erweisen, von Brust- bis zu Gebärmutterhalskrebs.

Die ebenso vorsichtigen und geschickten Forscher der Duke University stellten von Anfang an fest, sie seien noch in einem frühen Versuchsstadium mit bisher nur wenigen Erfahrungen, aber sehr ermutigenden Ergebnissen. Sie schlagen vor, mit der Methode die Zahl der Krebsbehandlungen, die in Entwicklungsländern angeboten werden können, drastisch zu erhöhen. Denn während diese Art von Injektionstherapie so effektiv wie eine Operation sein kann, ist sie bedeutend einfacher und billiger. Das würde nichtchirurgische Behandlungen in bisher diesbezüglich unterversorgten Ländern ermöglichen. Das ist sehr verständlich und wahrscheinlich auch vernünftig, so defensiv zu verfahren, weil die alles bestimmende und entscheidende Pharmaindustrie an der armen Bevölkerung in unterentwickelten Ländern sowieso nicht viel verdienen kann. Aber ich fürchte, sie wird diesen Ansatz doch nicht unterstützen oder auch nur tolerieren. Denn er könnte sich ebenso gut in unseren überversorgten Regionen als viel effektiver als Operationen erweisen, denn Alkohol zerstört ja vor allem Krebszellen, Skalpelle haben diese selektive Fähigkeit jedoch nicht. Das hätte natürlich negative Auswirkungen auf das Geschäft mit allen drei Standardtherapien Stahl (Operation), Strahl (Bestrahlung) und Gift (Chemo), und würde insofern wohl neben der Pharmaindustrie auch die Chirurgen treffen. Insofern darf man gespannt sein, ob nicht auch diese Hoffnung an der ökonomischen Interessenlage scheitert.

Neue Formen der Krebsdiagnostik

In Ermangelung von echten Vorbeugungskonzepten ist für die Schulmedizin die Entwicklung immer ausgefeilterer Instrumente der Früherkennung von größter Bedeutung. Für die Diagnostik etwa von Alzheimer schlägt der Genetiker Michael Nehls vor, sündteure Magnetresonanztomografie (MRI) flächendeckend anzubieten, was sich trotz der hohen Kosten rechnen würde bei der großen Zahl zu erwartender AlzheimerpatientInnen. Allerdings würde es genügen, sehr günstig den Cortisolspiegel im Blut zu bestimmen, denn dauerhaft erhöhtes Stresshormon zeigt schon die Demenzgefahr. Dass so viele Menschen diese Frühsymptomatik aufweisen, ist kein Gegenargument, im Gegenteil, denn es entspricht ja genau der hohen Wahrscheinlichkeit, die die Epidemiologie angibt, von sage und schreibe 100 Prozent, wenn man nur alt genug, nämlich 100 Jahre wird. Bei den 95-Jährigen haben wir schon einen Alzheimeranteil von 64 Prozent, das sind fast zwei Drittel. Demnach könnten wir die Vorbeugung – wie in *Das Alter als Geschenk* beschrieben – besser und billiger gleich allen empfehlen.

Bei Krebs finden wir eine recht ähnliche Situation. Finanziell betrachtet und wegen der Gefährdung mit radioaktiven Substanzen wäre es absurd, alle in der zweiten Lebenshälfte mit Ganzkörperszintigrafien zu versorgen. Dabei dürfte es ausreichen, alle auf Übersäuerung und metabolisches Syndrom hin zu untersuchen. Natürlich würden dabei sehr viele auffallen, jedenfalls so gut wie alle Mischköstler. Wenn wir speziell an die Verbreitung des Prostatakarzinoms denken, sind ja tatsächlich auch so unglaublich viele und praktisch alle Männer gefährdet. Hier wäre es allerdings mit einem einfachen Verfahren wie dem einmaligen Bestimmen des Urin-pH-Wertes mit Lackmuspapier aus der Apotheke nicht getan.

Aber da fast alle übersäuert sind, gilt Ähnliches wie bezüglich der Alzheimervorbeugung. Dort ist psychosomatisch zu empfehlen, statt kindisch lieber wieder zu werden wie die Kinder, Kontakt mit seinem inneren Kind aufzunehmen. Zusätzlich ginge es um die genau gleiche Ernährungsumstellung wie bei Krebs, nämlich pflanzlich-vollwertige *Peace Food Keto-Kur*. Diese wäre jedenfalls in der zweiten Lebenshälfte – ohne jeden diagnostischen Aufwand – wie schon beschrieben allen immer wieder einmal für einige Monate zu empfehlen als Vorbeugung bezüglich Krebs und Demenz. Außerdem würde die normale Variante von *Peace Food* – ohne die ketogene Komponente – auch bei Herz- und allen möglichen anderen Krankheitsbildern wirken.

Doch wie steht es um die Zukunft der schulmedizinischen Krebsdiagnostik, die so weit im Vorfeld nicht ansetzen mag?

Das Ziel jeder Krebsoperation ist ja, so viel Krebsgewebe zu entfernen wie irgend möglich, aber auch so viel gesundes Gewebe wie möglich zu schonen. Einen echten diagnostischen Durchbruch für Krebsoperationen stellt eine Technologie namens »MasSpec Pen« dar. Das Gerät von der Größe eines Füllfederhalters wird seit 2017 an der University of Texas in Austin entwickelt und macht es möglich, in zehn Sekunden zwischen Krebs- und gesundem Gewebe zu unterscheiden.[73] Grundlage ist, dass Zellen eine Vielfalt kleiner Moleküle produzieren, und Krebszellen haben diesbezüglich ein eigenes Muster, das zur Identifikation genutzt wird.

Der »MasSpec Pen« soll durch computergestütztes Lernen sehr rasch in der Lage sein, zwischen Krebs- und gesundem Muster zu unterscheiden. Das Gerät ist hochempfindlich und vermag Gewebeproben anhand kleinster Wassertropfen mit 96-prozentiger Sicherheit zu analysieren. Und das Vorgehen wäre – im Gegensatz zu bisherigen Gewebeprobenentnahmen – nicht destruktiv und damit eine Neuheit und ein großer Fortschritt. Zwar ist es bei Menschen noch nicht im Einsatz, aber besonders bei Brustkrebsoperationen wäre es von unschätzbarem Wert, denn es gilt ja, möglichst viel Gewebe zu erhalten und doch allen Krebs zu entfernen.

Hinzuweisen wäre noch auf ein gemeinsames Projekt von Duke University Medical Center, Massachusetts General Hospital und Massachusetts Institute of Technology. Deren Forscher erarbeiteten ein Verfahren namens »LUM015«, um für Chirurgen Krebszellen mit der fünffachen Leuchtkraft zu markieren, damit sie effektiver entfernt werden können.[74] In Zukunft kann sich daraus die Chance ergeben, Krebszellen nicht nur für die operative Entfernung zu markieren, sondern auch Krebswachstum zu entdecken und genauer zu diagnostizieren, das heißt, übersehenes restliches Krebsgewebe kenntlich zu machen und so die Effizienz von Operationen deutlich zu erhöhen.

Nach Aussagen von Professor Yong Zeng von der Universität von Kansas ist es bereits gelungen, ein Gerät zu bauen, das Krebs aus einem einzigen Blut- oder Plasmatropfen relativ sicher diagnostiziert.[75] Das hätte immense Vorteile für die Schnelldiagnostik – vor allem während Operationen –, die damit effektiver und sicherer werden könnte. Das Gerät entdeckt sogenannte Exosomen, winzige Partikel, die Krebszellen ausstoßen, um das Tumorwachstum und die Metastasierung in Gang zu bringen.

Als Wissenschaftler das Gerät beziehungsweise den entsprechenden Chip bei Patientinnen mit Eierstockkrebs testeten, konnten sie schon aus einer minimalen Plasmamenge das Karzinom diagnostizieren. Bei dieser Krebsart, die meist zu spät entdeckt wird, ist das besonders vorrangig. Hinzu kommt noch, dass das Verfahren nicht nur leicht anzuwenden, sondern auch sehr preisgünstig ist. Nicht auszudenken, wenn jede Blutprobe schon zum Krebstest würde! Denn das könnte die Früherkennung von Krebs enorm vereinfachen – und es würde so viele teure Geräte von fragwürdigem Nutzen und einige sogar nachweislich nicht ungefährlich wie die zur Mammografie überflüssig machen.

Krebs als Geschäftsmodell?

Nach Herz-Kreislauf-Erkrankungen und Krebs sollen ärztliche Kunstfehler und die Nebenwirkungen schulmedizinischer Pharmaka die dritthäufigste Todesursache im Gesundheitsbereich sein, und zwar in allen Industrienationen. Dabei brauchen wir etwa 1800 bis 2000 Pharmaka wirklich dringend für verantwortliche Schulmedizin, wie sie in der Ex-DDR verfügbar waren und in Schweden immer noch sind. Aber die Fülle von 100 000 Pharmaka heutzutage in allen deutschsprachigen Ländern brauchen wir meines Erachtens keineswegs. Dieser Überfluss ist ein Beleg für die Macht der Pharmakonzerne und ihrer Lobbyisten. Er macht die Schulmedizin nicht besser, sondern schlechter, denn es sind vielfach Mischungen auf dem Markt, deren negative Synergien kaum mehr zu kontrollieren sind. Vor lauter Masse ist jedes Maß verlorengegangen.

Die Pharmakonzerne sind deshalb bei uns zu einem Risikofaktor geworden. Ihre Macht hat eine unverantwortliche Dimension erreicht und sich nicht nur in meinen Augen zu einem schrecklichen Gefahrenpotenzial ausgewachsen. Dabei ist nicht die Tatsache, dass sie Geld verdienen wollen und müssen, das Problem, denn das ist das Wesen aller Aktiengesellschaften. Sondern es geht darum, wie sie es tun und zu welchen mitunter fast schon menschenverachtenden Mitteln und Maßnahmen sie dazu greifen. Die Strafzahlungen, die sie insbesondere in den USA pro Jahr für ihre Gesetzesverletzungen zahlen müssen, erscheinen gewaltig.[76] Aber ihre Gewinne sind so exorbitant hoch, dass sie nicht nur die Strafen locker wegstecken, sondern immer mehr dazu überzugehen scheinen, Gesetze einfach zu ignorieren. Sie können sich das leisten, weil wir es ihnen erlauben. Die verbreitete Ahnungslosigkeit über solche Geschäftsmodelle zu beenden ist eines der nachgeordneten Anliegen dieses Buches.

Die fehlenden Erfolge bei Krebs trotz riesigen Einsatzes der schulmedizinischen Forschung liegen sicher auch am Umgang mit den eigenen wissenschaftlichen Studien. Man kann immer im Vorfeld sagen, ob eine Studie Chancen hat, Verbreitung zu finden. Das Raster ist einfach: Wenn das Ergebnis der Pharmaindustrie Nutzen bringt, wird sie publik, sonst eher nicht. Wenn sie deren Geschäftsinteressen bedroht, wird sie nach Möglichkeit komplett ignoriert. Die Studie etwa, die belegte, dass Babys zu über 50 Prozent Allergiker wurden, wenn sie in ihren ersten beiden Lebensjahren eine Antibiotikakur bekamen, hatte natürlich nie Chancen auf weite Veröffentlichung, außer im deutschen *Spiegel* und im österreichischen *Profil*, beide alles andere als medizinische Fachzeitschriften. Forschungen werden nicht weiterverfolgt, so erging es den Vorhaben von Otto Warburg und in unserer Zeit von Thomas Seyfried und Colin Campbell. Dann spielen weder ein Nobelpreis, wie bei Warburg, noch Lehr- oder Forschungsaufträge an so renommierten Institutionen wie der Cornell University eine Rolle, wofür Colin Campbell ein Beispiel ist.

Die Pharmaindustrie macht mit Zytostatika einen in die Milliarden gehenden Jahresumsatz. Dadurch wurde Krebs zum wichtigen Wirtschaftsfaktor und ein *Mordsgeschäft*. Warum sollte die Industrie aus ihrer Sicht daran etwas ändern und Innovationen zulassen? Aber bei Krebs müssen wir als Betroffene unsere Art zu denken überdenken und das Beste für uns fordern.

Heinz Kölbl, Leiter der Abteilung für Allgemeine Gynäkologie und Gynäkologische Onkologie der Medizinischen Universität Wien, fand auf einer Fortbildungsveranstaltung klare Worte: »Wir sind Sklaven der Politik geworden. Es wird nicht die nach wissenschaftlichen Kriterien beste Methode, sondern die der Industrie teuerste durchgesetzt.« Als Beispiel führte er an, dass die Methode der vaginalen Hysterektomie (Uterusentfernung) kaum noch praktiziert werde, obwohl sie die beste sei und der laparoskopischen in jedem Punkt überlegen, da rascher durchzuführen, wesentlich komplikationsloser und obendrein narbenfrei. Aber die Geräteindustrie wolle Endoskope verkaufen, und so setze sie die Laparoskopie immer mehr durch, und die Politik decke es, dass nicht das Beste, sondern das Schlechteste gewählt wird.

In dem bereits zitierten Buch von Kurt Langbein und Bert Ehgartner *Das Medizinkartell* wurde eine ebenso deutliche Studie zur Nachsorge veröffentlicht. Nach Krebsoperationen gilt in der Schulmedizin engmaschige Nachsorge als zwingend. Das Ergebnis ist auch hier beeindruckend: Bei Patienten, die sich folgsam an dieses Programm hielten, konnte ein Rezidiv ein Jahr früher entdeckt werden als bei sogenannten renitenten Patienten, die alle Warnungen ignorierten und nicht zur Nachuntersuchung antraten. Die Studie enthüllte aber auch, dass trotz des scheinbaren Erfolgs der Früherkennung die kontrollierten Patienten statistisch gesehen keinen einzigen Tag Lebenszeit gewannen.

Ich habe diese Studie öfter zitiert und hörte Antworten, die das Dilemma einer verirrten Medizin aufzeigen wie: »Hilft's nicht, schadet's auch nicht.« Das ist für mich menschen- und seelenverachtend. Es hat eben schon sehr geschadet, denn jede Nachuntersuchung hat Angst verbreitet und belastende Wartezeiten. Ganz zu schweigen von neuerlichen Operationen, neuerlicher Chemo oder Bestrahlung, die viel sinnlose Leidenszeit bedeuten. Diese Art Nachsorge verbreitet Schmerzen und Entsetzen, was natürlich unbewusst und ohne böse Absicht geschieht. Weder ist diese *Medi*zin aber wirklich human, noch geht es ihr darum, Menschen zurück zur Mitte zu bringen. Den (Heil-)*Mitte*ln der Pharmabranche ging es wohl höchstens in ihren ganz frühen Anfängen darum, als sie noch *re-medium* hießen, wie es heute noch im Angelsächsischen *re-medy* anklingt. Und das tut mir wirklich leid, denn ich war immer gern Arzt – außer in manchen Momenten der Scham, wenn die klarsten Studien ignoriert werden, Menschen vorsätzlich nicht geholfen wird, obwohl es so leicht möglich wäre, selbst dann nicht, wenn es bestimmte Geschäftsinteressen nicht einmal tangieren würde.

Der Status quo bietet Betroffenen viel zu wenig Hilfe und nicht nur Krebspatienten. Ich halte ihn insgesamt für eine große Schande für die ganze Ärzteschaft. So wird es auch kein Zufall sein, dass wir Ärzte der Berufsstand mit der geringsten Lebenserwartung unter Akademikern, einer entsetzlich hohen Burn-out-Rate (angeblich bei den Niedergelassenen über die Hälfte), einer deprimierenden Abhängigkeits- und erschreckenden Selbstmordrate sind. Es mag damit zusammenhängen, dass auch unsere Seelen dieses Gesundheitssystem nur noch sehr schlecht aushalten. Das ist deutlich, und das müssten und könnten wir ändern, um wieder zu Selbstachtung und echtem Ansehen zu gelangen. Es geht um uns alle, Patienten und Ärzte, und langsam auch um alles.

Das Beste für den Menschen

Ich bin zugegebenermaßen parteiisch – früher war ich es für meine und heute bin ich es für alle Patienten. Und obwohl es gerade auch in diesem Buch so klingen mag, bin ich keineswegs grundsätzlich pharmafeindlich. Ich bin mir durchaus der Wichtigkeit guter Medikamente bewusst, und ihre Hersteller müssen an guter Arbeit auch gut verdienen können. Erst recht bin ich nicht gegen Schulmedizin und medizinische Hightechgeräte. Ich weiß sehr wohl, dass meine Tochter Naomi, mit einem schweren Herzfehler geboren, ohne entsprechende Medikamente wie Antibiotika nicht zweimal über zehn Stunden am offenen Herzen hätte operiert werden können. Dazu waren begnadete Herzchirurgen, eine Herz-Lungen-Maschine und entsprechende Medikamente (über-) lebenswichtig. Dafür bin ich zutiefst und lebenslang dankbar. Und viele Schulmediziner helfen vielen Patienten hingebungsvoll und verantwortlich. Aber das ist nur die eine Seite. Daneben gibt es die andere Seite, die weit über die Apparatemedizin hinausgeht und die Heilungswunder einschließt. Und das fordert – so die bereits erwähnten Autoren Hirshberg und Barasch – die Medizin auf, sich auf etwas zurückzubesinnen, das sie vor einem Jahrhundert noch wusste: Glaube, Gedanken und Gefühle haben Einfluss auf den Körper.

Als Realisten Wunder wahr- und wichtig nehmen

Im Buch *Das Schattenprinzip – die Aussöhnung mit unserer verborgenen Seite* habe ich mich mit den verschiedenen Schattenaspekten auseinandergesetzt und einen Teil meiner eigenen beschrieben. Da solche Persönlichkeitsanteile meist komplett abgespalten sind, wird auch von Spaltpersönlichkeiten gesprochen. Bei Krebspatienten sind aber neben Schattenanteilen oft auch sehr schöne Subpersönlichkeiten wie das verspielte innere Kind abgespalten. Sie gilt es zuerst in aller jetzt unausweichlichen Ehrlichkeit zu entdecken und wieder bewusst und aktiv am gemeinsamen Leben zu beteiligen.

Selbstverständlich ist Schattenintegration zuerst einmal anspruchsvoll und schwierig, aber damit passt sie natürlich genau in diese besondere Zeit, die durch das meist unverhoffte Hereinbrechen der Krebsdiagnose eine sehr herausfordernde und schwierige ist. »Wie viel Zeit bleibt mir noch?« Die (Chronos-)Frage nach der Quantität beim Zeitmaß stellt nur eine Seite dar. Die (Kairos-) Frage nach der Qualität ist die entscheidendere: »Wie nutze ich diese besonders (auf-)geladene Zeit jetzt für mich?«

Die Auseinandersetzung mit den eigenen Schattenpersönlichkeiten steht jetzt an. Wir müssen dem Krebs das Wachstumsthema abnehmen, wenn wir unsere große Chance ergreifen wollen. Das Besondere ist, dass diese Art von seelischem Wachstum uns – wie der Krebs im Körperlichen – Grenzen überwinden lässt. Wir vermögen über uns hinauszuwachsen und ganz neue Seiten von uns kennenzulernen. Lernen macht an sich schon glücklich; diese Art von Lernen ganz besonders. Verständlich wird deshalb, wenn Menschen, die mit ihrem Krebs im positiven Sinn fertiggeworden sind, ihm oft so dankbar sind und das Gefühl haben, er habe ihnen ihr neues und überhaupt erst das Leben ermöglicht.

Überhaupt kann Wundersames geschehen. Zwar scheinen Phänomene wie Wunder oder gar Engel in der modernen Medizin keinen Platz zu haben, das sagt aber noch nichts über die Existenz oder Nichtexistenz solch hoffungsvoller Möglichkeiten aus. »Ungewöhnliche Heilungen sind etwas so Spektakuläres, schwer Fassliches und wissenschaftlich Anrüchiges, dass nur wenige Forscher sie zur Kenntnis genommen oder gar versucht haben, ihnen auf den Grund zu gehen«, schreiben Hirshberg und Barasch, die darüber geforscht und ein beachtenswertes Buch verfasst haben.[77] Entweder würden »Wunder« mit einer Fehldiagnose erklärt oder als Ausreißer auf der statistischen Kurve gelten und jedenfalls mit Argusaugen betrachtet. Trotzdem nahmen immer wieder mutige Ärzte jene offiziell als Spontanremissionen bezeichneten unerklärlichen Heilungen, also letztlich Wunder, zum Anlass, nach deren Ursachen zu forschen. Als Erster im deutschsprachigen Raum ging der bereits zitierte Onkologe Walter Gallmeier von der Universität Nürnberg-Erlangen dem Thema wissenschaftlich nach und sprach schon bald davon, dass ein Arzt, der nicht an Wunder glaube, kein Realist sei. Und ergänzte noch: »Wer nicht wahrnimmt, was jeder sehen kann, gibt damit seinen Anspruch als Wissenschaftler auf, weil er an der Realität vorbeischaut.«

Diesbezüglich bin ich Realist auf Grundlage vieler Erfahrungen. Das lag sicher an meiner Offenheit für diese Möglichkeit und meiner christlichen Glaubensbasis, die einschließt, dass der Glaube Berge versetzen kann.

In Gesprächen mit den US-Kollegen Carl Simonton und Carlyle Hirshberg Anfang der 1990er-Jahre konnte ich viel von diesen engagierten und auf solche Wunder wissenschaftlich spezialisierten Kollegen lernen, was meine eigenen Erfahrungen bestätigte. Einmal mit solch einer Sammlung von »Wundern« konfrontiert und um meine Meinung über die völlig unterschiedlichen Geschichten gebeten, war die Antwort bezüglich Gemeinsamkeiten, die kein

Computer finden konnte, doch sehr klar. Zwei kurze Beispiele mögen das beleuchten:

Eine Frau ging mit einem nach außen durchbrechenden Brustkrebs zum Arzt und erfuhr, dass sie höchstens noch ein halbes Jahr (zu leben) habe. Auf dem Heimweg kaufte sie sich eine Jahrespackung Vitamine, beschloss wegen der Kürze der ihr verbleibenden Zeit, die doppelte Dosis zu schlucken, schrieb ihrem Mann einen Abschiedsbrief und machte sich auf den langen Weg in ihren Heimatstaat, um dort zu sterben. Als ihr nach einem halben Jahr die Vitamine ausgingen, merkte sie erst so richtig, wie viel besser es ihr ging. Damit nicht genug. Nach einem weiteren halben Jahr ließ sie sich untersuchen, und Krebs war nicht mehr feststellbar.

Ein Patient bekam eine ähnlich aussichtslose Krebsdiagnose von seinem Mediziner. Auf dem Heimweg holte er sich alle verfügbaren Filmkomödien von Buster Keaton, Stan Laurel und Oliver Hardy. Er kehrte nicht mehr an seine ungeliebte Arbeitsstelle zurück, sondern schaute nur noch daheim diese Filme, die ihn zum Lachen brachten. Auch bei ihm verstrich das Datum seines prognostizierten Endes, und er stellte erstaunt fest, wie gut er sich fühlte. Auch er erlebte (s)ein (Heilungs-)Wunder.

Ein Computerprogramm, das hier nach Gemeinsamkeiten und dem Geheimnis hinter den Wundern sucht, findet:

- die doppelte Vitaminmenge schlucken,
- in seine(n) Heimat(staat) zurückkehren,
- sich vom (ungeliebten) Partner trennen,
- sofort den ungeliebten Arbeitsplatz verlassen,
- unendlich viele lustige Filme schauen,
- so viel wie möglich lachen.

Oberflächlich betrachtet ist das nur eine bunte Mischung ohne Gemeinsamkeiten für den Computer, aber ein Therapeut wird sofort aufdecken, worum es bei beiden geht: mutige, radikale, kompromisslose Schritte und Veränderungen in Richtung zu sich selbst. Die einzelnen Handlungen und Entscheidungen sind offensichtlich nicht auf andere PatientInnen übertragbar, das allgemeine Resümee aber sehr wohl.

Die US-Krebsforscherin Kelly Turner nahm die Erkenntnis, dass unerwartete Rückbildungen des Karzinoms überhaupt möglich sind, zum Anlass, dafür Erklärungen und Gemeinsamkeiten zu finden. Ob man dann von Spontan- oder von Radikalremission spricht, lässt eigentlich nur den pessimistischen Ansatz der Schulmedizin durchscheinen. Remissionen sind zeitlich begrenzte Rückbildungen, und ich habe viele Wunderheilungen, aber nie eine spontane Remission erlebt. So etwas geschieht einfach nicht zufällig und spontan, sondern hat seine Geschichte, die in der Regel von einem mutigen Schritt der Betroffenen auf sich selbst zu, in schonungsloser Eigenverantwortung, gekennzeichnet ist.

In elf Ländern interviewte Dr. Turner Patienten, die solch ein Wunder erfahren hatten, und stellte ihnen vor allem eine Frage: »Warum, glauben Sie, wurden Sie geheilt?« Aus der Vielzahl der Antworten fielen ihr folgende neun Gründe auf, die bei nahezu allen Befragten gleichberechtigt vorkamen.[78] Unter jedem dieser Punkte nenne ich in Stichworten, die bisher gefundenen konkreten Antworten aus meinen Erfahrungen und diesem Buch.

- Die Ernährung radikal umstellen.
  Möglichst frisch pflanzlich-vollwertig, basisch und ketogen (wenig Kohlenhydrate) essen: *Peace Food Keto-Kur*, viel gutes Quellwasser trinken.
- Die Kontrolle über die Gesundheit übernehmen.
  Eigenverantwortung ohne Schuldzuweisung, stattdessen Antworten finden und aktiv werden, für sein Leben einste-

hen, den eigenen Heilungsweg einschlagen, der dem individuellen Lebensweg entspricht.

- Der eigenen Intuition folgen.
  Selbst-Vertrauen entwickeln, nach innen horchen, die eigene innere Stimme, den inneren Arzt, die innere Heilerin aktivieren: geführte Meditationen (*Krebs, Selbstheilung, Selbstliebe*).
- Kräuter und Nahrungsergänzungsmittel nehmen.
  Sekundären Pflanzenstoffen vertrauen, bunt und vielfältig essen; frische Heilkräuter, Smoothies; für Wachstumshormon HGH über Kurzzeitfasten und für ausreichende Vorstufen der Neurotransmitter Serotonin und Dopamin sorgen (»Amorex«).
- Unterdrückte Emotionen loslassen.
  Zu sich und seinen Gefühlen stehen lernen, die eigenen Emotionen schätzen, wichtig nehmen und ausdrücken; den eigenen Weg finden und gehen.
- Unterstützung durch andere zulassen.
  Hilfe annehmen wie die sagenhaften HeldInnen der Märchen, egal von welcher Seite, ob Komplementär- oder Schulmedizin oder beide.
- Positive Emotionen verstärken.
  Freudige Gefühle annehmen und ausdrücken, zu seinen emotionalen Stärken stehen und etwas daraus machen; zu sich selbst finden.
- Die spirituelle Verbindung vertiefen.
  Den Sinn des (eigenen) Lebens finden, Schattentherapie und spirituelle Selbstverwirklichung wagen und *in Angriff nehmen*.
- Starken Lebenswillen haben.
  Sich vom Schicksal gemeint fühlen, Herausforderungen des Lebens annehmen, aus dem Schatten (s)einen Schatz machen und daraus starken Lebenswillen entwickeln.

Auf Basis ihrer Forschungen plädiert Kelly Turner für eine ganzheitliche Medizin, die Körper, Geist und Seele der PatientInnen einschließt. Mit einer »Machermedizin«, wie wir sie heute kennen, lassen sich Wunder nicht erzwingen. Der bereits zitierte Arzt und Bestsellerautor Larry Dossey weist in diesem Zusammenhang darauf hin, dass für wissenschaftlich ausgebildete Ärzte seit Generationen zwar die Herrschaft über körperliche Abläufe immer wichtiger geworden sei. Aber wir kennen keine Mechanismen für solche bemerkenswerten Heilungserfolge; hier läuft nichts nach Diktat.

Ein wichtiger Punkt in dieser Hinsicht wird schon in der Gegensätzlichkeit der Worte deutlich: hier Wunder, dort Spontanremission. Ersteres wird dem Bereich Religion, Letzteres dem der Naturwissenschaft zugeordnet. Diesen Gegensatz gilt es aufzulösen, was auf den Spuren großer Naturwissenschaftler wie Einstein und Planck leichtfällt. Max Planck wusste, dass es einen wirklichen Gegensatz von Religion und Wissenschaft nicht geben könne, denn das eine sei die Ergänzung des anderen, und alle neuen Erkenntnisse würden uns mit dem Mysterium unseres Seins konfrontieren. Er erinnerte daran, dass die größten Denker aller Zeiten nicht zufällig zutiefst religiöse Seelen waren. Einstein ergänzte Darwin im Sinne der Polarität und fand überall Hinweise auf eine gütige und barmherzige Seite der Natur. Er ging davon aus, sie halte ihr Geheimnis wegen ihres erhabenen Wesens verborgen und nicht aus Heimtücke. Ich möchte es mit einem Wort von Larry Dossey halten, dass eines der größten Geheimnisse des Lebens, die Heilung von Krebs, in uns selbst liegt.

Mit dem Krebs fertigwerden

Eigeninitiative und Selbstverantwortung sind die Schlüssel, um den eigenen Weg zu finden. Für eine individuelle Herangehensweise können Beispiele anderer PatientInnen jedoch inspirierend sein, etwa anhand der Liste, die Hirshberg und Barasch nach Auswertung der Fragebögen erstellten, die sie geheilte PatientInnen ausfüllen ließen. Was hatte nach deren eigener Einschätzung am meisten zu ihrer Heilung beigetragen? Hier die Dinge, die von mehr als der Hälfte angekreuzt wurden:

- Beten (68 Prozent)
- Meditation (64 Prozent)
- geführte Imaginationen/Meditationen (59 Prozent)
- Spazierengehen (52 Prozent)
- Musik/Gesang (50 Prozent)
- Stressabbau (50 Prozent)

Bei der Frage, welche psychospirituellen Faktoren ihrer Meinung nach für ihre Heilung besonders wichtig waren, kreuzten von 26 Punkten über 50 Prozent der Geheilten Folgendes an:

- Glaube an guten Ausgang (75 Prozent)
- Kampfgeist (71 Prozent)
- Akzeptanz der Krankheit (71 Prozent)
- Krankheit als Herausforderung sehen (71 Prozent)
- Verantwortung für die Krankheit übernehmen (68 Prozent)
- neuer Wunsch und Wille zu leben, intensiveres Leben (64 Prozent)
- positive Gefühle (64 Prozent)
- Glaube (61 Prozent)
- neuer Lebenssinn (61 Prozent)

- veränderte Gewohnheiten und Verhaltensweisen (61 Prozent)
- Gefühl der Kontrolle über das eigene Leben (59 Prozent)
- Veränderungen der Lebensweise (59 Prozent)
- sich selbst Mut machen (57 Prozent)
- Hilfe durch soziales Umfeld annehmen (50 Prozent)

Wie kann es gelingen, nach einer große Angst machenden Diagnose zu der Person zu werden, die mit Krebs fertigwird?

Da so viele Behandler und sogar wissenschaftliche Studien bei Krebspatienten das Muster der Unterdrückung negativer Emotionen fanden, ist im Umkehrschluss wichtig, den eigenen Gefühlen Ausdruck zu verleihen. Letztlich heißt das, dem zeitlosen Hinweis der Bibel folgend aus seinem Herzen keine Mördergrube, sondern dem Herzen Luft zu machen.

Schon vor 2500 Jahren wusste Hippokrates, der Ahnherr der Ärzte, um die besondere Heilkraft des Menschen, die sich ihm als Hitze und eigenartiges Kribbeln offenbarte, und nannte sie *vis medicatrix naturae* (Naturheilkraft). Seiner Ansicht nach war es Aufgabe der Ärzte, den freien Fluss dieser Kraft wiederherzustellen und etwaige Behinderungen zu beseitigen.

Wieder in Fluss kommen, das betrifft speziell Gefühle der Resignation und Hoffnungslosigkeit, der Isolierung und Verzweiflung, des Ausgeliefertseins sowie unterschwellige Feindseligkeit. Außerdem ist es wichtig, seelische Traumata aufzulösen und aus der meist erworbenen Hilflosigkeit auszusteigen. Ziel ist, die eigene Kraft und Autonomie wiederzugewinnen. Die Diagnose zu akzeptieren, aber die Prognose abzulehnen, das hat sich als hilfreiche Einstellung erwiesen. Anders gesagt, geht es darum, die Erkrankung als Herausforderung wahrzunehmen, sich mit Hingabe und Engagement seinen nun anstehenden Themen zu widmen, um schließlich die Kontrolle zurückzugewinnen.

Viktor Frankl, der österreichische Begründer der Logotherapie, der als erster Psychologe die (Lebens-)Sinnfrage in den Vordergrund rückte, erwähnt als weitere Faktoren, die unser eigenes Heilsystem fördern, Humor, Glauben, Anpassungsfähigkeit und Willenskraft, außerdem starke persönliche Gründe fürs Weiterleben. Ganz vorn rangieren bei ihm aber Liebe und sozialer Beistand. Gute zwischenmenschliche Beziehungen sind tatsächlich entscheidend wichtig zur Erhöhung der Chance auf Heilung, da sie das Abwehrsystem stärken, was inzwischen viele Studien untermauern.

Die erwähnten Themen haben sich auch in meiner therapeutischen Tätigkeit als wesentlich erwiesen. Als zentral sehe ich die Übernahme der Verantwortung für das eigene Leben. Wirklich zu tun, was einem persönlich entspricht, selbst wenn es in Phasen egoistisch erscheinen mag, kann zum entscheidenden Heilfaktor werden.

Rezepte und allgemeinverbindliche Standardempfehlungen greifen dagegen deutlich kürzer, das gilt auch für hier gegebene Empfehlungen. Selbst wenn sich die beschriebene Kombination aus Fasten als Einstieg in den Umstieg mit anschließender basischer *Peace Food Keto-Kur* mit möglichst vielen frischen und rohen Anteilen überaus bewährt hat, muss sie doch zur jeweils betroffenen Person passen, von ihr angenommen und mit Hingabe genossen werden, um Wunder zu wirken. Insgesamt aber ist die Entdeckung der sich im speziellen Krebs offenbarenden Aufgabe und des eigenen Lebenssinns noch wichtiger. Glücklicherweise schließt sich beides nicht aus, sondern ergänzt sich sogar im Gegenteil vortrefflich.

Andere Menschen und die Beziehungen zu ihnen sind zwar entscheidend wichtig, und ihre Rat*schläge* können sehr weitgehend helfen. Aber sie können auch (er-)schlagen, besonders diejenigen, die schon lange dazu neigten, sich durchs Leben prügeln zu lassen. Die Befreiung aus solchen Abhängigkeiten und das Finden des eigenen Weges bis hin zur Autonomie sind entscheidend. Auf dieser Basis hinzukommende ehrliche Beziehungen sind dann ein wundervolles Geschenk. Also keinesfalls mit allen lieb Kind sein, sondern das eigene innere Kind entdecken und zu gemeinsamem Leben einladen. Nicht mit allen immer nur freundlich sein, sondern einen besten Freund, eine beste Freundin finden, mit denen es möglich ist, wirklich zueinander ehrlich zu sein. Was aber ist eine beste Freundin, ein bester Freund? Wenn zum Beispiel der Satz gilt »Beim Geld hört die Freundschaft auf«, ist es kein(e) beste(r) Freund(in).

Ideal für Heilung ist das Zustandekommen von Kongruenz, das heißt, mit sich und der Welt in Resonanz oder im Reinen sein und doch eine große Offenheit für eigenen inneren und äußeren Wandel sowie Veränderungsbereitschaft und sogar -lust entwickeln. Begeisterung für das Thema Heilung ist *wunder*voll; sie ist weder auf Rezeptblock zu haben noch machbar, aber wir können uns spielerisch hineinsteigern und ihr annähern, bis sie uns erfüllt. Sich eine Wunderheilung vorzunehmen und vorzustellen, wie es unsere Patientin Renetta Morin so mutig tat, ist immer eine gute Chance und hat eine lange Tradition.[79]

Bei Wunderheilungen fällt auch immer wieder die große intrinsische Religiosität auf. Gemeint ist ein von innen heraus kommendes, gänzlich kirchenunabhängiges Gefühl, die Schöpfung als göttlich zu empfinden, wie sie für die Allgemeinheit in der Schöpfungstheologie eines Matthew Fox zum Ausdruck kommt. Persönliche, völlig individuelle Religiosität hat sich auch bei den meisten von mir miterlebten Heilungen gezeigt. Wohingegen extrinsische Religiosität – das heißt kirchengesteuerte, häufig Unterdrückung eigener Bedürfnisse verlangende Kirchengläubigkeit – eher hinderlich und sogar krankmachend ist. Mit diesem Gegensatz erklärt sich auch die von Schulmedizinern manchmal betonte hohe Religiosität unter Krebspatienten. Von Kindheit aufoktroyierte Religiosität, die mehr gefangen hält als befreit, erweist sich natürlich in Bezug auf Krebs als gefährlich, während göttliches Licht oder Christus oder die Mutter Gottes im Herzen zu tragen ein Segen ist und für Heil(ung) steht. Im Vorfeld von Wunderheilungen finden sich auch nicht selten – in der nüchternen Welt als kitschig abgewertete – religiöse Lichterfahrungen.

Beten als Annäherung an Gott ist immer wieder ein zentrales Thema bei wunder(vollen) Heilungen. Das ist wenig erstaunlich, falls es entscheidende Themen ins Leben bringt und nicht dem Herunterleiern vorgegebener Gebete der extrinsischen Religiosität folgt, etwa zehn Vaterunser und Gegrüßet-seist-du-Maria als Sühne nach der Beichte. Geht Beten mit seelischer Entlastung und Entspannung einher unter Ausschaltung des Intellekts und führt es – meist mit der Vorstellung und Entwicklung innerer Bilder – zur Konzentration auf das eine Wesentliche, den Wunsch nach Heilung, und kommt es zur Kommuni(kati)on mit Gott und der Einheit, sind beste Voraussetzungen für (Wunder)Heilungen geschaffen. Und Beten, wie ja auch Hingabe, ist tatsächlich erlernbar; so schrieb der Pastor und – nach meinen Erfahrungen – gute Hirte, Jürgen Fliege, sein Buch *Beten* als Anleitung zum Heil(en).[80]

Lawrence LeShan, ein bedeutender Vertreter ganzheitlicher Krebstherapie, bestätigt, dass Menschen, die eigene Wege gehen und eine Lebensweise entdecken, die ihrer Persönlichkeitsstruktur entspricht, die Fähigkeit des Körpers zur Selbstheilung stimulieren können, und er versuchte, in seinen Krebspatienten (wieder) Begeisterung für ihr Leben zu wecken.[81] Wir können auch sagen, dass die Liebe zum Leben, die Liebe überhaupt die große Heilerin ist. Und mit Bernie Siegel wünsche ich mir, dass seine Thesen von der Wichtigkeit und Bedeutung der Liebe auch durch die moderne Medizin endlich Anerkennung finden.

Sofortprogramm bei Krebsdiagnose

In der so häufig als Schockstarre erlebten Zeit nach einer Krebsdiagnose ist guter Rat nicht einmal so teuer, aber so selten, denn fast alle wollen ihre Überzeugung bei den PatientInnen durchsetzen und kämpfen oft geradezu dafür. Die Seele der PatientInnen ist aber denkbar ungeeignet als Kampfplatz für Eitelkeit und Rechthaberei. Wichtig ist zu verstehen: Mit Krebs ist eine Situation erreicht, in der jede(r) spätestens lernen müsste, zu sich selbst zu stehen, zur eigenen Meinung, den eigenen Gefühlen und Emotionen und sogar Ahnungen. Es ist eine Zeit der Intuition auch bezüglich des einzuschlagenden Weges über Heilung zum Selbst.

Natürlich ist es ein Drama, wenn die einzelnen therapeutischen Richtungen nicht angemessen kooperieren. So fiele der Schulmedizin wahrlich kein Zacken aus der Krone, wenn sie die Möglichkeiten der Ernährungsmedizin anerkennen würde – die Studien über deren Erfolge liegen vor –, statt Patienten aus lauter Sturheit zu verunsichern und im Extremfall lieber leiden und womöglich sogar sterben zu lassen. Naturheilkundlern wiederum könnten sich genauso die Chancen der neuen Schulmedizin erschließen, was Immuntherapien und unterstützende (adjuvante) Therapien angeht. Und beide Seiten wären gut beraten, die Seele im Hinblick auf (Lebens-)Sinnfindung und spirituelle Entwicklung einzubeziehen.

Bei Entscheidungen hinsichtlich letzter Schritte sind PatientInnen auf sich gestellt, können aber all die in diesem Buch vorgestellten Möglichkeiten kombinieren. Das braucht Rückgrat, besonders gegenüber Schulmedizinern, die oft verblüffend unkritisch von sich und ihren Therapieformen eingenommen sind und nicht selten zugleich der Pharmaindustrie verblüffend hörig. Wer PatientInnen kaum noch zuhört und stattdessen der Industrie hörig ist, hat den

Tiefpunkt des Arztseins erreicht – ich spreche da (un-)gern von Medizynikern. Von hier kann es nur noch aufwärtsgehen.

Eine gute Informationsquelle ist die Gesellschaft für Biologische Krebsabwehr (GfBK), eine in Deutschland tätige, wirklich unabhängige gemeinnützige Organisation mit über 15 000 Mitgliedern und in dieser Form einzigartig. Ihren Vorsitzenden Dr. med. György Irmey kenne ich, vertraue ihm seit Jahrzehnten und schätze sein Engagement für die biologische Krebstherapie und ihre Integration in das Konzept ganzheitlicher Medizin.[82] Die GfBK hat umfangreiches Informationsmaterial, das sie über das Internet oder gedruckt zur Verfügung stellt, und bietet kompetente Beratung an (Voßstraße 3, 69115 Heidelberg; Internet: www.biokrebs.de). Zwei der Informationsblätter halte ich für besonders wichtig: »Selbstbestimmung und Therapiefreiheit« und »Zehn Schritte für die erste Zeit nach der Diagnose Krebs«, die sich kostenlos anfordern lassen.

Praktische Schritte in Eigenregie: Wie könnte eine selbstverantwortliche Kombinationstherapie aussehen? Zuerst einmal ist zu klären, was PatientInnen wirklich für sich selbst wollen – oder was sie nur als Weg des geringsten Widerstands und Aufwands wählen (würden). Letzteres ist zwar auch eine Art Lösung, aber für weitere Versteckspiele ist es jetzt einfach zu spät. Tatsächlich sollten wir Ärzte aber auch akzeptieren, wenn PatientInnen »ihren Krebs« unbewusst als *Ausweg* wählen. Natürlich ist das leichter für alle, wenn es bewusst geschieht, und am leichtesten, wenn wir es gar nicht erst so weit kommen lassen. Das ist die Aufgabe echter Vorbeugung, solche Verwicklung zu verhindern, indem wir rechtzeitig für Entwicklung sorgen. Das nannte sich früher Seelsorge und heute Psychotherapie.

Jedenfalls ist es sinnvoll, gleich nach der Diagnose die Ernährung konsequent umzustellen, auch und am besten nach einer

Fastenwoche in Eigenregie, und von guten Chirurgen den Tumor herausoperieren zu lassen, wenn irgend möglich im Gesunden. Wer die Operation als Ritual im Sinne der bereits zum Thema Placebo geäußerten Gedanken in sein Gesamtkonzept einbauen kann, ist umso besser dran. Gegenüber übergriffigen Therapeuten jedweder Couleur lässt sich jetzt gleich die sowieso *not*wendige Selbstbehauptung und Durchsetzungsfähigkeit üben.

Tatsächlich gibt es keinen Zwang, weiteren Vorschlägen der Schulmedizin blind zu folgen, wie routinemäßiger teurer Chemotherapie, die so oft das Leben kostet. Es wäre jetzt erneut wichtig, dem Aufbau von Druck selbstbewusst zu widerstehen. Jemanden in dieser Situation zu etwas zu nötigen, was dieser innerlich ablehnt, spricht nicht etwa für gute Therapie, sondern nur für Charakterschwächen solcher Therapeuten.

Jetzt ist es vielleicht Zeit, auf einer Immuntherapie zu bestehen oder sich erst einmal eine Krankheitsbilder-Psychotherapie zu erlauben. Eine schon gleich nach der Diagnose begonnene Psychotherapie in Selbstverantwortung mit geführten Meditationen lässt sich die ganze Zeit über praktizieren. Sie ist ausgesprochen günstig – in verschiedener Hinsicht –, und davon brauchen Schulmediziner gar nichts zu wissen, wenn sie noch nicht so weit sind. Gute Therapeuten werden es wie alles Übrige in Richtung Heil(ung) Gehende zu schätzen wissen. Wer aber nicht entsprechend fortgebildet ist, wird diesbezüglich nicht Bescheid wissen. Wer etwas nicht kennt und versteht, kann darüber schweigen; wenn er sich dagegen ausspricht, sagt das nichts über das Abgelehnte, sondern wieder nur über den Charakter des Ablehnenden. Das ist eigentlich banal. Ich verstehe nichts von moderner Malerei, also werde ich nicht über Paul Klees Bilder dozieren und schon gar nicht lästern. Wenn ich es trotzdem täte, würde das nichts über die Malerei von Klee aussagen, sondern nur über mich.

Ganz elementar ist, jetzt zu sich zu stehen und für sich zu entscheiden, und selbstverständlich lässt sich sogar eine Chemotherapie mit geführten Meditationen unterstützen, wobei Letzteres auch gut in Eigenregie zu machen ist. Natürlich wäre es angenehmer und unterstützender, einen Therapeuten zu haben, mit dem sich das Gesamtkonzept der Heilbehandlungen einvernehmlich besprechen lässt. Da müssen wir hin, und mutige Patienten können an Medizinern üben, die die Zeichen der Zeit noch nicht erkannt haben.

Und wenn Sie mich fragen: Wie würde ich persönlich auf eine Krebsdiagnose reagieren?

Nun mache ich ja bereits vieles von dem, was ich einem Menschen als erste Schritte nach der Diagnose Krebs empfehlen würde; es gehört zu meinem Lebensstil und entspricht dem, was ich generell als Arzt und Autor vermittle. Insofern kann ich das auch meinen PatientInnen guten Gewissens und überzeugend anbieten.

Im Fall einer Krebsdiagnose müsste ich also gar nicht viel ändern, würde aber zuerst in dem Wissen, dass es Spontanheilungen gibt, mich mit diesen »Heilungswundern« beschäftigen und unternehmen, was diese wahrscheinlicher macht. Der Glaube kann Berge versetzen, ich muss ihn »nur« finden und leben.

Auf seelischer Ebene ist nach dem eigenen Lebenssinn mehr im Herzen als im Hirn zu forschen und zu fragen, ob die eigene Lebensphilosophie wirklich trägt. Alles, was ich fühle, ist so viel wichtiger als alles, was ich weiß. Habe ich gefunden, wofür ich brenne, würde ich sofort an die Umsetzung gehen.

Gleichzeitig würde ich all meine Schatten- und anderen Spaltpersönlichkeiten besonders herzlich ins gemeinsame (Körper-) Haus einladen, die für mich vielversprechendsten Veränderungen im Lebensstil anpacken und umsetzen. Zugleich ginge ich daran, wie seelisch auch körperlich die Vergiftung und Übersäuerung meines Organismus so rasch wie möglich loszuwerden. Dafür beginne ich, wenn gewichtsmäßig machbar, mit einer auf mich zugeschnittenen Fastenzeit, während der ich viel basisches Wasser trinken und/oder täglich Basenpulver einnehmen würde – nach dem Fasten dann nur noch in Kapseln, um den Magen zu schonen. Ich würde darauf achten, täglich mindestens zwei Liter gutes Wasser aus artesischen (»reifen«) Quellen zu trinken, und das würde ich nach dem Fasten beibehalten. Außerdem würde ich schon während der Fastenzeit für gute tiefe entsäuernde Atmung sorgen, idealerweise durch mindestens eine, besser zwei Sitzungen mit Verbundenem Atem pro Woche.

Anschließend an das Fasten mit seinem automatisch ketogenen Stoffwechsel würde ich meine Ernährung bewusst auf basenbetonte ketogene Kost in der strengen Version (*Peace Food Keto-Kur*) umstellen mit so viel Rohkost, wie für mich verträglich. *Natür*lich würde ich auch regelmäßig viel Brunnenkresse und Brokkoli zu mir nehmen, außerdem grünen Tee und alles, was mich persönlich von den sekundären Pflanzenstoffen besonders anspricht und bei der entsprechenden Krebsart besonders bewährt ist, zum Beispiel täglich eine Handvoll Wal- und andere Baumnüsse und ganz frisches Obst wie Äpfel der alten Sorten und Beeren.

Bereits während des Fastens begänne ich, täglich zwei grüne Smoothies mit möglichst frischen Wildkräutern und Beeren und Gemüsen, die Béliveau und Gingras (die Autoren von *Krebszellen mögen keine Himbeeren*) empfehlen, zu trinken. Natürlich achtete ich darauf, dass mir meine Mischung auch schmeckt. Das viele Chlorophyll bringt mehr Sauerstoff und Licht in meinen Organismus, was jetzt ein Segen ist. Und parallel zur Ernährungsstrategie würde ich schon in mich horchen und meine innere Stimme befragen, besser noch meine(n) innere(n) Heiler(in), welches der schulmedizinischen Angebote mich im Herzen und welches mich im Hirn anspricht.

Nachdem ich möglichst bald meiner Seele eine vierwöchige Schatten-Krankheitsbilder-Psychotherapie in Johanniskirchen gegönnt hätte, die ich seit der Diagnose mit den zu mir persönlich am besten passenden geführten Meditationen vorbereitet hätte, wäre auch eine Infusionskur, etwa nach Dr. Hobert, ins Auge zu fassen. Auch diese körperliche Maßnahme würde ich unbedingt mit den mir entsprechenden geführten Meditationen seelisch begleiten, darunter sicher mit den CDs oder Downloads *Krebs*, *Selbstheilung* und *Selbstliebe*. Ganz wichtig wäre mir natürlich, mich bei meinem persönlichen Selbstheilungsprogramm von meiner Intuition leiten zu lassen, etwa im Hinblick auf ein passendes filmisches Begleitprogramm. Ein idealer Kraftplatz für solch ein Selbstheilungs- und Regenerationsprogramm wäre ein Heilungsbiotop, etwa unser Lebensgarten TamanGa, wo es entsprechende von mir zusammengestellte Wochen Schlafkuren und Waldbaden, entsprechende Meditationsübungen und selbstverständlich pflanzlich-vollwertige (Keto)Kost gibt.

Grundsätzlich täte in solch einer Situation alles gut, was zu einem sinnstiftenden, einfacheren, nachhaltigeren Leben nach dem Motto »Weniger ist mehr« führt mit viel Wachstum im geistig-seelischen und spirituellen Bereich. Dabei helfen Lebensphilosophie und die Beschäftigung mit Religion, Weisheitslehren und Sinnfragen. Inspirationen für den eigenen Weg ließen sich auch aus der Beschäftigung mit den *Schicksalsgesetzen, Lebensprinzipien* und dem *Schattenprinzip* schöpfen.

Beispiel für erfolgreiche Eigentherapie

Der US-amerikanische Internist Larry Dossey konnte in einer Studie an Herzkranken belegen, wie sehr Beten hilft. Er bedauert sehr, wenn unerwartete Genesungen oft als »nette Geschichten«

ohne wissenschaftlichen Wert abgetan und ins Reich der Anekdoten verwiesen werden. Denn sie könnten, unvoreingenommen betrachtet, wichtige Informationen übermitteln und unser Wissen bereichern.[83] Geschichten von Heilungen können heilen, ich kann nur dazu raten, sich möglichst viele *zu Gemüte zu führen*, sie sich im wahrsten Sinne des Wortes zu gönnen. Insofern empfehle ich gern den erwähnten Film *Die Schicksalsgesetze* mit der Heilungsgeschichte von Renetta Morin.

Eine dieser beispielhaften Geschichten erlebte Siegfried, der mir aus vielen Seminaren und Fastenkuren gut bekannt ist. Als bei ihm metastasierter Lungenkrebs diagnostiziert wurde, worauf ihm Schulmediziner keinerlei Chance und wenig Zeit einräumten, wählte er unter anderem den Weg radikaler Entsäuerung. Er ließ bei seiner Ernährung alle raffinierten Kohlenhydrate und vor allem die mit hoher glykämischer Last weg und nahm nur noch pflanzliche Kost zu sich, vor allem frisch gepresste Gemüse- und Obstsäfte – und schaffte die Wende: Seine schon versagende Stimme ist zurückgekehrt, die Metastasen sind verschwunden, und der Primärtumor in der Lunge schrumpft von Kontrolle zu Kontrolle. Er betreibt inzwischen wieder intensiv Sport und besucht auch regelmäßig Seminare zur geistig-seelischen Stabilisierung seiner radikalen Kehrtwende im Leben(sstil). Und all die eingeschlagenen Methoden haben sein Lebensgefühl und seine Lebensqualität entscheidend verbessert.

Siegfried ist konsequent und kompromisslos, hat einen unbeugsamen Willen zu leben und lässt sich die Hoffnung nicht nehmen. Seinem Gefühl und seiner Intuition folgend hat er schulmedizinische Behandlungsversuche, wenn sie seine Situation vor allem verschlechterten wie die Chemotherapie oder wegen der Nebenwirkung unerträglich juckenden Hautausschlags auch die Immuntherapie, mutig und selbstverantwortlich beendet, ohne Türen hinter sich zuzuschlagen. Heute rückwirkend würde er basierend auf seinen subjektiven Erfahrungen und Fähigkeiten jedem in vergleichbarer Situation statt zu einem Versuch mit Chemo- gleich zur Immuntherapie raten. Wobei das die Abhängigkeit der Schulmedizin von der Pharmaindustrie weitgehend verhindert. Entsetzlicherweise bekommt meist nur die Immunbehandlung, wer das Martyrium der Chemotherapie nicht ertragen konnte.

Für mich als Arzt ist es eine große Freude und wie ein Geschenk, Siegfrieds Fortschritte mitzuerleben. Er ist ein Beispiel, was denjenigen möglich ist, die sich unbeirrt dort helfen lassen, wo sie es wirklich brauchen und vom Gefühl her annehmen können. Ich danke ihm, dass er mir erlaubt hat, seine beeindruckende Geschichte hier in gekürzter Form, aber oft in seinen eigenen Worten wiederzugeben.

Siegfried ist Jahrgang 1964, verheiratet; er hat drei Kinder und vier Enkel. Als Malermeister führt er seit 19 Jahren einen Betrieb mit 30 Mitarbeitern und schuftete lange Jahre fast rund um die Uhr, ohne Freizeit oder Urlaub. Er schlief keine fünf Stunden pro Nacht, machte mit der Zeit auch immer weniger Sport. Um gesunde Ernährung kümmerte er sich nicht; täglich Fleisch und Süßspeisen sowie Mengen von Milchprodukten waren für ihn normal. Anfang Februar 2016 bemerkte er an einem Skiwochenende massiv verstärkte Adern und Venen im Bereich seiner linken Brust; Magenbeschwerden hatte er schon länger. Beim Arztbesuch kam nichts heraus; weder eine Blutuntersuchung noch eine Gastoskopie ergab Auffälliges. Hinzu kamen schließlich Schwierigkeiten beim Luftholen; der linke Arm begann sich leicht violett zu verfärben. Der Hausarzt überwies ihn mit Verdacht auf Lungenembolie ins Krankenhaus. Eine Magnetresonanztomografie vom Kopf, Computertomografien von Brustkorb und Bauch und eine Ganzkörperknochenszintigrafie führten zum ersten Verdacht auf Lungenkrebs. Es folgte die Überweisung zur Biopsie in die Hauptstadt zu den Spezialisten für Lungenkrebs. Siegfried litt jetzt an rasch zunehmender Heiserkeit. Nach der Biopsie erhielt er Ende März 2016 die Diagnose Lungenkrebs: »nicht kleinzelliges Adenokarzinom links mit Metastasen im rechten Lungenflügel, einem Weichteiltumor von 3,8 cm im linken oberen Mediastinum und Absiedlungen in den Lymphknoten-Stationen«.

In Siegfrieds Worten: *»Mein Zustand verschlechterte sich rasant mit jedem Tag, ich hatte das Gefühl einer offenen Lunge. Schluckbeschwerden und ein Druckgefühl wie einen Knödel im Hals bereiteten mir beim Essen massiv Beschwerden, Aufstoßen nach dem Essen wurde zur Qual; dazu kam noch starker Hustenreiz.«*

Dann die Entdeckung eines geschwollenen Lymphknotens in der rechten Leiste. Dessen Biopsie ergab das gleiche maligne Zellmaterial wie in der Lunge: *»Meine Diagnose lautete: unheilbar, Stadium IV. Meine Behandlung wurde nicht mehr wie geplant kurativ, sondern palliativ ausgerichtet, weitere Metastasen wären zu erwarten. Angesprochen auf eine sogenannte Verschleppung durch die Biopsie wurde mir seitens des Oberarztes mitgeteilt, dass dieses noch nie vorgekommen sei.«*

Der Tumor gilt als sehr selten, alle getesteten Zytostatika seien negativ, einzige Hoffnung bestehe noch in der Teilnahme bei einer Studie bei *Foundation One* in Cambridge, was er annahm – nicht jedoch das »Todesurteil« der Diagnose.

Er bekam Rat von Karin aus seinem Dorf, einer früheren Patientin von mir, die ihren Brustkrebs vor vielen Jahren erfolgreich überstanden hatte. Siegfried fing an, seine Ernährung umzustellen, verzichtete auf Kuhmilchprodukte, alle zuckerhaltigen Lebensmittel, Zuckeraustauschstoffe wie Aspartam und Saccharin, sogar Getreide – bis auf Pseudogetreide wie Buchweizen, Quinoa, Amaranth, weil er in dem Buch *After Cancer Care*[84] las, dass Zucker, Weißbrot und anderes einen schnellen Anstieg des Blutzuckerspiegels und Insulinausschüttung bewirken, die wiederum zur Ausschüttung des insulinähnlichen Wachstumsfaktors IGF führen, der in enger Verbindung mit Krebs steht. Später achtete er zusätzlich auf den glykämischen Index, aber vor allem auf die ungleich aussagekräftigere glykämische Last. Er vermied Nahrung mit hohem Index und entsprechend hoher Last wegen deren *»immenser Auswirkung auf die Insulinausschüttung, einem der Hauptfaktoren für das Wachstum von Krebszellen«*, so unsere gemeinsame Überzeugung.

Siegfried reduzierte drastisch seinen Fleischkonsum, kaufte sich zahlreiche Bücher, lud alles ihm wichtig Erscheinende aus dem Internet herunter und begann, sich frische Säfte zu pressen. Zuerst trank er – wie in der Gerson-Therapie empfohlen – die Mischung Karotte-Apfel und Zitrone-Orange-Grapefruit, später auch frisch gepressten Rote-Bete-, Karotten-, Stangensellerie-, Knollensellerie- und Kohlrabisaft. Er begann, Kräuter zu sammeln und Natron einzunehmen (Backsoda, Natriumhydrogencarbonat), morgens und abends je einen Teelöffel auf ein Glas Wasser, und *»das ist es auch«*, sagt er aus heutiger Sicht, *»was in der Phase der Biopsierung mögliche weitere Metastasen auf dem Weg zwischen dem bereits vorhandenen Tumor in der Lunge und den schon bekannten Metastasen und dem neu dazugekommenen bösartigen Lymphknoten in der rechten Leiste höchstwahrscheinlich verhindert hat. Der Therapeut Mark Sircus schreibt, Natriumbicarbonat* [veraltet für Natriumhydrogencarbonat] *sei in der Lage, Tumorzellen zu verhindern und zu zerstören, wenn es nicht sogar das wirkungsvollste Krebsmedikament überhaupt sei.*[85] *Ich verließ mich auf mein Bauchgefühl und machte alles, was mir guttun konnte. Ich begann, verstärkt Rad zu fahren, bewusst und tief zu atmen, mehrmals am Tag die Lunge zu dehnen, verbrachte viel Zeit im Wald.«* Dazu sagt er im Rückblick: *»Zwischen zwei großen alten Buchenbäumen, zu denen ich noch regelmäßig gehe, fand und finde ich heute meinen Ausgleich, Ruhe und Frieden.«*

Über Karin bekam er Kontakt zu einem Alternativmediziner in Wien, der ihm unmittelbar vor und nach den zwei Chemotherapien Vitamin C hochdosiert, Alpha Liponsäure sowie diverse Mineralien intravenös und davor noch Sauerstoff verabreichte – was bis heute noch alle 14 Tage geschieht. Auf Sauerstoff setzt Siegfried entsprechend der auf Otto Warburg zurückgehenden Einschätzung, dass Sauerstoffmangel Krebs fördere. Durch all diese in Eigenregie und mit Unterstützung seines Alternativmediziners durchgeführten Maßnahmen bekam Siegfried seine Stimme zumindest morgens vollständig zurück – zwei Tage vor der Chemotherapie: »*Und ich überlegte ernsthaft, ob ich die Chemo überhaupt machen sollte, traute mich aber dann doch nicht abzusagen. Schon damals hatte ich die Vermutung, dass das Natron, die frisch gepressten Säfte, vor allem der Apfel-Karotten-Saft und die Wildkräuter, eine zumindest leichte Besserung brachten.*«

Es folgte ab 19. April die erste Chemotherapie, und am Tag darauf traten scheußliche Nebenwirkungen auf, von Übelkeit, Schwindel, geschwollenem und stark gerötetem Gesicht bis zu Muskel- und Gliederschmerzen, schier unstillbarem Nasenbluten, unerträglichem Aufstoßen nach dem Essen. Die Stimme wurde noch schlechter, der Lymphknoten in der Leiste nahm rasant an Größe zu, der Gewichtsverlust betrug bis zu 13 kg, die Haare begannen auszufallen. Er hielt das alles durch, nahm zur Unterstützung weitere naturheilkundliche Mittel, trank spezielles Wasser.

Anfang Mai folgte die zweite Chemotherapie mit den gleichen Infusionen wie zuvor: »*Die Nebenwirkungen verstärkten sich, ich konnte kaum mehr gehen, das Weichteil unter meiner Zunge schwoll über meine unteren Zähne, die Größe der Metastase in der Leiste verdoppelte sich auf 2,5 cm, Gewichtsverlust 24 kg: von 91 kg auf nun noch 67 kg. Nach jedem Aufrichten nach einem Bücken wurde mir schwindelig, ich hatte extreme Müdigkeit, Dinge fielen mir einfach so aus der Hand, ich verlor meine Kraft … und beschloss darum, die Che-*

mo zu beenden. Für mich war klar, dass ich eine weitere Chemo in der Form nicht überstehen würde.

Jetzt stellte ich meine Ernährung radikal um auf nurmehr pflanzliche Kost – ca. 50 Prozent roh und ca. 50 Prozent gekocht – mit einem Anteil von ca. 20 Prozent Obst. Jeden Tag einen Smoothie mit viel Grünem: Buchen- und Birkenblätter, Kräuter, Salate, Grünkohl, Karfiol [Blumenkohl], *Brokkoli, Brennnessel, Gundermann, Giersch, Spitz- und Breitwegerich usw. Jeden Tag eine Avocado mit Him-, Heidel-, Brombeeren. Jegliches Obst, außer Bananen und sehr süßen Früchten – am liebsten frisch von den Bäumen oder Sträuchern und manchmal so viel, dass es mir eine komplette Mahlzeit ersetzte. Alles möglichst nur in Bioqualität. Johannisbeeren – so mein Gefühl – halfen mir besonders. Ich spürte regelrecht meine Tumore; sie taten mir weh, als ob sie von irgendetwas angegriffen würden. Frisch gefundene Grüntäuberlinge aß ich manchmal gleich an Ort und Stelle im Wald. Trockenfrüchte und Getreide nahm ich komplett vom Speiseplan, auch das Pseudogetreide, presste zusätzlich zu meinen schon beschriebenen Säften nun auch noch grüne Säfte aus den Wiesenkräutern und eigens dafür von mir angebautem Weizengras. An Speiseölen verwendete ich nur noch extra natives Olivenöl, ganz frisch gepresstes Leinöl und Hanföl aus Eigenerzeugung von einem Biobauern und Kokosöl, alles in Bioqualität.«*

Nach vielen weiteren naturheilkundlichen Selbstbehandlungen spürte der Patient nach etwa fünf bis sechs Wochen deutliche Besserungen und berichtet: *»Der Lymphknoten in der Leiste wurde zunehmend kleiner; die Schluckbeschwerden besserten sich; die Atmung verbesserte sich wieder; die Geschwulst unter der Zunge war verschwunden. Ich schleimte extrem viel ab, die Hustenreize verschwanden. Ein Metallsplitter, den es mir vor über dreißig Jahren durch das Schleifen mit einer Trennscheibe oberhalb des linken Daumengelenkes eingeschlagen hatte, wanderte von selbst heraus. Die Stimme besserte sich leicht. Einzig die Füße waren und blieben bis über einen Zeitraum von über einem Jahr lang taub.*

Anfang Juni bekam ich dann einen Anruf von meinem Onkologen. Ein kürzlich neu zugelassenes Medikament wurde mit dem von der Biopsie entnommenen Material getestet. Das Immunpräparat ›Nivolumab (PD-1)‹ würde bei mir unter Umständen gut wirken. Ab 15. Juni 2016 bekam ich nun diese Therapie, auf die ich den Arzt von Beginn an angesprochen hatte, nur ist es bei uns in Österreich so, dass erst einmal ein oder zwei Chemo-Zyklen durchlaufen oder schwere Unverträglichkeiten nachgewiesen werden müssen, um überhaupt eine Immuntherapie zu bekommen, auch wenn sie, wie in meinem Fall (Lungenkrebs metastasiert) vielversprechend ist. Grund dafür: Sie kostet ein Mehrfaches der Chemo.

Diese Immuntherapie habe ich siebeneinhalb Monate gut vertragen. Nur in den letzten anderthalb Monaten bekam ich immer unmittelbar nach der Therapieeinheit einen Hautausschlag, der über mehrere Tage hinweg sehr stark juckte. Das veranlasste mich, auch diese Therapie vorläufig einmal auszusetzen (die letzte Immuntherapie erhielt ich am 4. April 2017).

Im November 2016 ließ ich mich dann von meiner guten Freundin Karin überreden, an einem Seminar mit Ruediger Dahlke (›Körperbewusstsein – Seelenbewusstsein‹) in Montegrotto in Italien teilzunehmen. Seit diesem Seminar hat sich auch meine Ansicht zum Leben Schritt für Schritt und eigentlich grundlegend geändert, vor allem was Urvertrauen und Gelassenheit betrifft. Dort [in der Therme] *habe ich erfahren, wie es sein kann, sich im Wasser fremden Menschen bedingungslos anzuvertrauen und loszulassen, aber auch durch gewisse eigentlich banale Übungen die Zeit aus Momenten und Situationen rauszunehmen und sie in den Alltag zu integrieren und umzusetzen. In Verbindung mit Gelassenheit ist mir dadurch vieles deutlicher und klarer geworden. Aber auch der sogenannte Verbundene Atem hat etwas bewirkt. Zum einen direkt auf körperlicher Ebene, weil dem Körper durch dieses intensive Atmen ein Überfluss an Sauerstoff zur Verfügung gestellt wird. Zum anderen auf seelischer Ebene, wo es durch die*

Art dieses Atmens in Verbindung mit Musik, die ebenfalls bei mir eine wesentliche Rolle spielt, emotionale Reaktionen hervorgerufen hat. Und es hat, ähnlich einer Aufarbeitung von negativ Erlebtem, ins Unterbewusstsein Verdrängtes sichtbar gemacht. Die laufenden Kontrollen zeigten immer einen stetigen Rückgang der Tumore.

Die CT (Computertomografie) vom November 2018 zeigte einen weiteren leichten Rückgang des Primärtumors von 11 x 17 auf 10 x 15 mm im Vergleich zur Voruntersuchung vom Juli. Metastasen waren nicht mehr zu finden.

Die PET (Positronen-Emissions-Tomografie) vom 19. Dezember 2018 ergab, dass der Primärtumor zwar noch da war, aber den Zucker nicht malignomtypisch aufnahm. Auch begann er, von innen zu verkalken. Im Krankenhaus war man am 9. Januar 2019 der Meinung, der Patient solle so weitermachen wie bisher, das heißt »ohne eine Therapie«. Sollte sich der Zustand verschlechtern, habe man neuartige vielversprechende Immuntherapien zur Verfügung. Typisch für die Schulmedizin wurden die offensichtlich erfolgreichen Therapien des Patienten nicht als solche gewertet. Trotzdem wurde ihm immerhin geraten, doch so weiterzumachen. Aber natürlich wurde nicht von Heilung ausgegangen, sondern im Fall der Verschlechterung auf vielversprechende Therapien verwiesen. Wohlgemerkt, von den Angeboten der Schulmedizin ging bis dahin fast nur Verschlechterung aus, sodass der Patient sie nicht ertragen konnte. Zu seinem großen Glück brachte er aber den Mut auf, sie deshalb abzulehnen und abzubrechen.

Er sagt: »*Sport betreibe ich regelmäßig, mindestens zwanzig Minuten pro Tag, meist ein bis anderthalb Stunden, aufgeteilt auf zwei bis drei Einheiten. Seit gut einem Monat nehme ich medizinische Cannabistropfen, zum einen Cannabidiol, gewonnen aus dem Industriehanf ohne THC* (Tetrahydrocannabinol, eine psychoaktive Substanz), *eine 20-prozentige Lösung, 3 x 10 Tropfen. Und zum anderen Dronabinol, gewonnen aus der Hanfblüte mit THC, eine 2,5-prozentige Lö-*

sung, 2 x 5 Tropfen, und kann definitiv berichten, dass sich mein Wohlbefinden um einiges verbessert hat.«

Empfehlenswert betreffend Krebs sind für ihn verschiedene Bücher: *»Aus diesen Büchern habe ich nach Bekanntwerden meiner Diagnose als Sofortmaßnahmen mir wichtig Erscheinendes übernommen, anderes wiederum nicht berücksichtigt«:*

- Hochdosiert. Die wundersamen Auswirkungen extrem hoher Dosen von Vitamin D_3. Jeff T. Bowles (Goldmann [4]2017),
- Natriumbicarbonat. Krebstherapie für jedermann. Mark Sircus (Goldmann [5]2017),
- Krebs verstehen und natürlich heilen. Ty Bollinger (Kopp 2011),
- Das Antikrebs-Buch. Was uns schützt: Vorbeugen und nachsorgen mit natürlichen Mitteln. David Servan-Schreiber (Goldmann [15]2010),
- Weißbuch Heilung. Wenn die moderne Medizin nichts mehr tun kann. Kurt Langbein (Goldmann 2016),
- Krebszellen mögen keine Himbeeren. Nahrungsmittel gegen Krebs. Das Immunsystem stärken und gezielt vorbeugen. Akt. Neuausgabe. Richard Béliveau und Denis Gingras (Kösel [5]2017, als TB: Goldmann 2018),
- 9 Wege in ein krebsfreies Leben. Wahre Geschichten von geheilten Menschen. Kelly A. Turner (Irisiana 2015),
- Die Gerson-Therapie. Chronische Erkrankungen bio-logisch heilen. Charlotte Gerson und Beata Bishop (AKSE 2016),
- Wunder der Heilung. Neue Wege zur Gesundheit – Erkenntnisse und Erfahrungen. Ulrich Strunz (Heyne 2014),
- Krebs natürlich heilen. Wie Sie ab sofort beginnen können, Ihre Gesundheit zu retten. Walter Last (MobiWell 2010),
- How not to die. Entdecken Sie Nahrungsmittel, die Ihr Leben verlängern. Michael Greger (Unimedica 2016),

- After Cancer care. Gerald M. Lemole, Pallav K. Metha und Dwight L. McKee (Steiner 2016).

Betreffend ganzheitlicher und Naturheilmedizin empfiehlt er folgende Bücher:

- China Study. Die wissenschaftliche Begründung für eine vegane Ernährungsweise. T. Colin Campbell und Thomas M. Campbell (Systemische Medizin ^{4}2017),
- Die Schicksalsgesetze, Die Lebensprinzipien und Das Schatten-Prinzip. Alle Ruediger Dahlke (alle Arkana),
- Der Selbstversorger. Mein Gartenjahr. Säen, pflanzen, ernten. Wolf-Dieter Storl (GU ^{5}2016),
- Der große Gesundheits-Konz. UrMedizin gegen Krebs, Rheuma, Fettsucht, Allergie und chronische Leiden. Franz Konz (Universitas ^{8}2006).

»Was ich in jedem Fall erwähnen möchte, sind die jeweiligen zwei Wochen im Juli 2016 und im Juni 2017, in denen ich im Wald gelebt habe. Diese Zeiten haben mir auch sehr viel auf meinem Weg geholfen.« Bücher dazu:

- Der Biophilia-Effekt. Heilung aus dem Wald. Clemens Arvay (Ullstein ^{5}2016),
- Ich bin ein Teil des Waldes. »Der Schamane aus dem Allgäu« erzählt sein Leben. Wolf-Dieter Storl (Kosmos ^{2}2015).

Und hier zum Abschluss und eigentlichen Anfang:

»Ich möchte keine falschen Hoffnungen erwecken, in gar keinem Fall von der Schulmedizin abraten, dies wäre unverantwortlich von mir. Auch kann ich noch nicht sagen, wo meine Reise mich hinführen wird. Diese natürlichen Methoden haben allerdings keine Nebenwir-

kungen, unterstützen das Immunsystem und haben dadurch eine große Wirkung auf die Angiogenese (Wachstum von Blutgefäßen) *und die Apoptose, daran glaube ich ganz fest. Ich bin kein Wunder, sondern nur die Summe all dessen, was ich gegen meine Krankheit und für meine Gesundheit unternehme. In medizinischer Hinsicht gehe ich laut den Ärzten zurzeit ein großes Risiko ein, weil ich die Immuntherapie wegen der starken Allergie (stark juckenden Hautausschlags) seit Monaten ausgesetzt habe, folge aber meinem Instinkt. Außerdem habe ich ja noch meine sogenannten Indikatoren: Stimme (verbessert sich zunehmend), Knoten in der Leiste (seit dem Rückgang kaum spürbar und bei den letzten Untersuchungen mit CT und Ultraschall mit Hilusfettzeichen dargestellt, was so viel bedeutet wie: ist wieder ein normaler Lymphknoten), linke Schulter (zwar noch immer etwas muskulöser, jedoch weit nicht mehr so wie anfangs), keine Violettfärbung des Armes, kein Husten, keine Schmerzen usw.). Das heißt, ich beobachte meinen Körper sehr genau und reagiere dann dementsprechend mit noch mehr Sport beziehungsweise noch mehr Disziplin bezüglich eines besseren Stressmanagements und besserer Ernährung. Bei einer deutlichen Verschlechterung würde ich vielleicht wieder mit der Immuntherapie beginnen, aber auch noch viele mir jetzt mittlerweile bekannte naturheilmedizinische Therapien ausprobieren.*

Zusammengefasst möchte ich noch mal die Hauptsäulen betonen, auf denen ich aufgebaut habe: basisch, Sauerstoff, Verzicht auf kohlenhydratreiche Lebensmittel mit hoher glykämischer Last, besseres Stressmanagement und seelische Ausgeglichenheit.

Wenn ich mit alldem jetzt all jenen, die genauso wie ich Krebs oder sogar die Diagnose ›unheilbar‹ erhielten, auch nur ein Stückchen Hoffnung mitgeben kann und sie sich dadurch wieder aufrichten und neuen Mut schöpfen, habe ich schon etwas bewirkt.«

Es ist eine Freude, die ich jedem Therapeuten wünsche, mitverfolgen zu dürfen, wie mutige PatientInnen sich selbst effektiv helfen und aus der Krebsfalle retten. Menschen, die so entschlossen ihren Weg gehen, wie hier beispielhaft Siegfried und vor ihm unsere gemeinsame Freundin Karin und viele andere, können Mut machen und Hoffnung geben. Diese tapferen PatientInnen erleben an ihrem Krebs zugleich im schamanischen Sinne ihre ganz individuelle Einweihungskrankheit. So entstehen Geschichten, die heilen und über die sich die Seelen-Bilder-Welten wundervoll erschließen lassen. Der Seele sind sie ungleich wichtiger als Statistiken, die mit ihren Zahlen beim besten Willen nicht Entsprechendes vermögen. Aber Geschichten für die Seele und Statistiken für das Hirn sind beide wichtig. Meines etwa mag beides: Die archetypisch weibliche rechte Gehirnhälfte bevorzugt heilende Geschichten, und auf die linke archetypisch männliche wirken Statistiken beruhigend.

Andererseits ist es natürlich traurig mitanzusehen, wie die Schulmedizin sich diesen Möglichkeiten verschließt, auf die Pharmaindustrie fixiert bleibt und damit so entsetzlich viel unnötiges Elend so vieler PatientInnen mitverantwortet. Nicht auszudenken, wenn Mediziner sich zu einer übergreifenden Kooperation durchringen könnten und die neuen wissenschaftlichen Erkenntnisse integrieren würden, zum Beispiel dass Fasten Krebszellen schwächt und gesunde Zellen stärkt. Nicht auszudenken auch, wenn sie die PatientInnen auf pflanzlich-vollwertige Kost im Sinne der *Peace Food Keto-Kur* umstellen oder wenigstens auf diese Ernährung hinweisen würden, die nachweislich die Ergebnisse so deutlich verbessert. Nicht auszudenken, wenn sie die Erkenntnisse der alten Medizintraditionen über die Lebensenergie integrieren würden im Sinne von *Das Geheimnis der Lebensenergie* und ihren PatientInnen zusätzlich die sich daraus ergebende speziell frische Kost empfehlen würden. Nicht auszudenken, wenn wir solche Maßnahmen im Sinne echter Vorbeugung einsetzten. Wahrscheinlich bräuchten wir die Schulmedizin dann viel seltener. Und wie wundervoll, wenn wir im Fall einer Krebs-OP eine mit viel weniger Nebenwirkungen behaftete, schonende Behandlungsform hätten wie die neue Ultraschallmethode.

Gegen Psychosomatik und Ernährung spricht heute lediglich, dass den Betroffenen viel (Eigen-)Verantwortung zukommt. Dabei liegt darin die große Chance der Selbstermächtigung, denn wir holen uns mit der Verantwortung auch die Macht zurück, über unser Leben (zu entscheiden). Mit der Krankheitsbilder-Deutung bürde ich niemandem Schuld an seiner Krankheit auf, sondern möchte das Bewusstsein für Verantwortung vermitteln und damit die Fähigkeit, selbst – und wo notwendig auch mit fremder Hilfe – Antworten zu finden und sich so aus eigener Kraft aus der Krankheitsfalle zu befreien.

Wir sollten lernen, Verantwortung und Schuld zu trennen, denn eine ängstliche Mehrheit hat große Angst vor Verantwortung, weil sie mit Schuld verwechselt wird. Ver*antwort*ung meint, wie das Wort so deutlich macht, die Fähigkeit, Antworten zu finden. In anderen Sprachen wird das noch deutlicher – mit italienisch: *responsabilità*, französisch: *responsabilité*, englisch: *responsibility – the ability* (die Fähigkeit) *to respond* (zu antworten).

Schlusswort: Wieder in Ordnung kommen

Samuel Hahnemann setzte mit dem Simile-Prinzip, Ähnliches möge Ähnliches heilen, das tatsächlich schon Paracelsus entdeckte, und seiner Methode der Potenzierung auf das auch in der Physik bekannte Prinzip der Resonanz. Homöopathie und Krankheitsbilder-Deutung sind letztlich Resonanztherapien. Ihr Ziel ist, den Menschen wieder mit sich und seiner Mitte in Harmonie zu bringen. Ein in seiner Mitte ruhender Mensch ist in Kohärenz, bei der alle Systeme gut im Sinne einer Symphonie zusammenspielen.

Ein groß(artig)er Homöopath sagte mir einmal: »Du kannst in den Augen des Patienten erkennen, wenn du das richtige Mittel gefunden hast.« Obwohl ich meinen Patienten bis an die Peinlichkeitsgrenze in die Augen starrte, sah ich es nicht. Heute weiß ich, er sprach von Resonanz, und ich war damals noch nicht ausreichend mit ihr vertraut.

Bringt ein *Mitte*l den Patienten wieder in seine Mitte und in Resonanz mit sich selbst, glaubt er auch wieder an seine Heilung, und Hoffnung kann wachsen und jenen Glauben an sich und das Leben hervorbringen, der Berge versetzen kann. Das sind allerdings im Immateriellen ablaufende Prozesse und deshalb für die materielle Welt so schwer zu begreifen – ein Problem, das alle homöopathischen Ansätze in einer dem Materialismus ergebenen Welt heute erleben. Aber wirkliche Heilung ist darauf angewiesen.

Nach vielen Jahren ärztlicher Praxis und Umgang mit *Medi*zin, *Medi*tation und Heilungsthemen erscheint mir als der überhaupt entscheidende Schritt jeder Heilungsgeschichte, Patienten wieder in Resonanz mit ihrem heilen Zentrum zu bringen, ihrem Selbst. Sobald Ärzte es schaffen, sich mit ihrer eigenen Mitte und deren Heilkraft – und der ihrer PatientInnen über welches *Mitte*l und welchen Weg auch immer – zu verbünden, sind sie in Kontakt mit der größten Heilkraft und -quelle. Diesen Zustand können wir Harmonie mit sich selbst nennen oder Resonanz mit allem oder auch Kohärenz. Es sind nur verschiedene Blickwinkel auf dasselbe wundervolle Phänomen.

Ob sich Heilung über Psychotherapie, Ernährung oder Operation, Bestrahlung oder Bewegung, über Fasten, Säfte, Schlaf oder Singen oder was auch immer oder alles zusammen einstellt, ist letztlich gleich-gültig – im doppelten Sinn: Es ist gleich, und es ist gültig. PatientInnen sind schon ihrem Krebs davongelaufen oder haben ihn durch ihr neuentdecktes Lachen aufgegeben; sie sind mit ihm durch den Glauben an Wunder(heiler) oder die Wiederentdeckung ihrer Religion oder einer Lebensphilosophie, die sie tragen und mit ihrer Mitte verbinden konnte, fertiggeworden – aber auch durch harte Schulmedizin, Bestrahlung mit aggressiven Strahlen, Selbstvergiftung mittels Chemotherapie oder das konkrete oder symbolische Wegschneiden des Bösen (Krebses) wie auch über das »Fegefeuer« der Hyperthermie.

Es gibt viel Grundsätzliches zu beachten, jedoch hat jeder Mensch auch seinen ureigenen Weg der Heilung. Ärztliche Aufgabe ist, PatientInnen zu helfen, die generelle Richtung, aber auch persönlich ihren individuellen Weg zu finden. Entscheidend für Mediziner ist, dabei zu helfen, (wieder) in die Mitte zu finden, sich mit der Einheit im Innersten zu verbinden und zu verbünden. Das kann mit allen *Mitte*ln und Erfahrungen geschehen, die Einheitserlebnisse ver*mitte*ln, ob Verbundener Atem oder sogar Geistheilung, ob Zen oder Vipassana, Yoga oder Tai Chi, Homöopathie oder Allopathie. Wo das Ritual passt und Menschen sich auf ihrem Weg fühlen und finden, sind Wunder möglich. Als Therapeuten können wir sie nicht machen, aber ver*mitte*ln, wenn wir es schaffen, PatientInnen mit sich, ihrem Zentrum, und uns mit uns und unserem zu verbinden. So erklärt sich, dass manchmal selbst wissenschaftlich widerlegte und geradezu absurde Konzepte und unglaubliche Methoden denjenigen helfen, die fest genug daran glauben. Von Renetta Morin war der Satz zu hören: »Ich glaube, dass es Wunder gibt.« Damit ebnete sie sich selbst den Weg zurück ins Leben. Sie erlaubte, ja, schenkte sich ein Wunder, und für mich wurde ihre Heilung auch zu einem – und dabei hat sie nicht einmal, wenigstens mir zuliebe, aufgehört zu rauchen! Trotzdem kann und muss ich als Arzt allen dringend vom Nikotin abraten.

Die Verbindung mit uns selbst gelingt leichter, wenn wir uns mit anderen verbunden wissen und vor allem verbunden fühlen, mit unserer inneren Ärztin oder unserem Heiler, unserer *Medi*zin, in welcher Form auch immer diese auftaucht, mit unserer Ernährung oder Bewegung, unserem (Heil-)Schlaf oder unserer Meditation. Speziell die Ernährung von *Peace Food* ist auch deshalb so ein wundervoller Weg, weil sie uns mit allem verbindet: mit der Tiefe unseres Zentrums, denn wir bringen uns in Harmonie über das vermehrt mit frischer Kost aufgenommene Licht – außerdem mit den ärmsten Menschen in den ärmsten Ländern, die nicht mehr wegen uns hungern sollen, mit Tieren, die nicht für uns sterben müssen, mit der Umwelt, die weniger unter uns leidet. Harmonie entsteht für uns auch über unsere Ausstrahlung, die sich verändert und uns mit anderen Menschen, Tieren und sogar Pflanzen verbindet, denen wir dafür danken, dass sie uns das in ihnen gebundene und geborgene Licht schenken, ihre Energie und Kraft. Das kann wirklich Frieden schaffen auf vielen Ebenen.

Krankheit ist immer mit einem lokalen oder generellen Kollaps der Ordnung verbunden. Wo das übergeordnete Muster nicht mehr stark genug ist, die innere Ordnung aufrechtzuerhalten, bricht sie weg, und das Krankheitsbild tritt hervor. Nirgendwo wird das so deutlich wie bei Krebs und seinen aus dem geordneten Zellverband ausbrechenden Zellen, die das gemeinsame Gewebe zerstören und darüber hinauswuchern, als Metastasen sogar ihr angestammtes Organ verlassen. Krebs ist tatsächlich der Gegenpol zur Ordnung, ihr geradezu system(at)ischer Bruch. Hunde können das sogar riechen lernen.

Wir alle fühlen uns sogleich besser, wenn wir (unsere) Ordnung wiederherstellen können – vom Arbeitstisch bis zum Beziehungsleben. Was ganz materiell in der Küche beginnt und auf alle Zimmer, die ganze Wohnung und das Haus und alle Lebensbühnen übergreift, wird beim Fasten sicht- und spürbar und kann über Gesundheit und folglich über das ganze Leben entscheiden. Wer die Ordnung des Lebens in dessen Spielregeln der *Schicksalsgesetze* und *Lebensprinzipien* erkennt und auf sich und sein Leben anwendet, wird aufleben.

Bert Hellinger konnte so vielen helfen, indem er ihnen in die *Ordnungen der Liebe* zurückhalf. Sein Familienstellen zeigt exemplarisch, wie jede Ordnung besser als keine, als das verwirrende Chaos ist. Welche Ordnung Familien in Zukunft bestimmen wird, steht dahin, auch ob es überhaupt noch Familien im herkömmlichen Sinne geben wird. Aber in dieser Übergangszeit, in der bestehende alte Ordnungen sich auflösen, fällt das Leben vielen schwer, und sie blühen auf, wenn sie in die angestammte Ordnung zurückkehren (können).

Ordentliche, das heißt geordnete Nahrung, weder verfälscht noch manipuliert, und ihre althergebrachte einfache Zubereitung kann vielen zurück zu Ordnung und Gesundheit (ver-)helfen. Der Schritt dahin ist einfach und leicht, bedeutet aber den Abschied von der modernen Strategie, billig zu produzieren. Wo es nicht auf (Ein-)Ordnung ankommt, sondern nur auf Geld, das damit zu machen ist, läuft etwas und meist alles schief.

Würden wir, aus der Ordnung gefallen und in Unordnung gelandet, uns in Eigenverantwortung selbst helfen und selbstverantwortlich vorbeugen mit entsprechendem Denken, Fühlen, mit Essen und Bewegung, die uns wieder in Ordnung bringen und dann in Ordnung halten und uns so erlauben, uns zu entwickeln und zu verwirklichen, kämen wir ganz sicher immer wieder in Ordnung. Aber wir müssen es in Eigenregie verwirklichen, wenn wir denn wirklich wollen; wir sind letztlich für uns selbst verantwortlich.

Unsere ärztlichen Vorfahren benutzten noch dieses Wort Ordnungstherapie und meinten das entsprechend: einen aus dem Lot geratenen, aus der Ordnung gefallenen Organismus wieder zu ordnen, damit er von Neuem ordentlich funktionieren kann. Früher gingen Menschen, die ihr Leben von Grund auf ordnen und sich der höheren Ordnung ergeben wollten, in einen Orden. Ändern wir das (Um-)Feld und seine Ordnung, ändern sich auch die Zellen und Menschen. Das ist der Punkt, an dem die Epigenetik inzwischen belegt, wie wir durch pflanzlich-vollwertige Nahrung Krebs oft wieder abschalten und umgekehrt durch Tierprotein und vor allem das Milcheiweiß Kasein auch einschalten können. Es geht bei einer ganzheitlichen Krebstherapie also nicht um beeindruckende Anfangserfolge durch Zerstörung, wie die Schulmedizin sie ohne Zweifel erreicht, sondern um die Rückführung einer ins Chaos entglittenen Situation in eine geordnete, harmonische. Andernfalls folgt auf große Pyrrhussiege am Anfang die endgültige Niederlage, wie es die schulmedizinisch-chemotherapeutische Behandlung so oft demonstriert.

Die Zusammenhänge zwischen Krebs und Gesellschaft zeigen sich auf vielen Ebenen, nicht nur bei Betrachtung vonseiten der Ernährung. Aber heute verhindern massive Interessen ihre Verbreitung, denn inzwischen leben ähnlich viele Menschen ganz gut vom Krebs wie daran sterben.

Wer aber steuert das Wachstum und wie? Zellen wachsen im Organismus ganz anders und sehr geordnet in die vorgegebenen Muster der Organe hinein – gleichsam nach Plan des Architekten – wohingegen sie im Labor völlig ungeordnet wuchern, jedenfalls solange sie genährt werden. Wer ist verantwortlich für die Aufrechterhaltung der Ordnung im Organismus, für das Einhalten der offensichtlich existierenden Spielregeln?

Der schon zitierte Fritz-Albert Popp geht hier von einem durch das Licht der Photonen vermittelten Feld aus. Der Gedanke an dieses Photonenfeld erinnert an die vom englischen Biologen Rupert Sheldrake entdeckten formgebenden, sogenannten morphischen (früher auch morphogenetischen) Felder. Einige Untersuchungen weisen darauf hin, dass sie von (UV-)Licht vermittelt sind. In der einzelnen Zelle, unter dem Mikroskop betrachtet, können wir schon von der Logik her keine Lösung finden. Sie muss im Gesamtmuster liegen, *im großen und ganzen* Zusammenhang des Menschen und seiner Welt.

Wir können davon ausgehen, solange Verständigung im Muster zwischen den Zellen stattfindet, entsteht kein Krebs. Erst wenn die Verbindung, die Kommunikation, gestört ist, kann er zu wachsen beginnen. Die Auslösung geschieht häufig durch einen Schock, der das Immunsystem schwächt. Das Feld dazu aber muss wohl (vor-)bereitet sein durch Überreizung und Irritation des Gewebes. Das wiederum kann vom Ignorieren einer seelischen Thematik herrühren, wie auch durch die parallel ablaufende Dauerreizung oder chronische Übersäuerung des Terrains.

Sobald eine Zelle nicht mehr mit den anderen im gemeinsamen Feld verbunden ist, sich nicht mehr in Resonanz befindet, verfällt sie auf den Egotrip und sichert ihr persönliches Überleben – vielleicht nach dem von Professor Seyfried vorgeschlagenen Muster, indem sie auf eine frühe primitive Ebene regrediert, wo noch alle Zellen für sich allein sorgen mussten und das mehr schlecht als recht durch Gärung erreichten.

Nachdem Popp und Mitarbeitern nachzuweisen gelang, dass es zwischen Organismen und Zellen eine nichtsubstanzielle Kommunikationsbasis elektromagnetischer Natur gibt, dürfte hier vielleicht auch der Schlüssel zum Durchschauen des Krebsproblems liegen. Denn diese Kommunikation zwischen den Zellen ist wohl nicht nur zuständig für die Gestaltbildung im zellulären Bereich, die Wachstumsregulation, Differenzierung und das Schwarmverhalten, sondern vor allem und zuerst für die Aufrechterhaltung der Ordnung. Wahrscheinlich gilt Entsprechendes für Terroristen in Menschengemeinschaften. Sie müssen erst den Kontakt zur Gesellschaft, zu ihren Mitmenschen weitgehend verloren haben, um andere in die Luft zu sprengen und Terror auszuüben. Soziale Bereiche zeigen vielfältige Analogien. Sobald durch Hinzunahme eines Mitgliedes in eine Gruppe die Kommunikation gestört wird, kann das Ganze aus dem Ruder laufen und entarten; erhöht sich andererseits dadurch die Kommunikationsfähigkeit, wird es als wundervoll empfunden.

Solange Kohärenz im Gewebe herrscht, hängen alle Zellen mit allen zusammen und überhaupt alles mit allem. Mit Kohärenz meint Popp in diesem Zusammenhang nicht starke Bündelung wie beim Laserlicht, sondern Interaktionsfähigkeit mit der Möglichkeit, in Wechselwirkung zu treten, also keineswegs etwas Reaktionsstarres. In solch einem Zustand der Kohärenz wird alles bestens harmonieren und so auch funktionieren und gesunde Entwicklung gelingen. Wo dagegen massive Irritation auftritt, wird immer das Ganze gestört. Eine kleine Entzündung mag noch lokal zu halten und zu sanieren sein, aber der ganze Mensch fühlt sich schon schlecht, wenn nur einer von zehn Zehen stark entzündet ist. Im Ernstfall wird es zu Fieber und Betroffenheit des ganzen Organismus kommen. Und deshalb lassen sich im noch ernsteren Fall von Krebs auch viele Anzeichen finden. Wer sucht, der findet, egal wo er sucht. Da sind immer Auslöser auszumachen, etwa in der Übersäuerung des Gewebes (nach Otto Warburg), in der Regression der Mitochondrien (nach Thomas Seyfried), in verändertem Membranpotenzial der Zelle durch Einbruch von Viren oder Pilzsporen, veränderten Bakterienformen (nach dem Bakteriologen Günther Enderlein) oder in der veränderten DNS-Struktur im Zellkern, wovon die Schulmedizin ausgeht.

Da alles mit allem zusammenhängt, fühlen sich auch alle mit Recht im Recht. Da passt jede Störung des Musters von problematischer Ernährung bis zu seelischen Ursachen wie Schicksalsschlägen. Wobei ich Letztere vorrangig erlebe, wie es das Wort Psychosomatik so gut und treffend ausdrückt, zuerst die Psyche, dann der Körper.

Bei ihren Ganzkörper-Biophotonen-Analysen fanden Popp und Mitarbeiter, dass Krebspatienten bei einer sehr niedrigen Biophotonenausstrahlung eine auffällig geringe Reaktionsbreite aufwiesen, also eine mangelnde Ankoppelung an biologische Rhythmen, eine Reaktionsstarre, die auch Servan-Schreiber in seiner Messung der Herzfrequenzvariabilität als äußerst bedrohliches Anzeichen erkannte. Und damit sei daran erinnert, dass Heraklit und Jahrtausende später Rudolf Steiner lehrten, dass alles Leben Fließen beziehungsweise Rhythmus sei.

So schließt sich ein Kreis mit für die Krebstherapie äußerst wichtigen Konsequenzen: Es gilt für die PatientInnen, sich wieder in die natürlichen Rhythmen einzugliedern wie geregelte Tagesabläufe, etwa mit Sonnenaufgang aufzustehen, zu meditieren und vieles andere mehr. Das einfache Leben in der (Großen Mutter) Natur ist hier beispielhaft, denn auf dem Meer oder in den Bergen, in der Wüste oder im Dschungel passen sich alle wieder dem natürlichen Rhythmus der Sonne an und beginnen mit ihrem Aufgang und beenden ihr Tagwerk mit ihrem Untergang. Sie duzen sich selbstverständlich und empfinden sich mehr als gleichwertige Subjekte denn als Objekte. Kaum kommt der Einfluss von Vater Staat ins Spiel des Lebens, verliert es seinen Spiel(erischen)-Charakter, alles wird ernst, die natürlichen Rhythmen verlieren sich, und Distanz entsteht zwischen den Menschen. Sie siezen sich und erleben einander als Objekte.

Vor allem für KrebspatientInnen gilt es, ihren individuellen Lebensrhythmus zu finden, die eigene Gabe aus der persönlichen Begabung zu erkennen und sie dem Leben zu schenken – voller Begeisterung und Engagement – und für sich Autonomie zu gewinnen. Das scheint unser aller Aufgabe zu sein, und dabei werden wir am ehesten glücklich, kommen in Harmonie und Kohärenz und können unseren (ur-)eigenen Weg verfolgen. Mutige KrebspatientInnen, die sich dem eigenen Lebensfluss wieder hingeben wollen, brauchen vor allem ihren (ur-)eigenen Lebenssinn und -rhythmus.

Solange die Hoffnung lebt, ist noch alles möglich. Deswegen ist sie unser kostbarstes Gut – vor allem wenn eine Krebsdiagnose ins Leben bricht. Ich hoffe, ich habe mit so vielen alten und neuen Ansätzen Hoffnung machen können. Wenn wir die ignorierten alten, bewährten Methoden und die neuen, gerade entdeckten verbinden, kann es uns zu unserer eigenen Erfolgs- und Heil(ung)sgeschichte führen.

Anhang

Bezugsquellen

Vom Autor empfohlene Produkte und Präparate

Über den Online-Shop des Heilkundeinstituts (*www.heilkundeinstitut.at):*

Amorex: für gute Lebensstimmung

Bio-Kokosöl (Kokusss), MCT-Öl: zur Ernährung, Anwendung auf der Haut, für Zähne und ihre Umgebung, gegen neuralgische Schmerzen, Omega-3 DHA: zur Erhaltung normaler Gehirnfunktion

OPC Resveratrol Komplex, Share-Pflaume und diverse Teesorten (von Sonnentor): zum Fasten

Rechtsregulat für mehr Energie und zur Stärkung der Abwehrkräfte, Mikrobiom-Aufbau

Vitamin B_{12}: für Immunsystem und einen funktionierenden Stoffwechsel

Über andere Anbieter zu beziehen

Detox plus Kur: www.evolution24.at

Ethno-Produkte: www.ethnomed24.de

Schwingungstherapie (Geonado-Wellen, Schuhsohlen): www.geonado.de

Hochleistungsmixer (Bianco di Puro hat sich bei uns bewährt): www.biancodipuro.com
Jeans mit »Smart Pockets«, die gegen die Handystrahlung aus der Hosentasche abschirmen, Info über: Karin.hamvai@hotmail.com

Veröffentlichungen von Ruediger Dahlke

Über den Online-Shop des *Heilkundeinstituts (www.heilkundeinstitut.at):*

Mein Weg-Weiser

Sie sind herzlich eingeladen zu diesem Gratisbuch (www.dahlke.at) mit Erklärungen, wie es zu den mehr als 70 Büchern kam und deren Licht- und Schattenseiten und warum ich noch so gern weiterschreibe. Mit vielen – hoffentlich – wertvollen Tipps von meinem Weg für Ihren und einigen Bildern von meinem. Ich freue mich über jeden, der sich dieses Buch gönnt, es weitergibt, verschenkt und empfiehlt.

Neuerscheinungen 2019

Future 4 U – für ein besseres Klima auf Erden (E-Book), Edition Einblick, www.heilkundeinstitut.at • Körper-Geist-Seele-Detox, Arkana • Peace Food für alle, GU • Jetzt einfach atmen!, ZS.

Neuerscheinungen 2018

Die Hollywood-Therapie: Was Filme über uns verraten (mit M. Dahlke), Edition Einblick, www.heilkundeinstitut.at • Das Alter als Geschenk, Arkana • Die Peace Food Keto-Kur, GU • Jetzt einfach meditieren!, ZS • Kurzzeitfasten, Südwest.

Grundlagenwerke

Die Schicksalsgesetze: Spielregeln fürs Leben, 2009 • Das Schatten-Prinzip: Die Aussöhnung mit unserer verborgenen Seite, 2010 • Die Lebensprinzipien: Wege zu Selbsterkenntnis, Vorbeugung und Heilung (mit M. Dahlke), 2011 (alle Arkana).

Krankheitsdeutung und Heilung

Krankheit als Symbol, C. Bertelsmann, 2018 • Angstfrei leben, Arkana, 2013 • Wenn wir gegen uns selbst kämpfen, 2015 • Die Schattenreise ins Licht: Depressionen überwinden, 2014 • Seeleninfarkt. Zwischen Burn-out und Bore-out, 2013 • Krankheit als Sprache der Seele, 2008 • Krankheit als Weg (mit Thorwald Dethlefsen), 2000 • Frauen-Heil-Kunde (mit M. Dahlke und V. Zahn), 2003 • Krankheit als Sprache der Kinderseele, 2010 • Herz(ens)probleme, 2011 • Das Raucherbuch, 2011, alle Arkana • Verdauungsprobleme (mit R. Hößl), Droemer Knaur, 2001.

Gesundheit, Ernährung, Fasten

Das große Buch vom Fasten. Überarbeitete Neuauflage, Goldmann, 2019 • Kurzzeit-Fasten, Südwest, 2018 • Die Peace Food Keto-Kur, GU, 2018 • Fasten-Wandern. Droemer-Knaur • Jetzt einfach fasten!, ZS, 2017 • Vegan! Ist das ansteckend?, 2017 • Bewusst fasten. Ein achtsamer Wegweiser zu neuen Erfahrungen, 2017, beide Königsfurt Urania • Das Geheimnis der Lebensenergie in unserer Nahrung, 2015 • Das Lebensenergie-Kochbuch. Vegan und glutenfrei, 2016, beide Arkana • Peace Food, 2011 • Peace Food – das vegane Kochbuch, 2013 • Vegan für Einsteiger, 2014 • Peace Food – vegan, einfach, schnell, 2015, alle GU • Fasten-Wandern, Droemer Knaur, 2017 • Vegan schlank, 2015 • Ganzheitliche Wege zu ansteckender Gesundheit: Medizinische Herausforderung – herausfordernde Medizin, 2011 • Das kleine Buch vom Fasten, 2011, alle www.heilkundeinstitut.at • Wieder richtig schlafen, 2014 • Die Notfallapotheke für die Seele, 2009, beide Goldmann • Die wunderbare Heilkraft des Atmens (mit A. Neumann), Heyne, 2009 • Störfelder und Kraftplätze, Crotona, 2013.

Weitere Deutungsbücher

Die Hollywood-Therapie: Was Filme über uns verraten (mit M. Dahlke), Edition Einblick (www.heilkundeinstitut.at), 2018 • Omega: Im inneren Reichtum ankommen (mit V. Lindau), Arkana, 2017 • Hör auf, gegen die Wand zu laufen, Goldmann, 2017 • Die Spuren der Seele (mit R. Fasel), GU, 2010 • Der Körper als Spiegel der Seele, www.heilkundeinstitut.at, 2009 • Die Psychologie des Geldes, Goldmann, 2011 • Die 4 Seiten der Medaille (mit C. Hornik), Arkana, 2015 • Das Tier als Spiegel der menschlichen Seele (mit I. Baumgartner), Goldmann, 2016.

Krisenbewältigung

Das Alter als Geschenk, Arkana, 2018 • Wie Sex und Liebe sich wiederfinden, Goldmann, 2017 • Die Liste vor der Kiste, Terzium, 2014 • Von der großen Verwandlung, Crotona, 2011 • Lebenskrisen als Entwicklungschancen, Mosaik, 2002.

Atemmeditation und Mandalas

Jetzt einfach atmen! Atemtechniken für mehr Energie und Ruhe, ZS, 2019 • Jetzt einfach meditieren!, ZS, 2018 • Mandalas der Welt, Goldmann, 2012 • Schwebend die Leichtigkeit des Seins erleben • Arbeitsbuch zur Mandala-Therapie, 2010 • Mandala-Malblock, 1984, alle www.heilkundeinstitut.at • Weisheitsworte der Seele, 2012 • Die Kraft der 4 Elemente (mit Bruno Blums Bildern), 2011, beide Crotona • Worte der Heilung, www.heilkundeinstitut.at, 2010.

Roman: Habakuck und Hibbelig, Allegria, 2004.

Geführte Meditationen
CDs und Downloads bei www.heilkundeinstitut.at, Audible u. a.
Grundlagen: Das Gesetz der Polarität • Das Gesetz der Anziehung • Das Bewusstseinsfeld • Die Lebensprinzipien – 12-CD-Set • Die 4 Elemente • Elemente-Rituale • Schattenarbeit
Krankheitsbilder: Allergien • Angstfrei leben • Ärger und Wut • Depression • Die Wege des Weiblichen• Hautprobleme • Herzensprobleme• Kopfschmerzen • Krebs • Leberprobleme • Mein Idealgewicht • Niedriger Blutdruck • Rauchen • Rückenprobleme • Schlafprobleme • Sucht und Suche • Tinnitus und Gehörschäden • Verdauungsprobleme • Vom Stress zur Lebensfreude
Allgemeine Themen: Der innere Arzt • Heilungsrituale • Ganz entspannt • Tiefenentspannung • Energie-Arbeit • Entgiften – Entschlacken – Loslassen • Bewusst fasten • Den Tag beginnen • Lebenskrisen als Entwicklungschancen • Partnerbeziehungen • Schwangerschaft und Geburt • Selbstliebe • Selbstheilung • Traumreisen • Mandalas • Naturmeditation • Die Lebensaufgabe finden
Kindermeditationen: Märchenland • Ich bin mein Lieblingstier (www.heilkundeinstitut.at)
Weitere geführte Meditationen und Übungen auf CD: 7 Morgenmeditationen • Die Leichtigkeit des Schwebens • Die Psychologie des Geldes (Übungen) • Die Notfallapotheke für die Seele (Übungen) • Die Heilkraft des Verzeihens • Eine Reise nach innen • Erquickendes Abschalten mittags und abends • Schutzengel-Meditationen.

Hörbücher (www.heilkundeinstitut.at)
Omega • Fasten-Wandern • Körper als Spiegel der Seele • Von der großen Verwandlung • Krankheit als Weg • Die Spuren der Seele – was Hand und Fuß über uns verraten• Krankheit als Chance.

***Vorträge** von Ruediger Dahlke auf CD* (www.heilkundeinstitut.at)
Die Buchthemen und mehr.

Filme *über Ruediger Dahlke* (www.heilkundeinstitut.at)
Die Schicksalsgesetze – auf der Suche nach dem Masterplan • Unser Biogarten • Ruediger Dahlke – ein Leben für die Gesundheit • Fastenfilm: Körper – Tempel der Seele
Filme mit Ruediger Dahlke (www.heilkundeinstitut.at)
Am Anfang war das Licht • Awake I und II • Der Heiler • Hesse – sein erstes Paradies.

Adressen

Informationen zu Seminaren, Ausbildungen, Trainings, Vorträgen
Heil-Kunde-Institut Graz,
Oberberg 92,
A-8151 Hitzendorf
Tel.: +43 316 7198885, Fax: +43 316 7198886
www.dahlke.at, E-Mail: info@dahlke.at

***Fasten- und Fastenwander- und Kurs-Wochen mit Ruediger Dahlke, Regenerationsurlaube* für Einzelgäste**
Seminarzentrum und Heilungsbiotop TamanGa,
Labitschberg 4,
A-8462 Gamlitz (ca. 25 Minuten vom Airport Graz)
Tel.: +43 3453 33600
www.tamanga.at

Psychotherapien
Heil-Kunde-Zentrum Johanniskirchen,
Schornbach 22,
D-84381 Johanniskirchen
Tel.: +49 85 64-819, Fax: +49 85 64-1429

Informationen zur Arbeit von Ruediger Dahlke
www.dahlke.at • Dahlke-Seminar-Zentrum: www.taman-ga.at • Webshop: www.heilkundeinstitut.at • Internet-Community: www.lebenswandelschule.com

Anmerkungen

1 Siehe auch Dahlke: Die Schicksalsgesetze. Spielregeln fürs Leben. Arkana 2009.

2 Mehr zu den zwölf Archetypen des Lebens in: Ruediger und Margit Dahlke: Die Lebensprinzipien. Wege zu Selbsterkenntnis, Vorbeugung und Heilung. Arkana 2011.

3 Carlyle Hirshberg/Marc Ian Barasch: Gesund werden aus eigener Kraft. Spontanheilung bei Krebs. Knaur 1997.

4 Mehr dazu in: Dahlke: Das Alter als Geschenk. Über die Kunst, in einer verrückten Welt den Verstand zu bewahren. Arkana ²2018.

5 Siehe unter: https://www.ncbi.nlm.nih.gov/pubmed/29160902 [Zugriff: 20.08.2019].

6 Zahlreiche weitere Anregungen sind zu finden in: Ruediger und Margit Dahlke: Die Hollywood-Therapie. Was Spielfilme über uns verraten. Edition Einblick 2018.

7 Mehr dazu in: Dahlke: Jetzt einfach atmen!. ZS 2019.

8 Näheres dazu in Dahlke: Geheimnis der Lebensenergie. 2015, und entsprechende Rezepte im Lebensenergie-Kochbuch. Vegan und glutenfrei. 2016 (beide Arkana).

9 Siehe Dahlke: Mandalas der Welt. Goldmann 2012 und Arbeitsbuch zur Mandala-Therapie. 2010 (www.heilkundeinstitut.at).

10 O. Carl Simonton u.a.: Wieder gesund werden. Eine Anleitung zur Aktivierung der Selbstheilungskräfte für Krebspatienten und ihre Angehörigen. Rowohlt ¹⁶2001.

11 Siehe vor allem die CD Krebs (www.heilkundeinstitut.at).

12 Einen guten Überblick zur Be-Deutung der Körperregionen und Organe bietet der erste Teil des Handbuchs Krankheit als Symbol.

13 https://www.creighton.edu/creightonmagazine/2017smrfeaturevitamind/ [Zugriff: 20.08.2019].

14 https://www.mountsinai.on.ca/care/mkbc/resources-2/mount-sinais-dr-pam-goodwin-reveals-vitamin-d-deficiency-associated-with-breast-cancer

15 Siehe zum Beispiel: Jörg Spitz: Superhormon Vitamin D. GU ⁸2011.

16 Siehe unter: www.evolution24.at [Zugriff: 02.09.2019].

17 Sheldon B. Kopp: Triffst du Buddha unterwegs … Psychotherapie und Selbsterfahrung. S. Fischer ³2011.

18 David Servan-Schreiber: Das Antikrebs-Buch. Goldmann 2012.

19 T. Colin Campbell/Thomas M. Campbell: China Study. Die wissenschaftliche Begründung für eine vegane Ernährungsweise. Verlag Systemische Medizin ^{4}2017.

20 In: Time Health, Ausgabe 08.08.2017.

21 Harald zur Hausen/Ethel-Michele de Villiers: Dairy Cattle Serum and Milk Factors Contributing to the Risk of Colon and Breast Cancers. In: Int J Cancer. Aug 2015; 137(4): 959–67, und: https://onlinelibrary.wiley.com/doi/abs/10.1002/ijc.31882 [Zugriff: 20.08.2019].

22 Ausführliche Informationen auf seiner Website: www.ornish.com [Zugriff: 20.08.2019].

23 http://www.40jahredrc.com [Zugriff: 20.08.2019].

24 Siehe unter: http://breast-cancer-research.com/content/pdf/bcr2727.pdf [Zugriff: 20.08.2019].

25 Kurt Langbein/Bert Ehgartner: Das Medizinkartell. Die sieben Todsünden der Gesundheitsindustrie. Piper ^{2}2004.

26 Siehe unter: https://realfarmacy.com/surgeon-mammogram/

27 Siehe unter: https://econtent.hogrefe.com/doi/abs/10.1024/0040-5930/a000391?journalCode=tum [Zugriff: 20.08.2019].

28 Siehe unter: https://freie-medien.tv/studien-ergeben-mammographie-nutzt-eher-dem-profil-als-der-gesundheit/ [Zugriff: 20.08.2019].

29 Thomas Seyfried: Cancer as a Metabolic Disease. On the Origin, Management, and Prevention of Cancer. Wiley, 2012. Siehe auch seinen Artikel »Cancer as a Mitochondrial Metabolic Disease« unter: https://www.ncbi.nlm.nih.gov/pmc/articles/PMC4493566/ [Zugriff: 20.08.2019].

30 Richard Béliveau/Denis Gingras: Krebszellen mögen keine Himbeeren. Nahrungsmittel gegen Krebs. Goldmann 2018. Siehe auch das Kurzvideo: Essen ist Medizin! Krebs über Ernährung heilen unter: https://www.youtube.com/watch?v=Zygoupb15ec&t [Zugriff: 20.08.2019].

31 Claus Leitzmann/Markus Keller: Vegetarische und vegane Ernährung. UTB ^{4}2019. Claus Leitzmann/Claudia Müller/ Petra Michel et al.: Ernährung in Prävention und Therapie. Hippokrates ^{3}2009.

32 Siehe die Fachzeitschrift Nutrition and Cancer, Bd. 60, H. 2, S. 131–144.

33 Siehe unter: https://www.welt.de/wissenschaft/article131365581/Wie-Omas-Essverhalten-unsere-Gene-formt.html [Zugriff: 20.08.2019].

34 Carlyle Hirshberg/Marc Ian Barasch: Gesund werden aus eigener Kraft. a. a. O.

35 Walter Gallmeier im Vorwort zu Hirshberg/Barasch: a. a. O.

36 Larry Dossey im Vorwort zu: Hirshberg/Barasch: a. a. O.

37 Über den Film Die Schicksalsgesetze – auf der Suche nach dem Masterplan lässt sich das Zentrum anhand einer beispielhaften Psychotherapie

und einer wundervollen Spontanremission von Dauer kennenlernen – und zugleich eine Geschichte, die heilt, die Geschichte einer Heilung miterleben.

38 David Servan-Schreiber: Das Antikrebs-Buch a. a. O. und Die neue Medizin der Emotionen, 2006 (beide Goldmann).

39 Interview in: Deutsche Heilpraktiker Zeitschrift (DHZ), 2019, H. 1, S. 64–67.

40 Fritz-Albert Popp: Biophotonen. Neue Horizonte in der Medizin (Haug [3]2006) und ders.: Die Botschaft der Nahrung (Zweitausendeins [7]2005).

41 Ludwig Manfred Jacob: Dr. Jacobs Weg des genussvollen Verzichts. Die effektivsten Maßnahmen zur Prävention und Therapie von Zivilisationskrankheiten. nutricaMEDia 2013.

42 Siehe unter: https://medicaldailyjournal.com/2017/11/20/baking-soda-may-reduce-premature-death-risk/ [Zugriff: 20.08.2019].

43 Johannes Coy: Die neue Anti-Krebs-Ernährung. Wie Sie das Krebs-Gen stoppen. Gräfe und Unzer [4]2015.

44 Valter Longo: Iss dich jung. Wissenschaftlich erprobte Ernährung für ein gesundes und langes Leben. Goldmann 2018.

45 Link zum NDR-Filmbeitrag mit Prof. Michalsen zum Thema Intervallfasten: https://www.youtube.com/watch?v=cZcEQv2HXxc [Zugriff: 20.08.2019].

46 https://www.reuters.com/journalists/andrew-m-seaman [Zugriff: 20.08.2019].

47 Rudolf Breuss: Ratschläge zur Vorbeugung und zur Behandlung von diversen (auch scheinbar unheilbaren) Erkrankungen. Nova MD [2]2017.

48 Max Gerson: Eine Krebstherapie – 50 Fälle. AKSE 2016.

49 Siehe unter: www.hippocratesinst.de [Zugriff: 02.09.2019].

50 http://newsroom.ucla.edu/releases/ucla-research-suggests-that-gut-bacteria-could-help-prevent-cancer [Zugriff: 02.09.2019].

51 Mehr Infos zu weiteren Pflanzen und ihren hilfreichen Inhaltsstoffen unter: http://www.greenmedinfo.com/ [Zugriff: 20.08.2019].

52 Proceedings of the American Society of Clinical Oncology, Chicago, May 18, 2017.

53 Siehe unter: https://www.hindawi.com/journals/bmri/2012/614356/abs/ [Zugriff: 20.08.2019].

54 https://www.ncbi.nlm.nih.gov/pmc/articles/PMC4519921/ [Zugriff: 20.08.2019].

55 https://www.youtube.com/watch?v=hIPQ-4BeFXo [Zugriff: 20.08.2019].

56 https://journals.plos.org/plosone/article?id=10.1371/journal.pone.0108887 [Zugriff: 20.08.2019].

57 Zu beziehen über: www.ethnomed24.de [Zugriff: 02.09.2019].

58 Harold Foster: »Lifestyle Change and the ›Spontaneous‹ Regression of Cancer«, in: International Journal of Biosocial Research, 10, Nr. 1, 1988.

59 Clemens Arvay: Der Biophilia-Effekt. Heilung aus dem Wald. Ullstein ^{5}2016.

60 Qing Li (Hg.): Forest Medicine. Nova Biomedical 2013.

61 Sabrina Fox: Auf freiem Fuß. Ein Jahr ohne Schuhe? Allegria, ^{2}2015.

62 https://www.ncbi.nlm.nih.gov/pmc/articles/PMC1402378 [Zugriff: 02.09.2019].

63 https://news.berkeley.edu/2018/05/23/rehabilitating-lactate-from-poison-to-cure/ [Zugriff: 20.08.2019].

64 Nähere Informationen über E-Mail: info@lebenscode.com

65 Fritz-Albert Popp: Biophotonen. Neue Horizonte in der Medizin. Haug ^{3}2006.

66 Siehe unter: http://cebp.aacrjournals.org/content/27/1/25 [Zugriff: 20.08.2019].

67 Siehe den Beitrag von Stern TV unter: https://www.youtube.com/watch?v=Gc_9wdodz68 [Zugriff: 20.08.2019].

68 Siehe unter: https://www.ncbi.nlm.nih.gov/pubmed/23633472 [Zugriff: 20.08.2019].

69 Weitere Informationen unter: https://www.biokrebs.de/index.php?option=com_content&view=article&id=1924:methadon&catid=60:weitere-therapieansaetze [Zugriff: 20.08.2019].

70 https://www.nzz.ch/wirtschaft/novartis-kymriah-extrem-teure-therapie-gegen-leukaemie-ld.1465129 [Zugriff: 20.08.2019].

71 https://epaper.helsana.ch/arzneimittelreport/2018/

72 Siehe unter: https://www.acsh.org/news/2017/09/03/ethanol-lethal-injection-tumors-11779 [Zugriff: 20.08.2019].

73 https://www.masspecpen.com/ [Zugriff: 20.08.2019].

74 https://stm.sciencemag.org/content/8/320/320ra4 [Zugriff: 20.08.2019].

75 https://www.ncbi.nlm.nih.gov/pubmed/30770374 [Zugriff: 20.08.2019].

76 https://www.aerzteblatt.de/nachrichten/57038/Finanzielle-Sanktionen-gegen-Pharmakonzerne-zeigen-kaum-Wirkung [Zugriff: 20.08.2019].

77 Carlyle Hirshberg/Marc Ian Barasch: Gesund werden aus eigener Kraft. a. a. O.

78 Kelly A. Turner: 9 Wege in ein krebsfreies Leben. Wahre Geschichten von geheilten Menschen. Irisiana 2015.

79 Siehe den Film Die Schicksalsgesetze – auf der Suche nach dem Masterplan (www.heilkundeinstitut.at).

80 Jürgen Fliege: Beten. Anleitungen für dein Gespräch mit Gott. Kamphausen 2017.

81 Lawrence LeShan: Diagnose Krebs. Wendepunkt und Neubeginn. Klett-Cotta ^{12}2018.

82 Ich empfehle auch zwei Bücher von György Irmey: Heilimpulse bei Krebs (Haug 2007) und 110 wirksame Behandlungsmöglichkeiten bei Krebs (TRIAS ^{3}2011).

83 Siehe auch Carlyle Hirshberg/Marc Ian Barasch: Gesund werden aus eigener Kraft. a. a. O.

84 Gerald M. Lemole/Pallav K. Mehta/Dwight L. McKee: After Cancer Care. Steiner 2016.

85 Mark Sircus: Natriumbicarbonat. Krebstherapie für jedermann. Goldmann ^{5}2017.

Register

Sachregister

Personenregister